Spring Boot 技术内幕

架构设计与实现原理

朱智胜◎著

图书在版编目（CIP）数据

Spring Boot 技术内幕：架构设计与实现原理 / 朱智胜著 . —北京：机械工业出版社，2020.5（2021.7 重印）
（源码分析系统）

ISBN 978-7-111-65708-8

I. S… II. 朱… III. JAVA 语言－程序设计 IV. TP312.8

中国版本图书馆 CIP 数据核字（2020）第 093435 号

Spring Boot 技术内幕：架构设计与实现原理

出版发行：机械工业出版社（北京市西城区百万庄大街 22 号 邮政编码：100037）

责任编辑：韩 蕊 责任校对：殷 虹

印 刷：北京建宏印刷有限公司 版 次：2021 年 7 月第 1 版第 3 次印刷

开 本：186mm×240mm 1/16 印 张：16.75

书 号：ISBN 978-7-111-65708-8 定 价：79.00 元

客服电话：（010）88361066 88379833 68326294 投稿热线：（010）88379604

华章网站：www.hzbook.com 读者信箱：hzit@hzbook.com

Preface 前　言

为什么要写这本书

经过几年的发展，Spring Boot 几乎已成为 Java 企业级开发的标准框架，它为开发人员提供了极其方便的项目框架搭建、软件集成功能，极大地提升了开发人员的工作效率，减少了企业的运营成本。而 Spring Boot 又极其简单易用，一个新手按照官方文档的指导在十几分钟内就能创建一个可运行的 Spring Boot 项目。

Spring Boot 的研发团队实现了用软件改变世界的梦想，实现了另外一种形式的创新。有句话说得非常好："世界上 90% 的行业都值得重做一遍，当你把它们做到极致时，那便是创新。"Spring Boot 做到了这一点，也得到了市场和用户的认可。

Spring Boot 为开发人员提供了方便，但一些开发人员并不了解 Spring Boot 为什么可以带来方便的底层逻辑，也没有尝试借鉴 Spring Boot 的这种创新。这不仅会导致他们在使用 Spring Boot 的过程中不能深层次发挥它的优势，还会导致在大范围应用 Spring Boot 之后出现各种问题却找不到解决办法的情况，更别说借鉴 Spring Boot 的创新了。

作为软件开发人员，我们都知道设计模式很重要。为什么重要呢？因为这些设计模式是解决编程过程中一些典型问题的标准方法，已经被验证和认可。学习了这些解决方案，在遇到类似的问题时，软件开发人员便不用"重复造轮子"，直接借鉴经验即可。

当然，如果在使用 Spring Boot 的过程中只是简单地"用"，而不去思考其背后的实现逻辑与思想，即便用得再好，收获也是有限的——这样只能做到"手熟"，并不能拥有"匠心"。更重要的是，如果不学习 Spring Boot 背后那些优秀的设计理念和实现方式，我们肯定不能真正用好 Spring Boot。

学习 Spring Boot 的设计理念和实现方式除了能够让开发人员从"手熟"的境界跨入"匠心"的境界，还能够让开发人员在其他业务场景中触类旁通地找到更加优秀的解决方案。同时，开发人员也能够了解代码和项目背后的深层逻辑，这会为以后的工作带来诸多好处。

因此，我在使用 Spring Boot 的过程中并未停留在“用”的层面，而是不断地研究、总结其源代码，发掘背后的优秀设计理念及实现方式。现在，我通过这本书将研究的一些方法和成果分享给大家。

技术在不断地快速迭代，但核心逻辑是永远不会变的，希望读者在阅读本书的同时，也关注分析源代码的方法和思路。“授之以鱼，不如授之以渔”，如果读者能够通过阅读本书，理解了 Spring Boot 背后的设计理念和实现方式，甚至寻找到更加优秀的解决方案，那将是我最大的欣慰。

读者对象

- Spring Boot 的使用者和爱好者。
- Spring 系列框架的使用者和爱好者。
- 对源码感兴趣，希望学习源码解析相关方法的技术人员。
- 开设 Spring Boot 相关课程的院校师生。

本书特色

本书有别于市面上其他 Spring Boot 入门和实战类的相关书，更多侧重于 Spring Boot 设计思想、原理及具体功能实现的源代码分析，从一个更深的层次带领读者了解 Spring Boot。书中内容涵盖范围较广，却又不显冗余，每一个知识点都通过典型的功能实现来进行分析。

本书内容基于 Spring Boot 2.2.1，书中涵盖的许多知识点都是我多年经验的总结，希望能给读者带来全新的知识盛宴。

如何阅读本书

由于本书的重点在于对 Spring Boot 源代码的分析及底层逻辑实现的讲解，因此对读者的水平有一定的要求。

首先，读者要对 Spring Boot 有一定的实战经验，要会用一些具体的功能，这样，配合本书的讲解才能够达到更好的学习效果。

其次，读者需要有一定的 Spring 使用经验。Spring Boot 基于 Spring 框架，使用了大量 Spring 相关的功能及特性，由于本书重点讲解 Spring Boot 的实现原理，对 Spring 功能及特性无法大量拓展，因此需要读者有一定的 Spring 相关基础，这样才能更好地理解本书内容。

本书从大的方面可分为四部分，对于这四部分的阅读建议如下。

第一部分为准备篇（第 1 章），这是阅读本书需要做的准备工作，包括源码的获取与调试、源码阅读工具的准备等，并带领读者从整体上了解源码目录结构和 Spring Boot 设计思想。建议大家都看一看。

第二部分为原理篇（第 2 ～ 4 章），着重讲解 Spring Boot 的实现原理及基本流程，这是 Spring Boot 的核心内容之一，也是读者学习后面章节的基础，建议读者系统学习。

第三部分为内置组件篇（第 5 ～ 12 章），着重讲解 Spring Boot 内置集成框架的实现原理及源代码分析，读者在学习了第二部分内容之后，在这里可根据需要进行独立章节的学习。

第四部分为外置组件篇（第 13 ～ 16 章），着重讲解项目实施过程中单元测试、打包部署、监控等相关外置辅助工具的集成及源码解析，对这部分读者可根据需要进行独立章节的学习。

本书提供了源代码阅读准备章节和实战内容。读者可根据需要选择性阅读。

勘误和支持

由于本书是基于 Spring Boot 2.2.1 撰写，大多数内容较新，可用于参考及校对的资料较少，同时在写作过程中 Spring Boot 官方又进行过几次版本升级，书中难免会出现一些错误或者不准确的地方，恳请读者批评指正。

为此，我创建了一个在线支持与应急方案的二级站点（https://github.com/secbr/springboot-book）。你可以将阅读本书时发现的错误发布在 Bug 勘误表页面中。如果你在学习中遇到了问题，也可以访问 Q&A 页面，我将尽量在线上为你解答。书中的全部源文件也可以从这个网站下载，我也会及时更新相应的功能。如果你有更多宝贵意见，也欢迎发送邮件至邮箱 214399230@qq.com，期待得到你们的真挚反馈。

致谢

首先要感谢那些在写书过程中给予我最大支持和鼓励的朋友，也要感谢那些默默在互联网上分享知识的朋友（我也是其中一员）。正是这些乐于分享知识的人才造就了互联网的繁荣，也正是这些默默无闻的分享者，带给我灵感，他们就像本书的一面镜子，更清晰地反映出我在写作过程中出现的问题。

因为之前参与 Bob 老师一本书的撰写，我有幸结识了杨福川老师和孙海亮编辑，才促成了这本书的合作与出版。

感谢机械工业出版社华章公司的孙海亮编辑和杨福川老师始终支持我的写作，在他们的鼓励、帮助和引导下，我顺利完成了本书的创作。

谨以此书献给我的父母和朋友们，以及我的读者、众多技术分享者、知识布道者！

Contents 目 录

第一部分 Part 1

准 备 篇

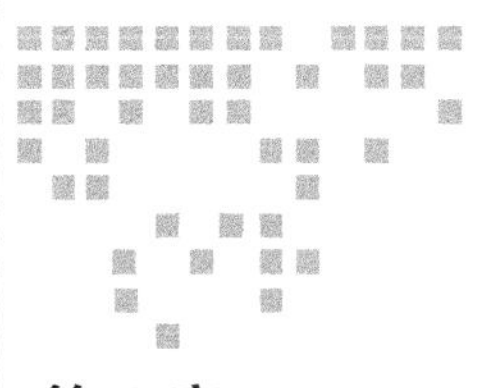

Chapter 1 第1章

阅读代码前的准备

本章内容分为两部分，第一部分将带大家了解阅读 Spring Boot 源代码需要做的准备工作，包括如何获取源代码、源代码的项目结构、源代码阅读工具等内容。第二部分重点介绍 Spring Boot 的设计理念、设计目标以及整体框架。

本章默认读者有一定的 Java 编程能力，并对 Spring Boot 有一定了解和基本的使用经验。本书以写作时 Spring Boot 最新稳定版本 2.2.1 为基础进行讲解。该版本需在 Java 程序开发包 JDK 8.0（及以上版本）和 Maven 3.3+ 环境下运行，读者需提前安装。

1.1 获取和调试 Spring Boot 源代码

1.1.1 获取 Spring Boot 的源代码

获取 Spring Boot 源代码有两种方式：直接获取整个项目源代码，创建 Maven 项目后间接加载源代码。我推荐使用第二种方式。

先介绍第一种方式。直接获取源代码方式比较简单，访问 GitHub 上的 Spring Boot 项目，通过 git clone 或直接下载 ZIP 压缩包方式，便可获取整个项目源代码。如果采用 git clone 形式，注意下载完成后将代码切换至 tags 中的 2.2.1.RELEASE 版本。源代码地址：https://github.com/spring-projects/spring-boot。

压缩包下载完成后，可直接将项目导入 IDE，由 IDE 自动进行编译，也可在根目录下执行 Maven 命令进行编译，代码如下。

```
mvn clean package -Dmaven.test.skip=true -Pfast
```

在执行上面命令时，-P 参数指定了快速编译，如果需要全量编译，则 -P 参数值为 full。

无论采用 git clone 还是 ZIP 压缩包形式下载，都会将整个项目的所有内容下载，使用 IDE 编译或 maven 命令编译时会加载所有依赖 jar 包。如果选择此种方式获取源代码，耗时较长，请耐心等待。

第二种方式是创建 Spring Boot 的 Maven 项目后间接获取源代码，这样可以精准下载所需要项目的依赖及源代码。本书采用此种方式来获取源代码，以便更好地与实例相结合。该方式具体步骤如下。

步骤 1　创建一个简单的 Spring Boot 项目。

步骤 2　通过 IDE 导入或打开项目。

步骤 3　pom.xml 文件中引入所需功能的 jar 包依赖。

步骤 4　通过 IDE 获取源代码和文档。（IDE 提供下载源代码或下载文档功能，并自动关联。）

1.1.2　调试 Spring Boot 的源代码

我们通常使用“实例 +debug”方法对 Spring Boot 源代码进行调试与追踪。Spring Boot 默认采用 main 方法启动，入口方法为 SpringApplication 类的 run 方法。创建项目后会默认生成类似以下入口类代码：

```
@SpringBootApplication
public class DemoApplication {
    public static void main(String[] args) {
        SpringApplication.run(DemoApplication.class, args);
    }
}
```

比如，需要学习 SpringApplication 类初始化功能时，可进入该类内部，通过 IDE 下载相关源代码，然后在具体位置打上断点，通过 debug 模式启动程序。当程序运行到断点处时，便可查看上下文相关信息及处理流程。

读者在实践的过程中，涉及每个具体知识点的源代码查看时，可以先编写具体实例，再 debug 运行实例并通过断点来跟踪具体执行流程。

1.2　Spring Boot 源代码的目录结构

Spring Boot 项目的目录结构分为两部分，一部分是整个开源项目的目录结构，另一部分是细化到 jar 包级别的目录结构。下面我们一起从整体到局部了解 Spring Boot 项目的目录结构。

1.2.1 Spring Boot 的整体项目结构

图 1-1 所示是 Spring Boot 在 GitHub 上 2.2.1.RELEASE 版本源代码顶层目录结构。

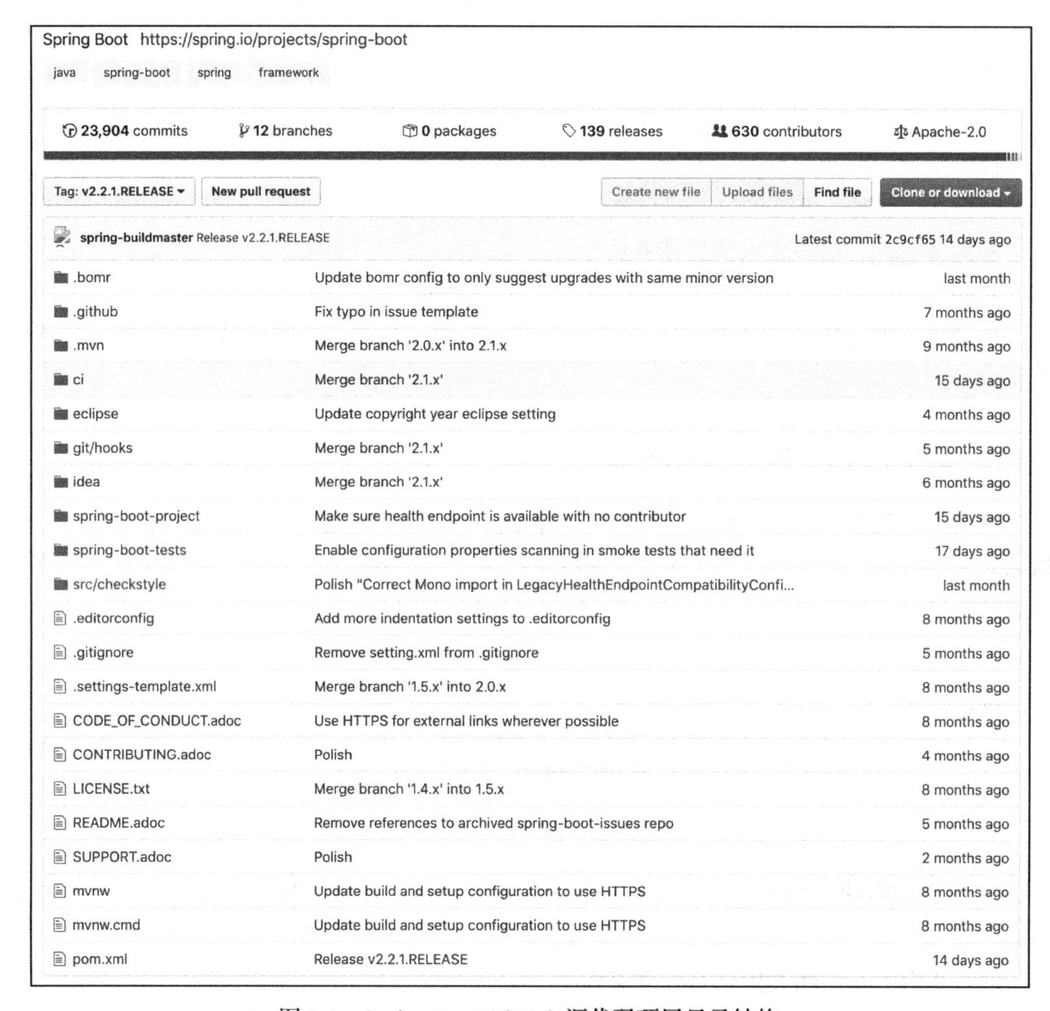

图 1-1 Spring Boot GitHub 源代码顶层目录结构

不同版本之间的 Spring Boot 源代码的顶层目录结构会有所变化，但并不影响其核心功能。2.2.*x*.RELEASE 版本由以下子模块构成。

- spring-boot-project：Spring Boot 核心项目代码，包含核心、工具、安全、文档、starters 等项目。
- spring-boot-tests：Spring Boot 部署及集成的测试。

关于顶层目录结构，我们有个简单了解即可，从 1.5.*x* 到 2.1.*x* 再到 2.2.*x* 版本，该层级的目录结构在不停地发生变化。

1.2.2　spring-boot-project 项目结构

spring-boot-project 目录是在 Spring Boot 2.0 版本发布后新增的目录层级，并将原来在 Spring Boot 1.5.*x* 版本中的一级模块作为 spring-boot-project 的子模块。该模块包含了 Spring Boot 所有的核心功能。

- spring-boot：Spring Boot 核心代码，也是入口类 SpringApplication 类所在项目，是本书重点介绍的内容。
- spring-boot-actuator：提供应用程序的监控、统计、管理及自定义等相关功能。
- spring-boot-actuator-autoconfigure：针对 actuator 提供的自动配置功能。
- spring-boot-autoconfigure：Spring Boot 自动配置核心功能，默认集成了多种常见框架的自动配置类等。
- spring-boot-cli：命令工具，提供快速搭建项目原型、启动服务、执行 Groovy 脚本等功能。
- spring-boot-dependencies：依赖和插件的版本信息。
- spring-boot-devtools：开发者工具，提供热部署、实时加载、禁用缓存等提升开发效率的功能。
- spring-boot-docs：参考文档相关内容。
- spring-boot-parent：spring-boot-dependencies 的子模块，是其他项目的父模块。
- spring-boot-properties-migrator：Spring Boot 2.0 版本新增的模块，支持升级版本配置属性的迁移。
- spring-boot-starters：Spring Boot 以预定义的方式集成了其他应用的 starter 集合。
- spring-boot-test：测试功能相关代码。
- spring-boot-test-autoconfigure：测试功能自动配置相关代码。
- spring-boot-tools：Spring Boot 工具支持模块，包含 Ant、Maven、Gradle 等构建工具。

本书以 spring-boot 和 spring-boot-autoconfigure 模块为核心，同时会涉及 actuator、test、loader 等相关项目的源代码。

1.3　源代码阅读工具

读者可根据日常习惯，选择熟悉的代码阅读工具，比如 Intellij IDEA、Spring Tool Suite、Eclipse、MyEclipse 等。

阅读 Spring Boot 源代码之前，我们还需搭建基础阅读环境。Spring Boot 对 JDK 和构建工具有一定的要求，比如 JDK 8+、Maven 3.3+、Gradle 5.*x*+ 等环境，满足相应需求即可。

为了达到更好的学习效果，建议大家使用实例 +debug 的模式来进行学习。因此，源代码阅读工具最好支持实例的编写、运行、调试等功能。

本书使用 Intellij IDEA（简称 IDEA）作为阅读代码工具，采用纯源代码阅读、实例 +debug 两种模式配合进行学习。

其中纯源代码阅读模式可以帮助我们更好地进行代码的注释、编写、单元测试等操作，而实例 +debug 模式可以让我们更好地理解整个项目的运行流程及功能的具体使用。图 1-2 和图 1-3 展示了通过 IDEA 阅读代码的两种模式。

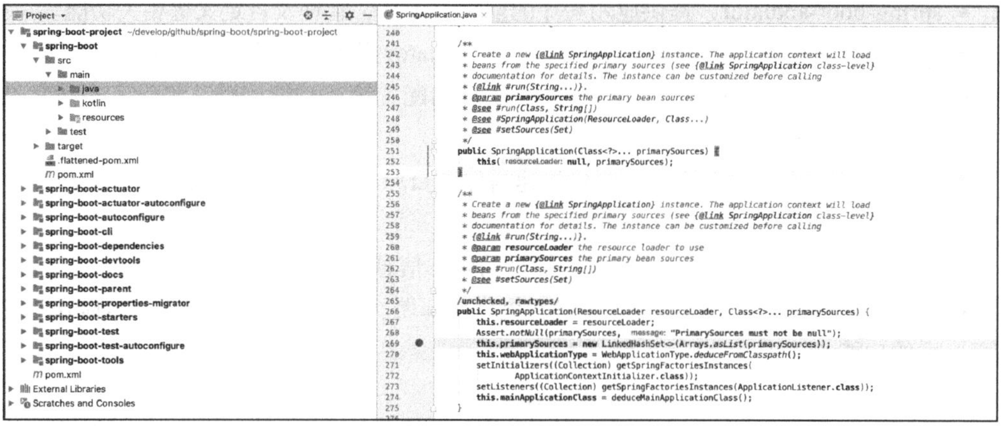

图 1-2 IDEA 纯源代码阅读模式

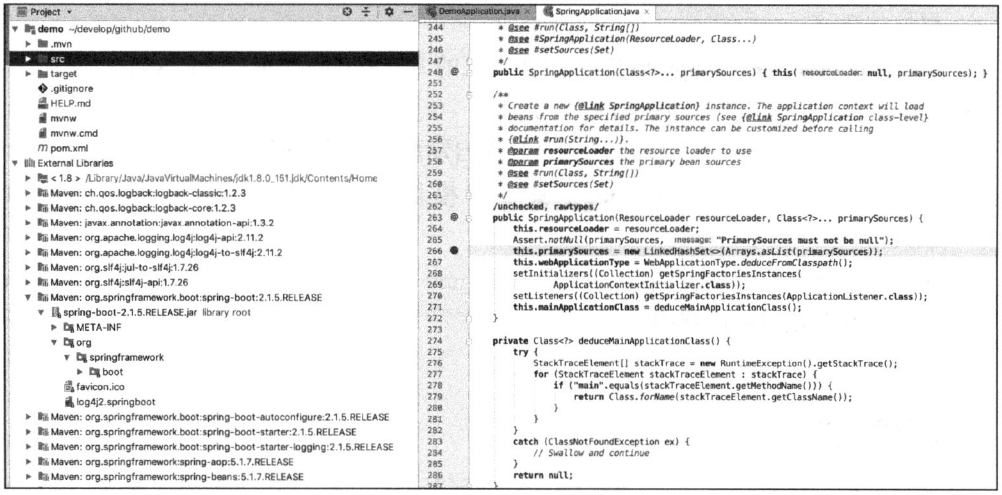

图 1-3 IDEA 实例 +debug 阅读模式

1.4 Spring Boot 的设计理念和目标

我们知道，Spring 所拥有的强大功能之一就是可以集成各种开源软件。但随着互联网的高速发展，各种框架层出不穷，这就对系统架构的灵活性、扩展性、可伸缩性、高可用性都提出了新的要求。随着项目的发展，Spring 慢慢地集成了更多的开源软件，引入大量配置文件，这会导致程序出错率高、运行效率低下的问题。为了解决这些状况，Spring Boot 应运而生。

Spring Boot 本身并不提供 Spring 的核心功能，而是作为 Spring 的脚手架框架，以达到快速构建项目、预置三方配置、开箱即用的目的。

1.4.1 设计理念

约定优于配置（Convention Over Configuration），又称为按约定编程，是一种软件设计范式，旨在减少软件开发人员需要做决定的数量，执行起来简单而又不失灵活。Spring Boot 的核心设计完美遵从了此范式。

Spring Boot 的功能从细节到整体都是基于“约定优于配置”开发的，从基础框架的搭建、配置文件、中间件的集成、内置容器以及其生态中各种 Starters，无不遵从此设计范式。Starter 作为 Spring Boot 的核心功能之一，基于自动配置代码提供了自动配置模块及依赖，让软件集成变得简单、易用。与此同时，Spring Boot 也在鼓励各方软件组织创建自己的 Starter。

1.4.2 设计目标

说到 Spring Boot 的设计目标，值得一提的是 Spring Boot 的研发团队——Pivotal 公司。Pivotal 公司的企业目标是“致力于改变世界构造软件的方式（We are transforming how the world builds software）”。Pivotal 公司向企业客户提供云原生应用开发 PaaS 平台及服务，采用敏捷软件开发方法论帮助企业客户开发软件，从而提高软件开发人员工作效率、减少软件运维成本，实现企业数字化转型、IT 创新，帮助企业客户最终实现业务创新。

Spring Boot 框架的设计理念完美遵从了它所属企业的目标。Spring Boot 不是为已解决的问题提供新的解决方案，而是为平台和开发者带来一种全新的体验：整合成熟技术框架、屏蔽系统复杂性、简化已有技术的使用，从而降低软件的使用门槛，提升软件开发和运维的效率。

1.5 Spring Boot 的整体架构

在 1.2 节中已经对 Spring Boot 的核心项目结构及功能做了相应的介绍，本节我们从架构层面了解一下 Spring Boot 的不同模块之间的依赖关系，如图 1-4 所示。

图 1-4 中为了更清晰地表达 Spring Boot 各项目之间的关系，我们基于依赖的传递性，省略了部分依赖关系。比如，Spring Boot Starters 不仅依赖了 Spring Boot Autoconfigure 项目，还依赖了 Spring Boot 和 Spring，而 Spring Boot Autoconfigure 项目又依赖了 Spring

Boot，Spring Boot 又依赖了 Spring 相关项目。因此在图中就省略了 Spring Boot Starters 和底层依赖的关联。

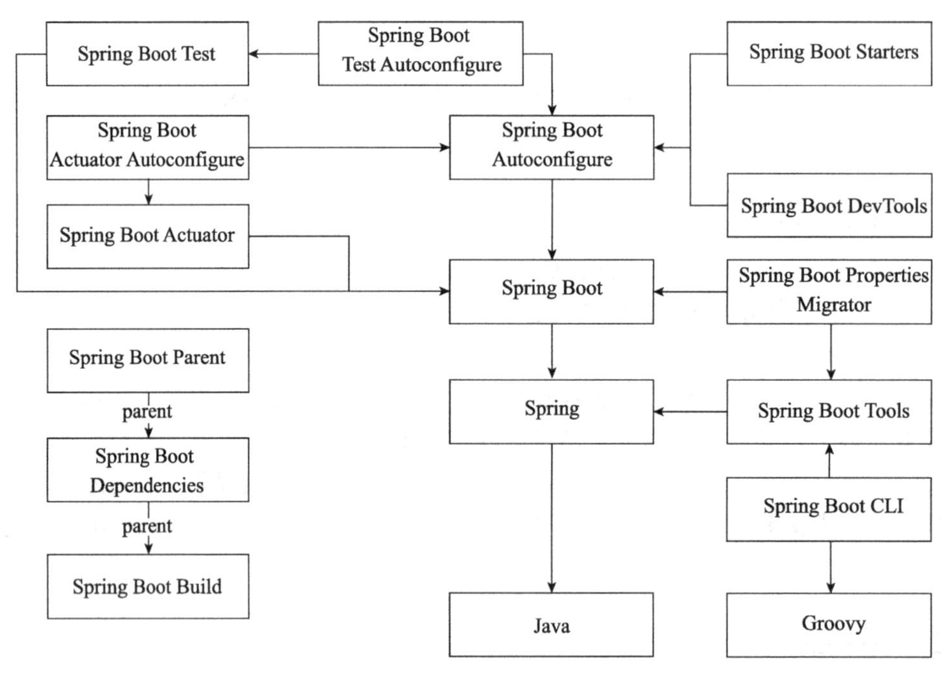

图 1-4 Spring Boot 源代码架构图

Spring Boot Parent 是 Spring Boot 及图中依赖 Spring Boot 项目的 Parent 项目，同样为了结构清晰，图中不显示相关关联。

从图 1-4 中我们可以清晰地看到 Spring Boot 几乎完全基于 Spring，同时提供了 Spring Boot 和 Spring Boot Autoconfigure 两个核心的模块，而其他相关功能又都是基于这两个核心模块展开的。本书相关的源代码分析也是围绕两个核心模块展开。

第二部分 Part 2

原 理 篇

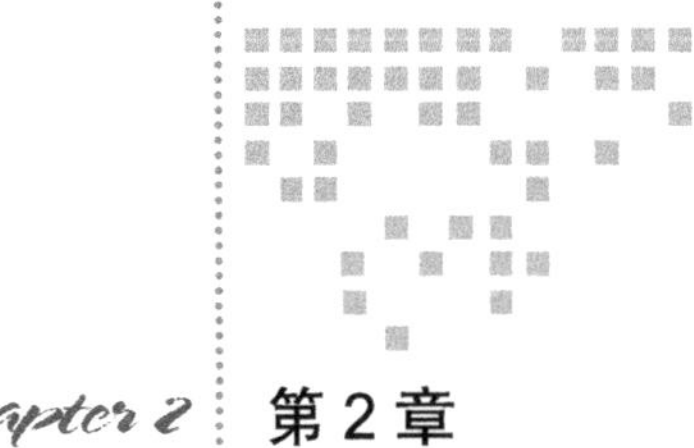

Chapter 2　第 2 章

Spring Boot 核心运行原理

Spring Boot 最核心的功能就是自动配置，第 1 章中我们已经提到，功能的实现都是基于“约定优于配置”的原则。那么 Spring Boot 是如何约定，又是如何实现自动配置功能的呢？

本章会带领大家通过源码学习 Spring Boot 的核心运作原理，内容涉及自动配置的运作原理、核心功能模块、核心注解以及使用到的核心源代码分析。

2.1　核心运行原理

使用 Spring Boot 时，我们只需引入对应的 Starters，Spring Boot 启动时便会自动加载相关依赖，配置相应的初始化参数，以最快捷、简单的形式对第三方软件进行集成，这便是 Spring Boot 的自动配置功能。我们先从整体上看一下 Spring Boot 实现该运作机制涉及的核心部分，如图 2-1 所示。

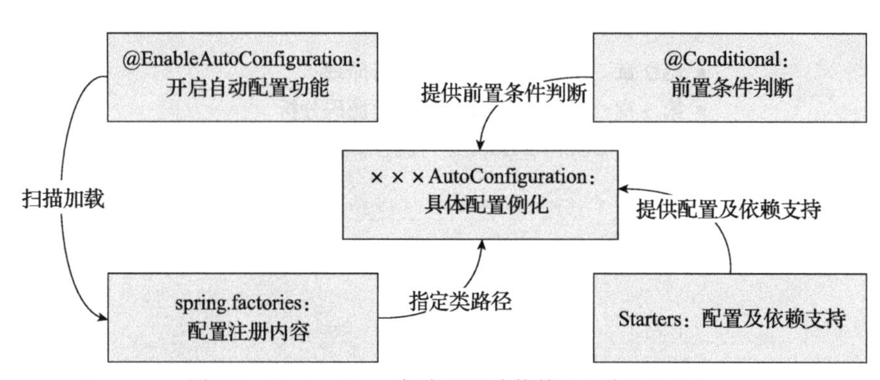

图 2-1　Spring Boot 自动配置功能核心运行原理图

图 2-1 描述了 Spring Boot 自动配置功能运作过程中涉及的几个核心功能及其相互之间的关系包括 @EnableAutoConfiguration、spring.factories、各组件对应的 AutoConfiguration 类、@Conditional 注解以及各种 Starters。

可以用一句话来描述整个过程：Spring Boot 通过 @EnableAutoConfiguration 注解开启自动配置，加载 spring.factories 中注册的各种 AutoConfiguration 类，当某个 AutoConfiguration 类满足其注解 @Conditional 指定的生效条件（Starters 提供的依赖、配置或 Spring 容器中是否存在某个 Bean 等）时，实例化该 AutoConfiguration 类中定义的 Bean（组件等），并注入 Spring 容器，就可以完成依赖框架的自动配置。

我们先从概念及功能上了解一下图 2-1 所示部分的作用及相互关系，在后面章节中会针对每个功能及组件进行源代码级别的讲解。

- @EnableAutoConfiguration：该注解由组合注解 @SpringBootApplication 引入，完成自动配置开启，扫描各个 jar 包下的 spring.factories 文件，并加载文件中注册的 AutoConfiguration 类等。
- spring.factories：配置文件，位于 jar 包的 META-INF 目录下，按照指定格式注册了自动配置的 AutoConfiguration 类。spring.factories 也可以包含其他类型待注册的类。该配置文件不仅存在于 Spring Boot 项目中，也可以存在于自定义的自动配置（或 Starter）项目中。
- AutoConfiguration 类：自动配置类，代表了 Spring Boot 中一类以 XXAutoConfiguration 命名的自动配置类。其中定义了三方组件集成 Spring 所需初始化的 Bean 和条件。
- @Conditional：条件注解及其衍生注解，在 AutoConfiguration 类上使用，当满足该条件注解时才会实例化 AutoConfiguration 类。
- Starters：三方组件的依赖及配置，Spring Boot 已经预置的组件。Spring Boot 默认的 Starters 项目往往只包含了一个 pom 依赖的项目。如果是自定义的 starter，该项目还需包含 spring.factories 文件、AutoConfiguration 类和其他配置类。

以上在概念层面介绍了 Spring Boot 自动配置的整体流程和基本运作原理，下面将会详细介绍这几个核心部分的组成结构及源代码。

2.2 运作原理源码解析之 @EnableAutoConfiguration

@EnableAutoConfiguration 是开启自动配置的注解，在创建的 Spring Boot 项目中并不能直接看到此注解，它是由组合注解 @SpringBootApplication 引入的。下面我们先来了解一下入口类和 @SpringBootApplication 注解的功能，然后再深入了解 @EnableAutoConfiguration 注解的构成与作用。

2.2.1 入口类和 @SpringBootApplication 注解

Spring Boot 项目创建完成会默认生成一个 *Application 的入口类。在默认情况下，无论是通过 IDEA 还是通过官方创建基于 Maven 的 Spring Boot 项目，入口类的命名规则都是 artifactId+Application。通过该类的 main 方法即可启动 Spring Boot 项目，代码如下。

```
@SpringBootApplication
public class SpringLearnApplication {
    public static void main(String[] args) {
        SpringApplication.run(DemoApplication.class, args);
    }
}
```

这里的 main 方法并无特别之处，就是一个标准的 Java 应用的 main 方法，用于启动 Spring Boot 项目的入口。在默认情况下，按照上述规则命名并包含 main 方法的类称为入口类。

在 Spring Boot 入口类（除单元测试外）中，唯一的一个注解就是 @SpringBootApplication。它是 Spring Boot 项目的核心注解，用于开启自动配置，准确说是通过该注解内组合的 @EnableAutoConfiguration 开启了自动配置。

@SpringBootApplication 部分源代码如下。

```
@Target(ElementType.TYPE)
@Retention(RetentionPolicy.RUNTIME)
@Documented
@Inherited
@SpringBootConfiguration
@EnableAutoConfiguration
@ComponentScan(excludeFilters = {
        @Filter(type = FilterType.CUSTOM, classes = TypeExcludeFilter.class),
        @Filter(type = FilterType.CUSTOM,
            classes = AutoConfigurationExcludeFilter.class) })
public @interface SpringBootApplication {
    // 排除指定自动配置类
    @AliasFor(annotation = EnableAutoConfiguration.class)
    Class<?>[] exclude() default {};

    // 排除指定自动配置类名
    @AliasFor(annotation = EnableAutoConfiguration.class)
    String[] excludeName() default {};

    // 指定扫描的基础包，激活注解组件的初始化
    @AliasFor(annotation = ComponentScan.class, attribute = "basePackages")
    String[] scanBasePackages() default {};

    // 指定扫描的类，用于初始化
    @AliasFor(annotation = ComponentScan.class, attribute = "basePackageClasses")
    Class<?>[] scanBasePackageClasses() default {};

    // 指定是否代理 @Bean 方法以强制执行 bean 的生命周期行为
    @AliasFor(annotation = Configuration.class)
    boolean proxyBeanMethods() default true;
}
```

通过源代码可以看出，该注解提供了以下成员属性（注解中的成员变量以方法的形式体现）。

- exclude：根据类（Class）排除指定的自动配置，该成员属性覆盖了 @SpringBootApplication 中组合的 @EnableAutoConfiguration 中定义的 exclude 成员属性。
- excludeName：根据类名排除指定的自动配置，覆盖了 @EnableAutoConfiguration 中的 excludeName 的成员属性。
- scanBasePackages：指定扫描的基础 package，用于激活 @Component 等注解类的初始化。
- scanBasePackageClasses：扫描指定的类，用于组件的初始化。
- proxyBeanMethods：指定是否代理 @Bean 方法以强制执行 bean 的生命周期行为。此功能需要通过运行时生成 CGLIB 子类来实现方法拦截。该子类有一定的限制，比如配置类及其方法不允许声明为 final 等。proxyBeanMethods 的默认值为 true，允许配置类中进行 inter-bean references（bean 之间的引用）以及对该配置的 @Bean 方法的外部调用。如果 @Bean 方法都是自包含的，并且仅提供了容器使用的普通工程方法的功能，则可设置为 false，避免处理 CGLIB 子类。Spring Boot 2.2 版本上市后新增该成员属性，后面章节涉及的自动配置类中基本都会用到 proxyBeanMethods，一般情况下都配置为 false。

通过以上源代码我们会发现，Spring Boot 中大量使用了 @AliasFor 注解，该注解用于桥接到其他注解，该注解的属性中指定了所桥接的注解类。如果点进去查看，会发现 @SpringBootApplication 定义的属性在其他注解中已经定义过了。之所以使用 @AliasFor 注解并重新在 @SpringBootApplication 中定义，更多是为了减少用户使用多注解带来的麻烦。

@SpringBootApplication 注解中组合了 @SpringBootConfiguration、@EnableAutoConfiguration 和 @ComponentScan。因此，在实践过程中也可以使用这 3 个注解来替代 @SpringBootApplication。

在 Spring Boot 早期版本中并没有 @SpringBootConfiguration 注解，版本升级后新增了 @SpringBootConfiguration 并在其内组合了 @Configuration。@EnableAutoConfiguration 注解组合了 @AutoConfigurationPackage。

我们忽略掉一些基础注解和元注解，@SpringBootApplication 注解的组合结构可以参考图 2-2。

在图 2-2 中，@SpringBootApplication 除了组合元注解之外，其核心作用还包括：激活 Spring Boot 自动配置的 @EnableAutoConfiguration、激活 @Component 扫描的 @ComponentScan、激活配置类的 @Configuration。

其中 @ComponentScan 注解和 @Configuration 注解在日常使用 Spring 时经常用到，也非常基础，大家应该都有一些了解，这里就不再赘述了。下面详细介绍 @EnableAutoConfiguration 的功能。

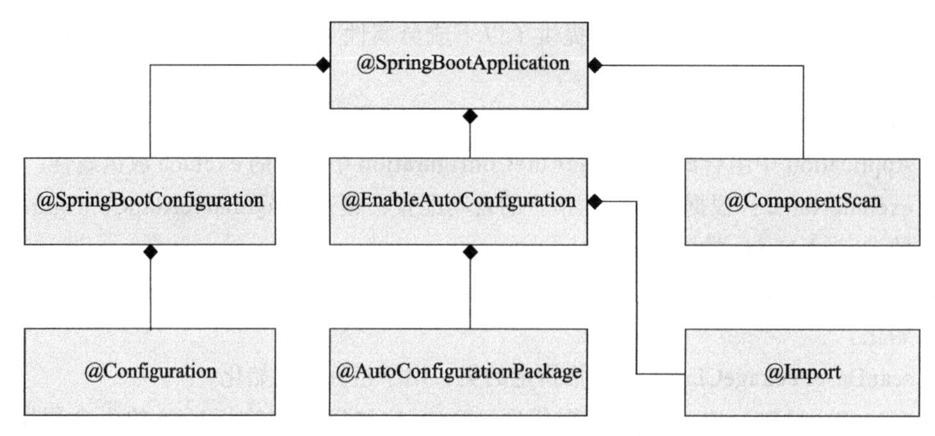

图 2-2 @SpringBootApplication 注解组合结构图

2.2.2 注解 @EnableAutoConfiguration 功能解析

在未使用 Spring Boot 的情况下，Bean 的生命周期由 Spring 来管理，然而 Spring 无法自动配置 @Configuration 注解的类。而 Spring Boot 的核心功能之一就是根据约定自动管理该注解标注的类。用来实现该功能的组件之一便是 @EnableAutoConfiguration 注解。

@EnableAutoConfiguration 位于 spring-boot-autoconfigure 包内，当使用 @SpringBootApplication 注解时，@EnableAutoConfiguration 注解会自动生效。

@EnableAutoConfiguration 的主要功能是启动 Spring 应用程序上下文时进行自动配置，它会尝试猜测并配置项目可能需要的 Bean。自动配置通常是基于项目 classpath 中引入的类和已定义的 Bean 来实现的。在此过程中，被自动配置的组件来自项目自身和项目依赖的 jar 包中。

举个例子：如果将 tomcat-embedded.jar 添加到 classpath 下，那么 @EnableAutoConfiguration 会认为你准备使用 TomcatServletWebServerFactory 类，并帮你初始化相关配置。与此同时，如果自定义了基于 ServletWebServerFactory 的 Bean，那么 @EnableAutoConfiguration 将不会进行 TomcatServletWebServerFactory 类的初始化。这一系列的操作判断都由 Spring Boot 来完成。

下面我们来看一下 @EnableAutoConfiguration 注解的源码。

```
@Target(ElementType.TYPE)
@Retention(RetentionPolicy.RUNTIME)
@Documented
@Inherited
@AutoConfigurationPackage
@Import(AutoConfigurationImportSelector.class)
public @interface EnableAutoConfiguration {
    // 用来覆盖配置开启 / 关闭自动配置的功能
    String ENABLED_OVERRIDE_PROPERTY = "spring.boot.enableautoconfiguration";
    // 根据类（Class）排除指定的自动配置
```

```
    Class<?>[] exclude() default {};
    //根据类名排除指定的自动配置
    String[] excludeName() default {};
}
```

@EnableAutoConfiguration 注解提供了一个常量和两个成员参数的定义。

- ENABLED_OVERRIDE_PROPERTY：用来覆盖开启/关闭自动配置的功能。
- exclude：根据类（Class）排除指定的自动配置。
- excludeName：根据类名排除指定的自动配置。

正如上文所说，@EnableAutoConfiguration 会猜测你需要使用的 Bean，但如果在实战中你并不需要它预置初始化的 Bean，可通过该注解的 exclude 或 excludeName 参数进行有针对性的排除。比如，当不需要数据库的自动配置时，可通过以下两种方式让其自动配置失效。

```
//通过@SpringBootApplication排除DataSourceAutoConfiguration
@SpringBootApplication(exclude = DataSourceAutoConfiguration.class)
public class SpringLearnApplication {
}
```

或：

```
//通过@EnableAutoConfiguration排除DataSourceAutoConfiguration
@Configuration
@EnableAutoConfiguration(exclude = DataSourceAutoConfiguration.class)
public class DemoConfiguration {
}
```

需要注意的是，被 @EnableAutoConfiguration 注解的类所在 package 还具有特定的意义，通常会被作为扫描注解 @Entity 的根路径。这也是在使用 @SpringBootApplication 注解时需要将被注解的类放在顶级 package 下的原因，如果放在较低层级，它所在 package 的同级或上级中的类就无法被扫描到。

而对于入口类和其 main 方法来说，并不依赖 @SpringBootApplication 注解或 @EnableAuto-Configuration 注解，也就是说该注解可以使用在其他类上，而非入口类上。

2.3 AutoConfigurationImportSelector 源码解析

@EnableAutoConfiguration 的关键功能是通过 @Import 注解导入的 ImportSelector 来完成的。从源代码得知 @Import(AutoConfigurationImportSelector.class) 是 @EnableAutoConfiguration 注解的组成部分，也是自动配置功能的核心实现者。@Import(AutoConfigurationImportSelector.class) 又可以分为两部分：@Import 和对应的 ImportSelector。本节重点讲解 @Import 的基本使用方法和 ImportSelector 的实现类 AutoConfigurationImportSelector。

2.3.1 @Import 注解

@Import 注解位于 spring-context 项目内，主要提供导入配置类的功能。为什么要专门讲解 @Import 的功能及使用呢？如果查看 Spring Boot 的源代码，我们会发现大量的 EnableXXX 类都使用了该注解。了解 @Import 注解的基本使用方法，能够帮助我们更好地进行源代码的阅读和理解。

@Import 的源码如下。

```
@Target(ElementType.TYPE)
@Retention(RetentionPolicy.RUNTIME)
@Documented
public @interface Import {
    Class<?>[] value();
}
```

@Import 的作用和 xml 配置中 <import/> 标签的作用一样，我们可以通过 @Import 引入 @Configuration 注解的类，也可以导入实现了 ImportSelector 或 ImportBeanDefinitionRegistrar 的类，还可以通过 @Import 导入普通的 POJO（将其注册成 Spring Bean，导入 POJO 需要 Spring 4.2 以上版本）。

关于 @Import 导入 @Configuration 注解类和 POJO 的功能比较简单和常见，就不再展开介绍了。下面重点介绍 ImportSelector 接口的作用。

2.3.2 ImportSelector 接口

@Import 的许多功能都需要借助接口 ImportSelector 来实现，ImportSelector 决定可引入哪些 @Configuration。ImportSelector 接口源码如下。

```
public interface ImportSelector {
    String[] selectImports(AnnotationMetadata importingClassMetadata);
}
```

ImportSelector 接口只提供了一个参数为 AnnotationMetadata 的方法，返回的结果为一个字符串数组。其中参数 AnnotationMetadata 内包含了被 @Import 注解的类的注解信息。在 selectImports 方法内可根据具体实现决定返回哪些配置类的全限定名，将结果以字符串数组的形式返回。

如果实现了接口 ImportSelector 的类的同时又实现了以下 4 个 Aware 接口，那么 Spring 保证在调用 ImportSelector 之前会先调用 Aware 接口的方法。这 4 个接口为：EnvironmentAware、BeanFactoryAware、BeanClassLoaderAware 和 ResourceLoaderAware。

在 AutoConfigurationImportSelector 的源代码中就实现了这 4 个接口，部分源代码及 Aware 的全限定名代码如下。

```
import org.springframework.beans.factory.BeanClassLoaderAware;
```

```
import org.springframework.beans.factory.BeanFactoryAware;
import org.springframework.context.EnvironmentAware;
import org.springframework.context.ResourceLoaderAware;
import org.springframework.context.annotation.DeferredImportSelector;
import org.springframework.core.Ordered;

public class AutoConfigurationImportSelector
    implements DeferredImportSelector, BeanClassLoaderAware, ResourceLoaderAware,
    BeanFactoryAware, EnvironmentAware, Ordered {
...
}
```

在上面的源代码中，AutoConfigurationImportSelector 并没有直接实现 ImportSelector 接口，而是实现了它的子接口 DeferredImportSelector。DeferredImportSelector 接口与 ImportSelector 的区别是，前者会在所有的 @Configuration 类加载完成之后再加载返回的配置类，而 ImportSelector 是在加载完 @Configuration 类之前先去加载返回的配置类。

DeferredImportSelector 的加载顺序可以通过 @Order 注解或实现 Ordered 接口来指定。同时，DeferredImportSelector 提供了新的方法 getImportGroup() 来跨 DeferredImportSelector 实现自定义 Configuration 的加载顺序。

2.3.3　AutoConfigurationImportSelector 功能概述

下面我们通过图 2-3 所示的流程图来从整体上了解 AutoConfigurationImportSelector 的核心功能及流程，然后再对照代码看具体的功能实现。图 2-3 中省略了外部通过 @Import 注解调用该类的部分。

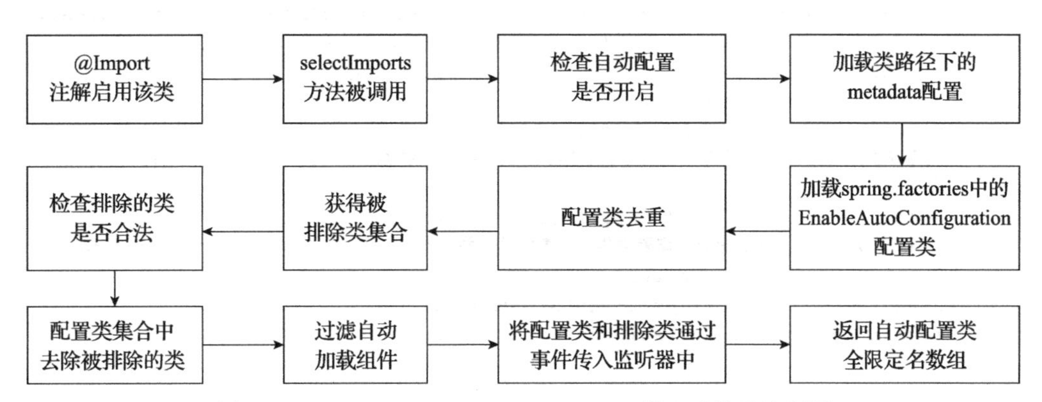

图 2-3　AutoConfigurationImportSelector 核心功能及流程图

当 AutoConfigurationImportSelector 被 @Import 注解引入之后，它的 selectImports 方法会被调用并执行其实现的自动装配逻辑。读者朋友需注意，selectImports 方法几乎涵盖了组件自动装配的所有处理逻辑。AutoConfigurationImportSelector 的 selectImports 方法源代码如下：

```
@Override
```

```
    public String[] selectImports(AnnotationMetadata annotationMetadata) {
        // 检查自动配置功能是否开启，默认为开启
        if (!isEnabled(annotationMetadata)) {
            return NO_IMPORTS;
        }
        // 加载自动配置的元信息，配置文件为类路径中 META-INF 目录下的
        // spring-autoconfigure-metadata.properties 文件
        AutoConfigurationMetadata autoConfigurationMetadata = AutoConfigurationMetadataLoader
            .loadMetadata(this.beanClassLoader);
        // 封装将被引入的自动配置信息
        AutoConfigurationEntry autoConfigurationEntry = getAutoConfigurationEntry(
            autoConfigurationMetadata, annotationMetadata);
        // 返回符合条件的配置类的全限定名数组
        return StringUtils.toStringArray(autoConfigurationEntry.getConfigurations());
    }
    protected AutoConfigurationEntry getAutoConfigurationEntry(
            AutoConfigurationMetadata autoConfigurationMetadata,
            AnnotationMetadata annotationMetadata) {
        if (!isEnabled(annotationMetadata)) {
            return EMPTY_ENTRY;
        }
        AnnotationAttributes attributes = getAttributes(annotationMetadata);
        // 通过 SpringFactoriesLoader 类提供的方法加载类路径中 META-INF 目录下的
        // spring.factories 文件中针对 EnableAutoConfiguration 的注册配置类
        List<String> configurations = getCandidateConfigurations(annotationMetadata,
            attributes);
        // 对获得的注册配置类集合进行去重处理，防止多个项目引入同样的配置类
        configurations = removeDuplicates(configurations);
        // 获得注解中被 exclude 或 excludeName 所排除的类的集合
        Set<String> exclusions = getExclusions(annotationMetadata, attributes);
        // 检查被排除类是否可实例化，是否被自动注册配置所使用，不符合条件则抛出异常
        checkExcludedClasses(configurations, exclusions);
        // 从自动配置类集合中去除被排除的类
        configurations.removeAll(exclusions);
        // 检查配置类的注解是否符合 spring.factories 文件中 AutoConfigurationImportFilter 指
定的注解检查条件
        configurations = filter(configurations, autoConfigurationMetadata);
        // 将筛选完成的配置类和排查的配置类构建为事件类，并传入监听器。监听器的配置在于 spring.factories
文件中，通过 AutoConfigurationImportListener 指定
        fireAutoConfigurationImportEvents(configurations, exclusions);
        return new AutoConfigurationEntry(configurations, exclusions);
    }
```

通过图 2-3 和上述代码，我们从整体层面了解了 AutoConfigurationImportSelector 的概况及操作流程，后文将对这些流程进行细化拆分，并通过阅读源代码来分析 Spring Boot 是如何实现自动加载功能的。

2.3.4 @EnableAutoConfiguration 自动配置开关

检查自动配置是否开启的代码位于 AutoConfigurationImportSelector 的 selectImports 方

法第一段中。如果开启自动配置功能，就继续执行后续操作；如果未开启，就返回空数组。代码如下。

```
@Override
public String[] selectImports(AnnotationMetadata annotationMetadata) {
    if (!isEnabled(annotationMetadata)) {
        return NO_IMPORTS;
    }
...
}
```

该方法主要使用 isEnabled 方法来判断自动配置是否开启，代码如下。

```
protected boolean isEnabled(AnnotationMetadata metadata) {
    if (getClass() == AutoConfigurationImportSelector.class) {
        return getEnvironment().getProperty(
            EnableAutoConfiguration.ENABLED_OVERRIDE_PROPERTY, Boolean.class,
            true);
    }
    return true;
}
```

通过 isEnabled 方法可以看出，如果当前类为 AutoConfigurationImportSelector，程序会从环境中获取 key 为 EnableAutoConfiguration.ENABLED_OVERRIDE_PROPERTY 的配置，该常量的值为 spring.boot.enableautoconfiguration。如果获取不到该属性的配置，isEnabled 默认为 true，也就是默认会使用自动配置。如果当前类为其他类，直接返回 true。

如果想覆盖或重置 EnableAutoConfiguration.ENABLED_OVERRIDE_PROPERTY 的配置，可获取该常量的值，并在 application.properties 或 application.yml 中针对此参数进行配置。以 application.properties 配置关闭自动配置为例，代码如下。

```
spring.boot.enableautoconfiguration=false
```

2.3.5 @EnableAutoConfiguration 加载元数据配置

加载元数据配置主要是为后续操作提供数据支持。我们先来看加载相关源代码的具体实现，该功能的代码依旧在 selectImports 方法内。

```
@Override
public String[] selectImports(AnnotationMetadata annotationMetadata) {
    ...
    AutoConfigurationMetadata autoConfigurationMetadata = AutoConfigurationMetadataLoader
        .loadMetadata(this.beanClassLoader);
    ...
}
```

加载元数据的配置用到了 AutoConfigurationMetadataLoader 类提供的 loadMetaData 方

法，该方法会默认加载类路径下 META-INF/spring-autoconfigure-metadata.properties 内的配置。

```
final class AutoConfigurationMetadataLoader {
    // 默认加载元数据的路径
    protected static final String PATH = "META-INF/spring-autoconfigure-metadata.
properties";

    // 默认调用该方法，传入默认 PATH
    static AutoConfigurationMetadata loadMetadata(ClassLoader classLoader) {
        return loadMetadata(classLoader, PATH);
    }

    static AutoConfigurationMetadata loadMetadata(ClassLoader classLoader, String
path) {
        try {
            // 获取数据存储于 Enumeration 中
            Enumeration<URL> urls = (classLoader != null) ? classLoader.getResources
(path)
                    : ClassLoader.getSystemResources(path);
            Properties properties = new Properties();
            while (urls.hasMoreElements()) {
                // 遍历 Enumeration 中的 URL，加载其中的属性，存储到 Properties 中
                properties.putAll(PropertiesLoaderUtils.loadProperties(new
UrlResource(urls.nextElement())));
            }
            return loadMetadata(properties);
        } catch (IOException ex) {
            throw new IllegalArgumentException("Unable to load @
ConditionalOnClass location [" + path + "]", ex);
        }
    }

    // 创建 AutoConfigurationMetadata 的实现类 PropertiesAutoConfigurationMetadata
    static AutoConfigurationMetadata loadMetadata(Properties properties) {
        return new PropertiesAutoConfigurationMetadata(properties);
    }

    // AutoConfigurationMetadata 的内部实现类
    private static class PropertiesAutoConfigurationMetadata implements AutoCon-
figurationMetadata {
    ...
    }
    ...
}
```

在上面的代码中，AutoConfigurationMetadataLoader 调用 loadMetadata(ClassLoader classLoader) 方法，会获取默认变量 PATH 指定的文件，然后加载并存储于 Enumeration 数据结构中。随后，从变量 PATH 指定的文件中获取其中配置的属性存储于 Properties 内，最终调用在该类

内部实现的 AutoConfigurationMetadata 的子类的构造方法。

spring-autoconfigure-metadata.properties 文件内的配置格式如下。

```
自动配置类的全限定名 . 注解名称 = 值
```

如果 spring-autoconfigure-metadata.properties 文件内有多个值，就用英文逗号分隔，例如：

```
...
    org.springframework.boot.autoconfigure.data.jdbc.JdbcRepositoriesAutoConfiguration.
ConditionalOnClass=org.springframework.data.jdbc.repository.config.JdbcConfiguration,org.
springframework.jdbc.core.namedparam.NamedParameterJdbcOperations
...
```

为什么要加载此元数据呢？加载元数据主要是为了后续过滤自动配置使用。Spring Boot 使用一个 Annotation 的处理器来收集自动加载的条件，这些条件可以在元数据文件中进行配置。Spring Boot 会将收集好的 @Configuration 进行一次过滤，进而剔除不满足条件的配置类。

在官方文档中已经明确指出，使用这种配置方式可以有效缩短 Spring Boot 的启动时间，减少 @Configuration 类的数量，从而减少初始化 Bean 的耗时。后续章节中我们会看到过滤自动配置的具体使用方法。

2.3.6　@EnableAutoConfiguration 加载自动配置组件

加载自动配置组件是自动配置的核心组件之一，这些自动配置组件在类路径中 META-INF 目录下的 spring.factories 文件中进行注册。Spring Boot 预置了一部分常用组件，如果我们需要创建自己的组件，可参考 Spring Boot 预置组件在自己的 Starters 中进行配置，在后面的章节中会专门对此进行讲解。

通过 Spring Core 提供的 SpringFactoriesLoader 类可以读取 spring.factories 文件中注册的类。下面我们通过源代码来看一下如何在 AutoConfigurationImportSelector 类中通过 getCandidateConfigurations 方法来读取 spring.factories 文件中注册的类。

```
protected List<String> getCandidateConfigurations(AnnotationMetadata metadata,
        AnnotationAttributes attributes) {
    List<String> configurations = SpringFactoriesLoader.loadFactoryNames(
        getSpringFactoriesLoaderFactoryClass(), getBeanClassLoader());
    Assert.notEmpty(configurations,
        "No auto configuration classes found in META-INF/spring.factories. If you "
            + "are using a custom packaging, make sure that file is correct.");
    return configurations;
}

protected Class<?> getSpringFactoriesLoaderFactoryClass() {
    return EnableAutoConfiguration.class;
}
```

getCandidateConfigurations 方法使用 SpringFactoriesLoader 类提供的 loadFactoryNames 方法来读取 META-INF/spring.factories 中的配置。如果程序未读取到任何配置内容，会抛出异常信息。而 loadFactoryNames 方法的第一个参数为 getSpringFactoriesLoaderFactoryClass 方法返回的 EnableAutoConfiguration.class，也就是说 loadFactoryNames 只会读取配置文件中针对自动配置的注册类。

SpringFactoriesLoader 类的 loadFactoryNames 方法相关代码如下。

```
public final class SpringFactoriesLoader {

    // 概类加载文件的路径，可能存在多个
    public static final String FACTORIES_RESOURCE_LOCATION = "META-INF/spring.
factories";
    ...
    // 加载所有的 META-INF/spring.factories 文件，封装成 Map，并从中获取指定类名的列表
    public static List<String> loadFactoryNames(Class<?> factoryClass, @
Nullable ClassLoader classLoader) {
        String factoryClassName = factoryClass.getName();
        return loadSpringFactories(classLoader).getOrDefault(factoryClassName,
Collections.emptyList());
    }
    // 加载所有的 META-INF/spring.factories 文件，封装成 Map，Key 为接口的全类名，Value 为
对应配置值的 List 集合
    private static Map<String, List<String>> loadSpringFactories(@Nullable ClassLoader
classLoader) {
        MultiValueMap<String, String> result = cache.get(classLoader);
        if (result != null) {
            return result;
        }

        try {
            Enumeration<URL> urls = (classLoader != null ?
                classLoader.getResources(FACTORIES_RESOURCE_LOCATION) :
                ClassLoader.getSystemResources(FACTORIES_RESOURCE_LOCATION));
            result = new LinkedMultiValueMap<>();
            while (urls.hasMoreElements()) {
                URL url = urls.nextElement();
                UrlResource resource = new UrlResource(url);
                Properties properties = PropertiesLoaderUtils.loadProperties(resource);
                for (Map.Entry<?, ?> entry : properties.entrySet()) {
                    String factoryClassName = ((String) entry.getKey()).trim();
                    for (String factoryName : StringUtils.commaDelimitedListTo-
StringArray((String) entry.getValue())) {
                        result.add(factoryClassName, factoryName.trim());
                    }
                }
            }
            cache.put(classLoader, result);
            return result;
```

```
            } catch (IOException ex) {
                throw new IllegalArgumentException("Unable to load factories from
location [" +
                        FACTORIES_RESOURCE_LOCATION + "]", ex);
            }
        }
    ...
    }
```

简单描述以上加载的过程就是：SpringFactoriesLoader 加载器加载指定 ClassLoader 下面的所有 META-INF/spring.factories 文件，并将文件解析内容存于 Map<String,List<String>> 内。然后，通过 loadFactoryNames 传递过来的 class 的名称从 Map 中获得该类的配置列表。

结合下面 spring.factories 文件的内容格式，我们可以更加清晰地了解 Map<String,List<String>> 中都存储了什么。

```
...
# Auto Configure
org.springframework.boot.autoconfigure.EnableAutoConfiguration=\
org.springframework.boot.autoconfigure.admin.SpringApplicationAdminJmxAutoConfig-
uration,\
org.springframework.boot.autoconfigure.aop.AopAutoConfiguration,\
org.springframework.boot.autoconfigure.amqp.RabbitAutoConfiguration,\
org.springframework.boot.autoconfigure.batch.BatchAutoConfiguration,\
org.springframework.boot.autoconfigure.cache.CacheAutoConfiguration,\
org.springframework.boot.autoconfigure.cassandra.CassandraAutoConfiguration,\
...
```

以上代码仅以 EnableAutoConfiguration 配置的部分内容为例，spring.factories 文件的基本格式为自动配置类的全限定名 = 值，与 2.3.5 节中介绍的元数据的格式很相似，只不过缺少了“. 注解名称”部分，如果包含多个值，用英文逗号分隔。

我们继续以 EnableAutoConfiguration 的配置为例，Map<String,List<String>> 内存储的对应数据就是 key 值为 org.springframework.boot.autoconfigure.EnableAutoConfiguration，Value 值为其等号后面以分号分割的各种 AutoConfiguration 类。

当然，spring.factories 文件内还有其他的配置，比如用于监听的 Listeners 和用于过滤的 Filters 等。很显然，在加载自动配置组件时，此方法只用到了 EnableAutoConfiguration 对应的配置。

因为程序默认加载的是 ClassLoader 下面的所有 META-INF/spring.factories 文件中的配置，所以难免在不同的 jar 包中出现重复的配置。我们可以在源代码中使用 Set 集合数据不可重复的特性进行去重操作。

```
protected final <T> List<T> removeDuplicates(List<T> list) {
    return new ArrayList<>(new LinkedHashSet<>(list));
}
```

2.3.7 @EnableAutoConfiguration 排除指定组件

在 2.3.6 节中我们获得了 spring.factories 文件中注册的自动加载组件，但如果在实际应用的过程中并不需要其中的某个或某些组件，可通过配置 @EnableAutoConfiguration 的注解属性 exclude 或 excludeName 进行有针对性的排除，当然也可以通过配置文件进行排除。先通过源代码看看如何获取排除组件的功能。

```
protected Set<String> getExclusions(AnnotationMetadata metadata,
        AnnotationAttributes attributes) {
    //创建 Set 集合并把待排除的内容存于集合内，LinkedHashSet 具有不可重复性
    Set<String> excluded = new LinkedHashSet<>();
    excluded.addAll(asList(attributes, "exclude"));
    excluded.addAll(Arrays.asList(attributes.getStringArray("excludeName")));
    excluded.addAll(getExcludeAutoConfigurationsProperty());
    return excluded;
}

private List<String> getExcludeAutoConfigurationsProperty() {
    if (getEnvironment() instanceof ConfigurableEnvironment) {
        Binder binder = Binder.get(getEnvironment());
        return binder.bind(PROPERTY_NAME_AUTOCONFIGURE_EXCLUDE, String[].class)
            .map(Arrays::asList).orElse(Collections.emptyList());
    }
    String[] excludes = getEnvironment()
            .getProperty(PROPERTY_NAME_AUTOCONFIGURE_EXCLUDE, String[].class);
     return (excludes != null) ? Arrays.asList(excludes) : Collections.
emptyList();
}
```

AutoConfigurationImportSelector 中通过调用 getExclusions 方法来获取被排除类的集合。它会收集 @EnableAutoConfiguration 注解中配置的 exclude 属性值、excludeName 属性值，并通过方法 getExcludeAutoConfigurationsProperty 获取在配置文件中 key 为 spring.autoconfigure.exclude 的配置值。以排除自动配置 DataSourceAutoConfiguration 为例，配置文件中的配置形式如下。

```
spring.autoconfigure.exclude=org.springframework.boot.autoconfigure.jdbc.DataSource-
AutoConfiguration
```

获取到被排除组件的集合之后，首先是对待排除类进行检查操作，代码如下。

```
private void checkExcludedClasses(List<String> configurations,
        Set<String> exclusions) {
    List<String> invalidExcludes = new ArrayList<>(exclusions.size());
    //遍历并判断是否存在对应的配置类
    for (String exclusion : exclusions) {
        if (ClassUtils.isPresent(exclusion, getClass().getClassLoader())
                && !configurations.contains(exclusion)) {
            invalidExcludes.add(exclusion);
```

```
            }
        }
        // 如果不为空，就进行处理
        if (!invalidExcludes.isEmpty()) {
            handleInvalidExcludes(invalidExcludes);
        }
    }

    // 抛出指定异常
    protected void handleInvalidExcludes(List<String> invalidExcludes) {
        StringBuilder message = new StringBuilder();
        for (String exclude : invalidExcludes) {
            message.append("\t- ").append(exclude).append(String.format("%n"));
        }
        throw new IllegalStateException(String
                    .format("The following classes could not be excluded because they
are"
                     + " not auto-configuration classes:%n%s", message));
    }
```

以上代码中，checkExcludedClasses方法用来确保被排除的类存在于当前的ClassLoader中，并且包含在spring.factories注册的集合中。如果不满足以上条件，调用handleInvalidExcludes方法抛出异常。

如果被排除类都符合条件，调用configurations.removeAll(exclusions)方法从自动配置集合中移除被排除集合的类，至此完成初步的自动配置组件排除。

2.3.8 @EnableAutoConfiguration 过滤自动配置组件

当完成初步的自动配置组件排除工作之后，AutoConfigurationImportSelector会结合在此之前获取的AutoConfigurationMetadata对象，对组件进行再次过滤。

```
    private List<String> filter(List<String> configurations,
            AutoConfigurationMetadata autoConfigurationMetadata) {
        long startTime = System.nanoTime();
        String[] candidates = StringUtils.toStringArray(configurations);
        boolean[] skip = new boolean[candidates.length];
        boolean skipped = false;
         for (AutoConfigurationImportFilter filter : getAutoConfigurationImportFilte-
rs()) {
            invokeAwareMethods(filter);
            boolean[] match = filter.match(candidates, autoConfigurationMetadata);
            for (int i = 0; i < match.length; i++) {
                if (!match[i]) {
                    skip[i] = true;
                    candidates[i] = null;
                    skipped = true;
                }
            }
```

```
        }
        if (!skipped) {
            return configurations;
        }
        List<String> result = new ArrayList<>(candidates.length);
        for (int i = 0; i < candidates.length; i++) {
            if (!skip[i]) {
                result.add(candidates[i]);
            }
        }
        ...
        return new ArrayList<>(result);
    }
    protected List<AutoConfigurationImportFilter> getAutoConfigurationImportFilters() {
        return SpringFactoriesLoader.loadFactories(AutoConfigurationImportFilter.class,
                this.beanClassLoader);
    }
```

下面，我们先来明确一下都有哪些数据参与了以上两种方法，然后再进行业务逻辑的梳理。

- configurations：List<String>，经过初次过滤之后的自动配置组件列表。
- autoConfigurationMetadata：AutoConfigurationMetadata，元数据文件 META-INF/spring-autoconfigure-metadata.properties 中配置对应实体类。
- List<AutoConfigurationImportFilter>：META-INF/spring.factories 中配置 key 为 AutoConfigurationImportFilter 的 Filters 列表。

getAutoConfigurationImportFilters 方法是通过 SpringFactoriesLoader 的 loadFactories 方法将 META-INF/spring.factories 中配置 key 为 AutoConfigurationImportFilter 的值进行加载。下面为 META-INF/spring.factories 中相关配置的具体内容。

```
# Auto Configuration Import Filters
org.springframework.boot.autoconfigure.AutoConfigurationImportFilter=\
org.springframework.boot.autoconfigure.condition.OnBeanCondition,\
org.springframework.boot.autoconfigure.condition.OnClassCondition,\
org.springframework.boot.autoconfigure.condition.OnWebApplicationCondition
```

在 spring-boot-autoconfigure 中默认配置了 3 个筛选条件，OnBeanCondition、OnClassCondition 和 OnWebApplicationCondition，它们均实现了 AutoConfigurationImportFilter 接口。

在明确了以上信息之后，该 filter 方法的过滤功能就很简单了。用一句话来概述就是：对自动配置组件列表进行再次过滤，过滤条件为该列表中自动配置类的注解得包含在 OnBeanCondition、OnClassCondition 和 OnWebApplicationCondition 中指定的注解，依次包含 @ConditionalOnBean、@ConditionalOnClass 和 @ConditionalOnWebApplication。

那么在这个实现过程中，AutoConfigurationMetadata 对应的元数据和 AutoConfigurationImportFilter 接口及其实现类是如何进行具体筛选的呢？我们先来看一下 AutoConfiguration-

ImportFilter 接口相关类的结构及功能，如图 2-4 所示。

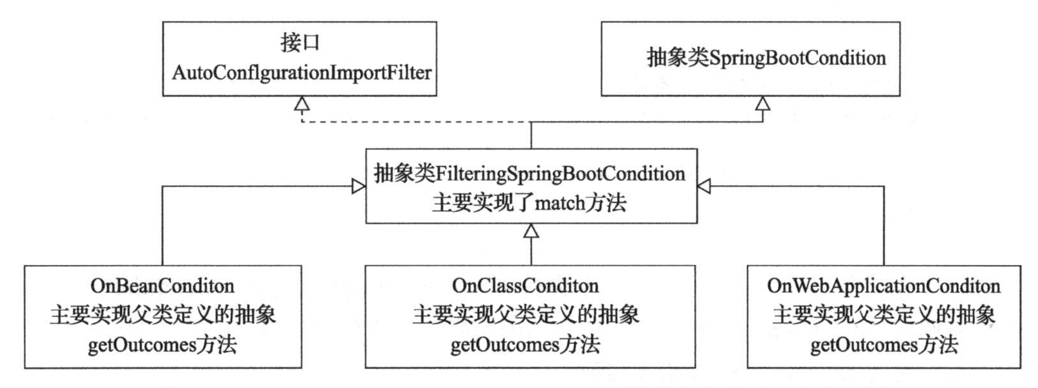

图 2-4 AutoConfigurationImportFilter 接口相关类的结构及功能实现图

下面进行相关的源代码及步骤的分解。我们已经知道 AutoConfigurationImportFilter 接口可以在 spring.factories 中注册过滤器，用来过滤自动配置类，在实例化之前快速排除不需要的自动配置，代码如下。

```
@FunctionalInterface
public interface AutoConfigurationImportFilter {
    boolean[] match(String[] autoConfigurationClasses,
        AutoConfigurationMetadata autoConfigurationMetadata);
}
```

match 方法接收两个参数，一个是待过滤的自动配置类数组，另一个是自动配置的元数据信息。match 返回的结果为匹配过滤后的结果布尔数组，数组的大小与 String[ ] autoConfigurationClasses 一致，如果需排除，设置对应值为 false。

图 2-4 中已经显示 AutoConfigurationImportFilter 接口的 match 方法主要在其抽象子类中实现，而抽象子类 FilteringSpringBootCondition 在实现 match 方法的同时又定义了新的抽象方法 getOutcomes，继承该抽象类的其他 3 个子类均实现了 getOutcomes 方法，代码如下。

```
abstract class FilteringSpringBootCondition extends SpringBootCondition
        implements AutoConfigurationImportFilter, BeanFactoryAware, BeanClassLoader
Aware {
    ...
    @Override
    public boolean[] match(String[] autoConfigurationClasses,
            AutoConfigurationMetadata autoConfigurationMetadata) {
        ...
        ConditionOutcome[] outcomes = getOutcomes(autoConfigurationClasses,
            autoConfigurationMetadata);
        boolean[] match = new boolean[outcomes.length];
        for (int i = 0; i < outcomes.length; i++) {
            match[i] = (outcomes[i] == null || outcomes[i].isMatch());
            ...
```

```
        }
        return match;
    }

    //过滤核心功能，该方法由子类实现
    protected abstract ConditionOutcome[] getOutcomes(String[] autoConfigur
ationClasses,
            AutoConfigurationMetadata autoConfigurationMetadata);
    ...
}
```

通过上面的源码可以看出，match 方法在抽象类 FilteringSpringBootCondition 中主要的功能就是调用 getOutcomes 方法，并将其返回的结果转换成布尔数组。而相关的过滤核心功能由子类实现的 getOutcomes 方法来实现。

下面以实现类 OnClassCondition 来具体说明执行过程。首先看一下入口方法 getOutcomes 的源代码。

```
@Order(Ordered.HIGHEST_PRECEDENCE)
class OnClassCondition extends FilteringSpringBootCondition {

    @Override
    protected final ConditionOutcome[] getOutcomes(String[] autoConfigurationClasses,
            AutoConfigurationMetadata autoConfigurationMetadata) {
        //如果有多个处理器，采用后台线程处理
        if (Runtime.getRuntime().availableProcessors() > 1) {
            return resolveOutcomesThreaded(autoConfigurationClasses, autoConfigu-
rationMetadata);
        } else {
        OutcomesResolver outcomesResolver = new
        StandardOutcomesResolver(autoConfigurationClasses, 0,
            autoConfigurationClasses.length, autoConfigurationMetadata,
            getBeanClassLoader());
        return outcomesResolver.resolveOutcomes();
        }
    }
    ...
}
```

Spring Boot 当前版本对 getOutcomes 方法进行了性能优化，根据处理器的情况不同采用了不同的方式进行操作。如果使用多个处理器，采用后台线程处理（之前版本的实现方法）。否则，getOutcomes 直接创建 StandardOutcomesResolver 来处理。

在 resolveOutcomesThreaded 方法中主要采用了分半处理的方法来提升处理效率，而核心功能都是在内部类 StandardOutcomesResolver 的 resolveOutcomes 方法中实现。

resolveOutcomesThreaded 的分半处理实现代码如下。

```
@Order(Ordered.HIGHEST_PRECEDENCE)
class OnClassCondition extends FilteringSpringBootCondition {
```

```
        private ConditionOutcome[] resolveOutcomesThreaded(String[] autoConfigurationClasses,
                AutoConfigurationMetadata autoConfigurationMetadata) {
            int split = autoConfigurationClasses.length / 2;
            OutcomesResolver firstHalfResolver = createOutcomesResolver(autoConfigu-
rationClasses, 0, split, autoConfigurationMetadata);
            OutcomesResolver secondHalfResolver = new StandardOutcomesResolver(au-
toConfigurationClasses, split,
                autoConfigurationClasses.length, autoConfigurationMetadata, getBean-
ClassLoader());
            ConditionOutcome[] secondHalf = secondHalfResolver.resolveOutcomes();
            ConditionOutcome[] firstHalf = firstHalfResolver.resolveOutcomes();
            ConditionOutcome[] outcomes = new ConditionOutcome[autoConfigurationClas-
ses.length];
            System.arraycopy(firstHalf, 0, outcomes, 0, firstHalf.length);
            System.arraycopy(secondHalf, 0, outcomes, split, secondHalf.length);
            return outcomes;
        }
    }
```

内部类 StandardOutcomesResolver 的源代码重点关注 getOutcomes 方法的实现，它实现了获取元数据中的指定配置，间接调用 getOutcome(String className, ClassLoader classLoader) 方法来判断该类是否符合条件，部分源代码如下。

```
    @Order(Ordered.HIGHEST_PRECEDENCE)
    class OnClassCondition extends FilteringSpringBootCondition {
        ...
        private final class StandardOutcomesResolver implements OutcomesResolver {
            ...
            private ConditionOutcome[] getOutcomes(String[] autoConfigurationClasses,
                    int start, int end, AutoConfigurationMetadata autoConfiguration-
Metadata) {
                ConditionOutcome[] outcomes = new ConditionOutcome[end - start];
                for (int i = start; i < end; i++) {
                    String autoConfigurationClass = autoConfigurationClasses[i];
                    if (autoConfigurationClass != null) {
                        String candidates = autoConfigurationMetadata
                            .get(autoConfigurationClass, "ConditionalOnClass");
                    if (candidates != null) {
                            outcomes[i - start] = getOutcome(candidates);
                        }
                    }
                }
                return outcomes;
            }
            ...
            // 判断该类是否符合条件
            private ConditionOutcome getOutcome(String className, ClassLoader class-
Loader) {
                if (ClassNameFilter.MISSING.matches(className, classLoader)) {
                    return ConditionOutcome.noMatch(ConditionMessage
```

```
                        .forCondition(ConditionalOnClass.class)
                        .didNotFind("required class").items(Style.QUOTE, className));
            }
            return null;
        }
    }
}
```

在获取元数据指定配置的功能时用到了 AutoConfigurationMetadata 接口的 get(String className, String key) 方法，而该方法由类 AutoConfigurationMetadataLoader 来实现。该类在前面的章节已经提过了，它会加载 META-INF/spring-autoconfigure-metadata.properties 中的配置。

```
final class AutoConfigurationMetadataLoader {

    protected static final String PATH = "META-INF/"
            + "spring-autoconfigure-metadata.properties";
    ...
    private static class PropertiesAutoConfigurationMetadata
            implements AutoConfigurationMetadata {
        ...
        @Override
        public String get(String className, String key) {
            return get(className, key, null);
        }

        @Override
        public String get(String className, String key, String defaultValue) {
        String value = this.properties.getProperty(className + "." + key);
            return (value != null) ? value : defaultValue;
        }
    }
}
```

AutoConfigurationMetadataLoader 的内部类 PropertiesAutoConfigurationMetadata 实现了 AutoConfigurationMetadata 接口的具体方法，其中包含我们用到的 get(String className, String key) 方法。

根据 get 方法实现过程，我们不难发现，在 getOutcomes 方法中获取到的 candidates，其实就是 META-INF/spring-autoconfigure-metadata.properties 文件中配置的 key 为自动加载注解类 + “.” + “ConditionalOnClass”的字符串，而 value 为其获得的值。以数据源的自动配置为例，寻找到的对应元数据配置如下。

```
    org.springframework.boot.autoconfigure.jdbc.DataSourceAutoConfiguration.
ConditionalOnClass=javax.sql.DataSource,org.springframework.jdbc.datasource.embedded.
EmbeddedDatabaseType
```

key 为自动加载组件 org.springframework.boot.autoconfigure.jdbc.DataSourceAutoConfiguration,

加上“.”，再加上当前过滤条件中指定的ConditionalOnClass。然后，根据此key获得的value值为javax.sql.DataSource,org.springframework.jdbc.datasource.embedded.EmbeddedDatabaseType。

当获取到对应的candidates值之后，最终会调用getOutcome(String className, ClassLoader classLoader)方法，并在其中使用枚举类ClassNameFilter.MISSING的matches方法来判断candidates值是否匹配。而枚举类ClassNameFilter位于OnClassCondition继承的抽象类FilteringSpringBootCondition中。

```
abstract class FilteringSpringBootCondition extends SpringBootCondition
        implements AutoConfigurationImportFilter, BeanFactoryAware, BeanClassLoaderAware {
    ...
    protected enum ClassNameFilter {
        PRESENT {
            @Override
            public boolean matches(String className, ClassLoader classLoader) {
                return isPresent(className, classLoader);
            }
        },
        MISSING {
            @Override
            public boolean matches(String className, ClassLoader classLoader) {
                return !isPresent(className, classLoader);
            }
        };

        public abstract boolean matches(String className, ClassLoader classLoader);

        // 通过类加载是否抛出异常来判断该类是否存在
        public static boolean isPresent(String className, ClassLoader classLoader) {
            if (classLoader == null) {
                classLoader = ClassUtils.getDefaultClassLoader();
            } try {
                forName(className, classLoader);
                return true;
            } catch (Throwable ex) {
                return false;
            }
        }

        // 进行类加载操作
        private static Class<?> forName(String className, ClassLoader classLoader)
                throws ClassNotFoundException {
            if (classLoader != null) {
                return classLoader.loadClass(className);
            }
            return Class.forName(className);
        }
    }
}
```

ClassNameFilter 的匹配原则很简单，就是通过类加载器去加载指定的类。如果指定的类加载成功，即没有抛出异常，说明 ClassNameFilter 匹配成功。如果抛出异常，说明 ClassNameFilter 匹配失败。

至此，整个过滤过程的核心部分已经完成了。我们再用一张简单的流程图来回顾整个过滤的过程，如图 2-5 所示。

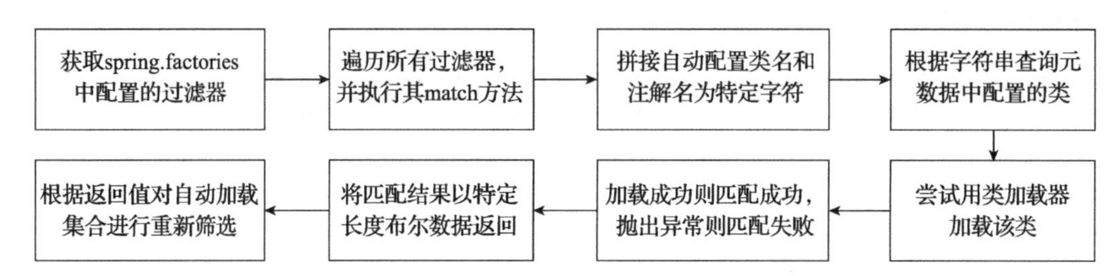

图 2-5 AutoConfigurationImportFilter 接口相关功能及实现类流程图

2.3.9 @EnableAutoConfiguration 事件注册

在完成了以上步骤的过滤、筛选之后，我们最终获得了要进行自动配置的类的集合，在将该集合返回之前，在 AutoConfigurationImportSelector 类中完成的最后一步操作就是相关事件的封装和广播，相关代码如下。

```
    private void fireAutoConfigurationImportEvents(List<String> configurations,
            Set<String> exclusions) {
        List<AutoConfigurationImportListener> listeners = getAutoConfigurationImport
Listeners();
        if (!listeners.isEmpty()) {
            AutoConfigurationImportEvent event = new AutoConfigurationImportEvent(this,
                    configurations, exclusions);
            for (AutoConfigurationImportListener listener : listeners) {
                invokeAwareMethods(listener);
                listener.onAutoConfigurationImportEvent(event);
            }
        }
    }

    protected List<AutoConfigurationImportListener> getAutoConfigurationImportLis-
teners() {
        return SpringFactoriesLoader.loadFactories(AutoConfigurationImportListener.class,
                this.beanClassLoader);
    }
```

以上代码首先通过 SpringFactoriesLoader 类提供的 loadFactories 方法将 spring.factories 中配置的接口 AutoConfigurationImportListener 的实现类加载出来。然后，将筛选出的自动配置类集合和被排除的自动配置类集合封装成 AutoConfigurationImportEvent 事件对象，并传入该事件对象通过监听器提供的 onAutoConfigurationImportEvent 方法，最后进行事件广播。关于事件及事件监听相关的内容不在此过多展开。

spring.factories 中自动配置监听器相关配置代码如下。

```
org.springframework.boot.autoconfigure.AutoConfigurationImportListener=\
    org.springframework.boot.autoconfigure.condition.ConditionEvaluationReportAuto-
ConfigurationImportListener
```

2.4 @Conditional 条件注解

前面我们完成了自动配置类的读取和筛选，在这个过程中已经涉及了像 @Conditional-OnClass 这样的条件注解。打开每一个自动配置类，我们都会看到 @Conditional 或其衍生的条件注解。下面就先认识一下 @Conditional 注解。

2.4.1 认识条件注解

@Conditional 注解是由 Spring 4.0 版本引入的新特性，可根据是否满足指定的条件来决定是否进行 Bean 的实例化及装配，比如，设定当类路径下包含某个 jar 包的时候才会对注解的类进行实例化操作。总之，就是根据一些特定条件来控制 Bean 实例化的行为，@Conditional 注解代码如下。

```
@Target({ElementType.TYPE, ElementType.METHOD})
@Retention(RetentionPolicy.RUNTIME)
@Documented
public @interface Conditional {
    Class<? extends Condition>[] value();
}
```

@Conditional 注解唯一的元素属性是接口 Condition 的数组，只有在数组中指定的所有 Condition 的 matches 方法都返回 true 的情况下，被注解的类才会被加载。我们前面讲到的 OnClassCondition 类就是 Condition 的子类之一，相关代码如下。

```
@FunctionalInterface
public interface Condition {
    // 决定条件是否匹配
    boolean matches(ConditionContext context, AnnotatedTypeMetadata metadata);
}
```

matches 方法的第一个参数为 ConditionContext，可通过该接口提供的方法来获得 Spring 应用的上下文信息，ConditionContext 接口定义如下。

```
public interface ConditionContext {

    // 返回 BeanDefinitionRegistry 注册表，可以检查 Bean 的定义
    BeanDefinitionRegistry getRegistry();
```

```
    //返回ConfigurableListableBeanFactory，可以检查Bean是否已经存在，进一步检查Bean属性
    @Nullable
    ConfigurableListableBeanFactory getBeanFactory();

    //返回Environment，可以获得当前应用环境变量，检测当前环境变量是否存在
    Environment getEnvironment();

    //返回ResourceLoader，用于读取或检查所加载的资源
    ResourceLoader getResourceLoader();

    //返回ClassLoader，用于检查类是否存在
    @Nullable
    ClassLoader getClassLoader();
}
```

matches 方法的第二个参数为 AnnotatedTypeMetadata，该接口提供了访问特定类或方法的注解功能，并且不需要加载类，可以用来检查带有 @Bean 注解的方法上是否还有其他注解，AnnotatedTypeMetadata 接口定义如下。

```
public interface AnnotatedTypeMetadata {

    boolean isAnnotated(String annotationName);

    @Nullable
    Map<String, Object> getAnnotationAttributes(String annotationName);

    @Nullable
    Map<String, Object> getAnnotationAttributes(String annotationName, boolean classValuesAsString);

    @Nullable
    MultiValueMap<String, Object> getAllAnnotationAttributes(String annotationName);

    @Nullable
    MultiValueMap<String, Object> getAllAnnotationAttributes(String annotationName, boolean classValuesAsString);
}
```

该接口的 isAnnotated 方法能够提供判断带有 @Bean 注解的方法上是否还有其他注解的功能。其他方法提供不同形式的获取 @Bean 注解的方法上其他注解的属性信息。

2.4.2 条件注解的衍生注解

在 Spring Boot 的 autoconfigure 项目中提供了各类基于 @Conditional 注解的衍生注解，它们适用不同的场景并提供了不同的功能。以下相关注解均位于 spring-boot-autoconfigure 项目的 org.springframework.boot.autoconfigure.condition 包下。

- @ConditionalOnBean：在容器中有指定 Bean 的条件下。
- @ConditionalOnClass：在 classpath 类路径下有指定类的条件下。
- @ConditionalOnCloudPlatform：当指定的云平台处于 active 状态时。
- @ConditionalOnExpression：基于 SpEL 表达式的条件判断。
- @ConditionalOnJava：基于 JVM 版本作为判断条件。
- @ConditionalOnJndi：在 JNDI 存在的条件下查找指定的位置。
- @ConditionalOnMissingBean：当容器里没有指定 Bean 的条件时。
- @ConditionalOnMissingClass：当类路径下没有指定类的条件时。
- @ConditionalOnNotWebApplication：在项目不是一个 Web 项目的条件下。
- @ConditionalOnProperty：在指定的属性有指定值的条件下。
- @ConditionalOnResource：类路径是否有指定的值。
- @ConditionalOnSingleCandidate：当指定的 Bean 在容器中只有一个或者有多个但是指定了首选的 Bean 时。
- @ConditionalOnWebApplication：在项目是一个 Web 项目的条件下。

如果仔细观察这些注解的源码，你会发现它们其实都组合了 @Conditional 注解，不同之处是它们在注解中指定的条件（Condition）不同。下面我们以 @ConditionalOnWebApplication 为例来对衍生条件注解进行一个简单的分析。

```
@Target({ ElementType.TYPE, ElementType.METHOD })
@Retention(RetentionPolicy.RUNTIME)
@Documented
@Conditional(OnWebApplicationCondition.class)
public @interface ConditionalOnWebApplication {

    // 所需的 Web 应用类型
    Type type() default Type.ANY;

    // 可选应用类型枚举
    enum Type {
        // 任何类型
        ANY,
        // 基于 servlet 的 Web 应用
        SERVLET,
        // 基于 reactive 的 Web 应用
        REACTIVE
    }
}
```

@ConditionalOnWebApplication 注解的源代码中组合了 @Conditional 注解，并且指定了对应的 Condition 为 OnWebApplicationCondition。OnWebApplicationCondition 类的结构与前面讲到的 OnClassCondition 一样，都继承自 SpringBootCondition 并实现 AutoConfigurationImportFilter 接口。关于实现 AutoConfigurationImportFilter 接口的 match 方法在前面已经讲解过，这里

重点讲解关于继承 SpringBootCondition 和实现 Condition 接口的功能。

图 2-6 展示了以 OnWebApplicationCondition 为例的衍生注解的关系结构，其中省略了之前章节讲过的 Filter 相关内容，重点描述了 Condition 的功能和方法。

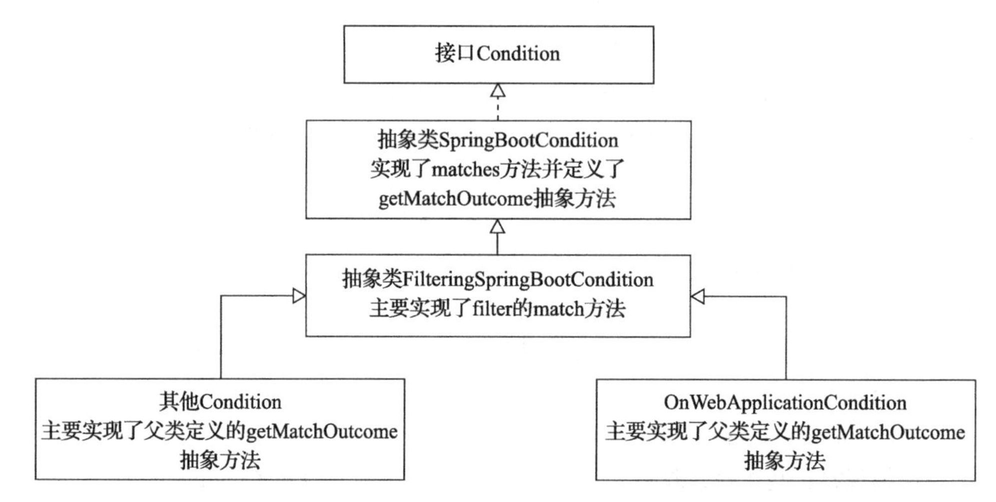

图 2-6 Condition 接口相关功能及实现类

上一节我们已经学习了 Condition 接口的源码，那么抽象类 SpringBootCondition 是如何实现该方法的呢？相关源代码如下。

```
public abstract class SpringBootCondition implements Condition {

    @Override
    public final boolean matches(ConditionContext context,
            AnnotatedTypeMetadata metadata) {
        ...
        ConditionOutcome outcome = getMatchOutcome(context, metadata);
        ...
        return outcome.isMatch();
        ...
    }

    ...
    public abstract ConditionOutcome getMatchOutcome(ConditionContext context,
        AnnotatedTypeMetadata metadata);
    ...
}
```

在抽象类 SpringBootCondition 中实现了 matches 方法，而该方法中最核心的部分是通过调用新定义的抽象方法 getMatchOutcome 并交由子类来实现，在 matches 方法中根据子类返回的结果判断是否匹配。下面我们来看 OnWebApplicationCondition 的源代码是如何实现相关功能的。

```
@Order(Ordered.HIGHEST_PRECEDENCE + 20)
class OnWebApplicationCondition extends FilteringSpringBootCondition {
    ...
    @Override
    public ConditionOutcome getMatchOutcome(ConditionContext context,
            AnnotatedTypeMetadata metadata) {
        boolean required = metadata.isAnnotated(ConditionalOnWebApplication.class.
getName());
        ConditionOutcome outcome = isWebApplication(context, metadata, required);
        if (required && !outcome.isMatch()) {
            return ConditionOutcome.noMatch(outcome.getConditionMessage());
        }
        if (!required && outcome.isMatch()) {
            return ConditionOutcome.noMatch(outcome.getConditionMessage());
        }
        return ConditionOutcome.match(outcome.getConditionMessage());
    }
    ...
}
```

可以看出，是否匹配是由两个条件决定的：被注解的类或方法是否包含ConditionalOn-WebApplication注解，是否为Web应用。

- 如果包含ConditionalOnWebApplication注解，并且不是Web应用，那么返回不匹配。
- 如果不包含ConditionalOnWebApplication注解，并且是Web应用，那么返回不匹配。
- 其他情况，返回匹配。

下面我们以SERVLET Web应用为例，看相关源代码是如何判断是否为Web应用的。REACTIVE Web应用和其他类型的Web应用可参照学习。

```
@Order(Ordered.HIGHEST_PRECEDENCE + 20)
class OnWebApplicationCondition extends FilteringSpringBootCondition {

    private static final String SERVLET_WEB_APPLICATION_CLASS = "org.springframework.
web.context.support.GenericWebApplicationContext";
    ...
    // 推断Web应用是否匹配
    private ConditionOutcome isWebApplication(ConditionContext context,
            AnnotatedTypeMetadata metadata, boolean required) {
        switch (deduceType(metadata)) {
        case SERVLET:
            // 是否为SERVLET
            return isServletWebApplication(context);
        case REACTIVE:
            // 是否为REACTIVE
            return isReactiveWebApplication(context);
        default:
```

```
                //其他
                return isAnyWebApplication(context, required);
            }
        }

        private ConditionOutcome isServletWebApplication(ConditionContext context) {
            ConditionMessage.Builder message = ConditionMessage.forCondition("");
            //判断常量定义类是否存在
            if (!ClassNameFilter.isPresent(SERVLET_WEB_APPLICATION_CLASS,
                    context.getClassLoader())) {
                return ConditionOutcome.noMatch(
                        message.didNotFind("servlet web application classes").atAll());
            }
            //判断BeanFactory是否存在
            if (context.getBeanFactory() != null) {
                String[] scopes = context.getBeanFactory().getRegisteredScopeNames();
                if (ObjectUtils.containsElement(scopes, "session")) {
                    return ConditionOutcome.match(message.foundExactly("'session' scope"));
                }
            }

            //判断Environment的类型是否为ConfigurableWebEnvironment类型
            if (context.getEnvironment() instanceof ConfigurableWebEnvironment) {
                return ConditionOutcome
                    .match(message.foundExactly("ConfigurableWebEnvironment"));
            }
            //判断ResourceLoader的类型是否为WebApplicationContext类型
            if (context.getResourceLoader() instanceof WebApplicationContext) {
                return ConditionOutcome.match(message.foundExactly("WebApplication
Context"));
            }
            return ConditionOutcome.noMatch(message.because("not a servlet web-
application"));
        }
        ...
        //从AnnotatedTypeMetadata中获取type值
        private Type deduceType(AnnotatedTypeMetadata metadata) {
            Map<String, Object> attributes = metadata
                    .getAnnotationAttributes(ConditionalOnWebApplication.class.
getName());
            if (attributes != null) {
                return (Type) attributes.get("type");
            }
            return Type.ANY;
        }
    }
```

首先在isWebApplication方法中进行Web应用类型的推断。这里使用AnnotatedTypeMetadata的getAnnotationAttributes方法获取所有关于@ConditionalOnWebApplication的注解属性。返回值为null说明未配置任何属性，默认为Type.ANY，如果配置属性，会获得type属性对应的值。

如果返回值为 Type.SERVLET，调用 isServletWebApplication 方法来进行判断。该方法的判断有以下条件。

- GenericWebApplicationContext 类是否在类路径下。
- 容器内是否存在注册名称为 session 的 scope。
- 容器的 Environment 是否为 ConfigurableWebEnvironment。
- 容器的 ResourceLoader 是否为 WebApplicationContext。

在完成了以上判断之后，得出的最终结果封装为 ConditionOutcome 对象返回，并在抽象类 SpringBootCondition 的 matches 方法中完成判断，返回最终结果。

2.5　实例解析

在了解整个 Spring Boot 的运作原理之后，我们以 Spring Boot 内置的 http 编码功能为例，分析一下整个自动配置的过程。

在常规的 Web 项目中该配置位于 web.xml，通过 <filter> 来进行配置。

```
<filter>
    <filter-name>encodingFilter</filter-name>
    <filter-class>org.springframework.web.filter.CharacterEncodingFilter
    </filter-class>
    <init-param>
        <param-name>encoding</param-name>
        <param-value>UTF-8</param-value>
    </init-param>
    <init-param>
        <param-name>forceEncoding</param-name>
        <param-value>true</param-value>
    </init-param>
</filter>
```

而在 Spring Boot 中通过内置的 HttpEncodingAutoConfiguration 来完成这一功能。下面我们具体分析一下该功能都涉及哪些配置和实现。

根据前面讲的操作流程，我们先来看一下 META-INF/spring.factories 中对该自动配置的注册。

```
# Auto Configure
org.springframework.boot.autoconfigure.EnableAutoConfiguration=\
...
org.springframework.boot.autoconfigure.web.servlet.HttpEncodingAutoConfiguration,\
...
```

当完成注册之后，在加载的过程中会使用元数据的配置进行过滤，对应的配置内容在 META-INF/spring-autoconfigure-metadata.properties 文件中。

```
org.springframework.boot.autoconfigure.web.servlet.HttpEncodingAutoConfiguration.
ConditionalOnClass=org.springframework.web.filter.CharacterEncodingFilter
```

在过滤的过程中要判断自动配置类 HttpEncodingAutoConfiguration 是否被 @ConditionalOnClass 注解，源代码如下。

```
@Configuration
@EnableConfigurationProperties(HttpProperties.class)
@ConditionalOnWebApplication(type = ConditionalOnWebApplication.Type.SERVLET)
@ConditionalOnClass(CharacterEncodingFilter.class)
@ConditionalOnProperty(prefix = "spring.http.encoding", value = "enabled",
        matchIfMissing = true)
public class HttpEncodingAutoConfiguration {

    private final HttpProperties.Encoding properties;

    public HttpEncodingAutoConfiguration(HttpProperties properties) {
        this.properties = properties.getEncoding();
    }

    @Bean
    @ConditionalOnMissingBean
    public CharacterEncodingFilter characterEncodingFilter() {
        CharacterEncodingFilter filter = new OrderedCharacterEncodingFilter();
        filter.setEncoding(this.properties.getCharset().name());
        filter.setForceRequestEncoding(this.properties.shouldForce(Type.REQUEST));
        filter.setForceResponseEncoding(this.properties.shouldForce(Type.RESPONSE));
        return filter;
    }
    ...
    }
```

很明显，它被 @ConditionalOnClass 注解，并且指定实例化的条件为类路径下必须有 CharacterEncodingFilter 存在。再看一下该类的其他注解。

- @Configuration：指定该类作为配置项来进行实例化操作。
- @EnableConfigurationProperties：参数为 HttpProperties.class，开启属性注入，会将参数中的 HttpProperties 注入该类。
- @ConditionalOnWebApplication：参数为 Type.SERVLET，说明该类只有在基于 servlet 的 Web 应用中才会被实例化。
- @ConditionalOnClass：参数为 CharacterEncodingFilter.class，只有该参数存在，才会被实例化。
- @ConditionalOnProperty：指定配置文件内 spring.http.encoding 对应的值，如果为 enabled 才会进行实例化，没有配置则默认为 true。
- @ConditionalOnMissingBean：注释于方法上，与 @Bean 配合，当容器中没有该 Bean 的实例化对象时才会进行实例化。

其中 HttpProperties 类的属性值对应着 application.yml 或 application.properties 中的配置，通过注解 @ConfigurationProperties(prefix = "spring.http") 实现的属性注入。关于属性注入，后面章节会详细讲解，这里我们先看一下源代码和对应的配置文件参数。

```
@ConfigurationProperties(prefix = "spring.http")
public class HttpProperties {
    ...
    public static class Encoding {
        public static final Charset DEFAULT_CHARSET = StandardCharsets.UTF_8;
        private Charset charset = DEFAULT_CHARSET;
        private Boolean force;
        private Boolean forceRequest;
        private Boolean forceResponse;
        private Map<Locale, Charset> mapping;
    ...
    }
}
```

而在 application.properties 中，我们会进行如下对应配置：

```
spring.http.encoding.force=true
spring.http.encoding.charset=UTF-8
spring.http.encoding.force-request=true
...
```

2.6　小结

本章围绕 Spring Boot 的核心功能展开，带大家从总体上了解 Spring Boot 自动配置的原理以及自动配置核心组件的运作过程。只有掌握了这些基础的组建内容及其功能，我们在后续集成其他三方类库的自动配置时，才能够更加清晰地了解它们都运用了自动配置的哪些功能。本章需重点学习自动配置原理、@EnableAutoConfiguration、@Import、ImportSelector、@Conditional 以及示例解析部分的内容。

Chapter 3 第3章

Spring Boot 构造流程源码分析

Spring Boot的启动非常简单，只需执行一个简单的main方法即可，但在整个main方法中，Spring Boot都做了些什么呢？本章会为大家详细讲解Spring Boot启动过程中所涉及的源代码和相关知识点。只有了解Spring Boot启动时都做了些什么，我们在实践过程中才能更好地运用Spring Boot，更好地排查问题，并借鉴Spring Boot的设计理念进行创新。

我们再来看一下Spring Boot的启动入口类源代码。

```
@SpringBootApplication
public class SpringLearnApplication {
    public static void main(String[] args) {
        SpringApplication.run(SpringLearnApplication.class,args);
    }
}
```

在上一章中，我们通过入口类的@SpringBootApplication注解展开讲解了Spring Boot的核心机制。而本章则围绕SpringApplication类的静态方法——run方法的初始化类SpringApplication自身的功能进行讲解。

3.1 SpringApplication的初始化简介

在入口类中主要通过SpringApplication的静态方法——run方法进行SpringApplication类的实例化操作，然后再针对实例化对象调用另外一个run方法来完成整个项目的初始化和启动。本章重点围绕此过程的前半部部分（即SpringApplication类的实例化）来讲解。

```
public class SpringApplication {
```

```
    ...
    public static ConfigurableApplicationContext run(Class<?> primarySource,
        String... args) {
    return run(new Class<?>[] { primarySource }, args);
}
public static ConfigurableApplicationContext run(Class<?>[] primarySources,
        String[] args) {
        // 创建 SpringApplication 对象并执行其 run 方法
        return new SpringApplication(primarySources).run(args);
    }
    ...
}
```

通过入口类的方法进入，可以看到 SpringApplication 的实例化只是在它提供的静态 run 方法中新建了一个 SpringApplication 对象。其中参数 primarySources 为加载的主要资源类，通常就是 Spring Boot 的入口类，args 为传递给应用程序的参数信息。

借鉴 SpringApplication 内部 run 方法的实现，我们也可以直接新建一个 SpringApplication 对象，并调用其 run 方法。因此，启动程序也可以如此来写：

```
@SpringBootApplication
public class SpringLearnApplication {
    public static void main(String[] args) {
        new SpringApplication(SpringLearnApplication.class).run(args);
    }
}
```

这样写程序的一个好处便是，可以通过 SpringApplication 提供的一些方法（setXX 或 addXX 方法）来进行指定功能的定制化设置。

下面将重点围绕 SpringApplication 类的实例化展开。

3.2 SpringApplication 实例化流程

上面我们了解了进行 SpringApplication 实例化的基本方法，下面我们先通过一张简单的流程图来系统地学习在创建 SpringApplication 对象时都进行了哪些核心操作，如图 3-1 所示。

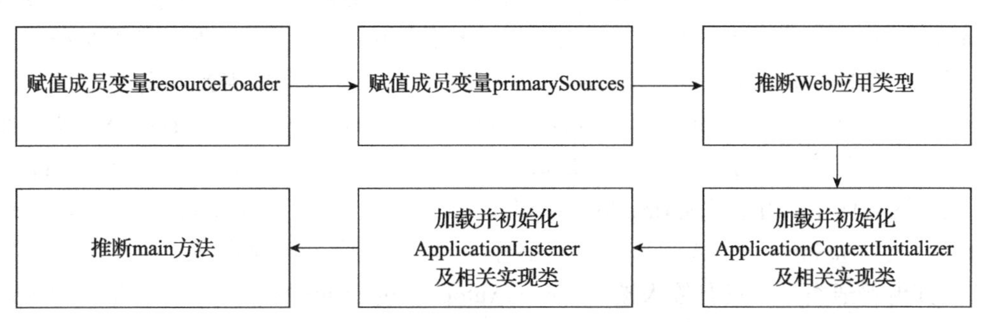

图 3-1 创建 SpringApplication 核心操作流程图

通过图 3-1 可以看出，在 SpringApplication 对象实例化的过程中主要做了 3 件事：参数赋值给成员变量、应用类型及方法推断和 ApplicationContext 相关内容加载及实例化。

我们结合流程图看一下 SpringApplication 两个构造方法的核心源代码。

```
public SpringApplication(Class<?>... primarySources) {
    this(null, primarySources);
}

@SuppressWarnings({ "unchecked", "rawtypes" })
public SpringApplication(ResourceLoader resourceLoader, Class<?>... primarySources) {
    this.resourceLoader = resourceLoader;
    Assert.notNull(primarySources, "PrimarySources must not be null");
    this.primarySources = new LinkedHashSet<>(Arrays.asList(primarySources));
    // 推断 Web 应用类型
    this.webApplicationType = WebApplicationType.deduceFromClasspath();
    // 加载并初始化 ApplicationContextInitializer 及相关实现类
    setInitializers((Collection)
    getSpringFactoriesInstances(ApplicationContextInitializer.class));
    // 加载并初始化 ApplicationListener 及相关实现类
    setListeners((Collection) getSpringFactoriesInstances(ApplicationListener.
class));
    // 推断 main 方法 Class 类
    this.mainApplicationClass = deduceMainApplicationClass();
}
```

SpringApplication 提供了两个构造方法，核心业务逻辑在第二个构造方法中实现，在后面章节我们会从构造方法中的具体实现入手进行详细讲解，先来了解 SpringApplication 的初始化过程。

3.3 SpringApplication 构造方法参数

SpringApplication 的核心构造方法有两个参数，第一个为 ResourceLoader resourceLoader，第二个为 Class<?>... primarySources。

ResourceLoader 为资源加载的接口，在 Spring Boot 启动时打印对应的 banner 信息，默认采用的就是 DefaultResourceLoader。实战过程中，如果程序未按照 Spring Boot 的“约定”将 banner 的内容放置于 classpath 下，或者文件名不是 banner.* 格式，默认资源加载器是无法加载到对应的 banner 信息的，此时可通过 ResourceLoader 来指定需要加载的文件路径。

第二个参数 Class<?>... primarySources，为可变参数，默认传入 Spring Boot 入口类。如果作为项目的引导类，此参数传入的类需要满足一个条件，就是被注解 @EnableAutoConfiguration 或其组合注解标注。由于 @SpringBootApplication 注解中包含了 @EnableAutoConfiguration 注解，因此被 @SpringBootApplication 注解标注的类也可作为参数传入。当然，该参数也可传入其他普通类。但只有传入被 @EnableAutoConfiguration 标注的类才能够开启 Spring Boot 的自动配置。

下面我们以实例来演示以其他引导类为入口类进行的 Spring Boot 项目启动。先在入口类同级创建一个 OtherApplication 类，使用 @SpringBootApplication 进行注解。

```
@SpringBootApplication
public class OtherApplication {
}
```

然后在原来的入口类 SpringLearnApplication 的 main 方法中将 primarySources 参数的值由 SpringLearnApplication.class 替换为 OtherApplication.class，并将 SpringLearnApplication 类上的注解去掉。

```
public class SpringLearnApplication {
    public static void main(String[] args) {
        new SpringApplication(OtherApplication.class).run(args);
    }
}
```

执行 main 方法，程序依旧可完成自动配置，可以正常访问。因此，决定 Spring Boot 启动的入口类并不一定是 main 方法所在类，而是直接或间接被 @EnableAutoConfiguration 标注的类。在此也证明了之前提到的 @SpringBootApplication 和 @EnableAutoConfiguration 入口并没有依赖关系，只是无论通过 new 创建 SpringApplication 对象再调用 run 方法或是通过 SpringApplication 的 run 方法来启动程序，都不离不开 primarySources 参数。

同时，在 SpringApplication 类中还提供了追加 primarySources 的方法，代码如下。

```
public void addPrimarySources(Collection<Class<?>> additionalPrimarySources) {
    this.primarySources.addAll(additionalPrimarySources);
}
```

回到 primarySources 参数中，在实例化 SpringApplication 类过程中并没有对 primarySources 参数做过多处理，只是将其转化为 Set 集合，并赋值给 SpringApplication 的私有成员变量 Set<Class<?>> primarySources，代码如下。

```
public SpringApplication(ResourceLoader resourceLoader, Class<?>... primarySources) {
    ...
    this.primarySources = new LinkedHashSet<>(Arrays.asList(primarySources));
    ...
}
```

注意 SpringApplication 的私有变量 primarySources 依旧为 LinkedHashSet，它具有去重的特性。

至此，SpringApplication 构造时参数赋值对应变量这一步便完成了。

3.4　Web 应用类型推断

完成变量赋值之后，在 SpringApplication 的构造方法中便调用了 WebApplicationType

的 deduceFromClasspath 方法来进行 Web 应用类型的推断。SpringApplication 构造方法中的相关代码如下。

```
public SpringApplication(ResourceLoader resourceLoader, Class<?>... primarySources) {
    ...
    this.webApplicationType = WebApplicationType.deduceFromClasspath();
    ...
}
```

该行代码调用了 WebApplicationType 的 deduceFromClasspath 方法，并将获得的 Web 应用类型赋值给私有成员变量 webApplicationType。

WebApplicationType 为枚举类，它定义了可能的 Web 应用类型，该枚举类提供了三类定义：枚举类型、推断类型的方法和用于推断的常量。枚举类型包括非 Web 应用、基于 SERVLET 的 Web 应用和基于 REACTIVE 的 Web 应用，代码如下。

```
public enum WebApplicationType {
    // 非 Web 应用类型
    NONE,
    // 基于 SERVLET 的 Web 应用类型
    SERVLET,
    // 基于 REACTIVE 的 Web 应用类型
    REACTIVE;
    ...
}
```

WebApplicationType 内针对 Web 应用类型提供了两个推断方法：deduceFromClasspath 方法和 deduceFromApplicationContext 方法。在此我们使用了 deduceFromClasspath 方法，下面重点分析该方法的实现。

```
public enum WebApplicationType {
    ...
    private static final String[] SERVLET_INDICATOR_CLASSES = { "javax.servlet.
Servlet",
            "org.springframework.web.context.ConfigurableWebApplicationContext" };

    private static final String WEBMVC_INDICATOR_CLASS = "org.springframework."
            + "web.servlet.DispatcherServlet";

    private static final String WEBFLUX_INDICATOR_CLASS = "org."
            + "springframework.web.reactive.DispatcherHandler";

    private static final String JERSEY_INDICATOR_CLASS = "org.glassfish.jersey.
servlet.ServletContainer";

  // 基于 classpath 的 Web 应用类型推断，核心实现方法为 ClassUtils.isPresent
    static WebApplicationType deduceFromClasspath() {
        if (ClassUtils.isPresent(WEBFLUX_INDICATOR_CLASS, null)
                && !ClassUtils.isPresent(WEBMVC_INDICATOR_CLASS, null)
```

```
                && !ClassUtils.isPresent(JERSEY_INDICATOR_CLASS, null)) {
            return WebApplicationType.REACTIVE;
        }
        for (String className : SERVLET_INDICATOR_CLASSES) {
            if (!ClassUtils.isPresent(className, null)) {
                return WebApplicationType.NONE;
            }
        }
        return WebApplicationType.SERVLET;
    }
    ...
}
```

方法 deduceFromClasspath 是基于 classpath 中类是否存在来进行类型推断的，就是判断指定的类是否存在于 classpath 下，并根据判断的结果来进行组合推断该应用属于什么类型。deduceFromClasspath 在判断的过程中用到了 ClassUtils 的 isPresent 方法。isPresent 方法的核心机制就是通过反射创建指定的类，根据在创建过程中是否抛出异常来判断该类是否存在。

通过上面的源代码，我们可以看到 deduceFromClasspath 的推断逻辑如下。

- 当 DispatcherHandler 存在，并且 DispatcherServlet 和 ServletContainer 都不存在，则返回类型为 WebApplicationType.REACTIVE。
- 当 SERVLET 或 ConfigurableWebApplicationContext 任何一个不存在时，说明当前应用为非 Web 应用，返回 WebApplicationType.NONE。
- 当应用不为 REACTIVE Web 应用，并且 SERVLET 和 ConfigurableWebApplicationContext 都存在的情况下，则为 SERVLET 的 Web 应用，返回 WebApplicationType.SERVLET。

3.5 ApplicationContextInitializer 加载

3.5.1 源码解析

ApplicationContextInitializer 是 Spring IOC 容器提供的一个接口，它是一个回调接口，主要目的是允许用户在 ConfigurableApplicationContext 类型（或其子类型）的 ApplicationContext 做 refresh 方法调用刷新之前，对 ConfigurableApplicationContext 实例做进一步的设置或处理。通常用于应用程序上下文进行编程初始化的 Web 应用程序中。

ApplicationContextInitializer 接口只定义了一个 initialize 方法，代码如下。

```
public interface ApplicationContextInitializer<C extends ConfigurableApplicationContext> {
    void initialize(C applicationContext);
}
```

ApplicationContextInitializer 接口的 initialize 方法主要是为了初始化指定的应用上下文。而对应的上下文由参数传入，参数为 ConfigurableApplicationContext 的子类。

在完成了 Web 应用类型推断之后，ApplicationContextInitializer 便开始进行加载工作，该过程可分两步骤：获得相关实例和设置实例。对应的方法分别为 getSpringFactoriesInstances 和 setInitializers。

SpringApplication 中获得实例相关方法代码如下。

```
private <T> Collection<T> getSpringFactoriesInstances(Class<T> type) {
    return getSpringFactoriesInstances(type, new Class<?>[] {});
}

private <T> Collection<T> getSpringFactoriesInstances(Class<T> type,
        Class<?>[] parameterTypes, Object... args) {
    ClassLoader classLoader = getClassLoader();
    // 加载对应配置，这里采用 LinkedHashSet 和名称来确保加载的唯一性
    Set<String> names = new LinkedHashSet<>(
            SpringFactoriesLoader.loadFactoryNames(type, classLoader));
    // 创建实例
    List<T> instances = createSpringFactoriesInstances(type, parameterTypes,
            classLoader, args, names);
    // 排序操作
    AnnotationAwareOrderComparator.sort(instances);
    return instances;
}
```

getSpringFactoriesInstances 方法依然是通过 SpringFactoriesLoader 类的 loadFactoryNames 方法来获得 META-INF/spring.factories 文件中注册的对应配置。在 Spring Boot 2.2.1 版本中，该文件内具体的配置代码如下。

```
# 应用程序上下文的初始化器配置
org.springframework.context.ApplicationContextInitializer=\
org.springframework.boot.context.ConfigurationWarningsApplicationContextInitializer,\
org.springframework.boot.context.ContextIdApplicationContextInitializer,\
org.springframework.boot.context.config.DelegatingApplicationContextInitializer,\
org.springframework.boot.rsocket.context.RSocketPortInfoApplicationContextInitializer,\
org.springframework.boot.web.context.ServerPortInfoApplicationContextInitializer
```

配置代码中等号后面的类为接口 ApplicationContextInitializer 的具体实现类。当获取到这些配置类的全限定名之后，便可调用 createSpringFactoriesInstances 方法进行相应的实例化操作。

```
private <T> List<T> createSpringFactoriesInstances(Class<T> type,
        Class<?>[] parameterTypes, ClassLoader classLoader, Object[] args,
        Set<String> names) {
    List<T> instances = new ArrayList<>(names.size());
    // 遍历加载到的类名（全限定名）
    for (String name : names) {
        try {
            // 获取 Class
            Class<?> instanceClass = ClassUtils.forName(name, classLoader);
```

```
                Assert.isAssignable(type, instanceClass);
                //获取有参构造器
                Constructor<?> constructor = instanceClass.getDeclaredConstructor(
parameterTypes);
                //创建对象
                T instance = (T) BeanUtils.instantiateClass(constructor, args);
                instances.add(instance);
            } catch (Throwable ex) {
                throw new IllegalArgumentException("Cannot instantiate " + type +
" : " + name, ex);
            }
        }
        return instances;
    }
```

完成获取配置类集合和实例化操作之后，调用setInitializers方法将实例化的集合添加到SpringApplication的成员变量initializers中，类型为List<ApplicationContextInitializer<?>>，代码如下。

```
    private List<ApplicationContextInitializer<?>> initializers;
    public void setInitializers(
            Collection<? extends ApplicationContextInitializer<?>> initializers) {
        this.initializers = new ArrayList<>( initializers);
    }
```

setInitializers方法将接收到的initializers作为参数创建了一个新的List，并将其赋值给SpringApplication的initializers成员变量。由于是创建了新的List，并且直接赋值，因此该方法一旦被调用，便会导致数据覆盖，使用时需注意。

3.5.2 实例讲解

阅读完源代码，我们进行一些拓展，来自定义一个ApplicationContextInitializer接口的实现，并通过配置使其生效。

这里以实现ApplicationContextInitializer接口，并在initialize方法中打印容器中初始化了多少个Bean对象为例来进行演示，代码如下。

```
    @Order(123) //@Order 的 value 值越小越早执行
    public class LearnApplicationContextInitializer implements ApplicationContextInitializer {
        @Override
        public void initialize(ConfigurableApplicationContext applicationContext) {
            //打印容器里面初始化了多少个 Bean
            System.out.println(" 容器中初始化 Bean 数量: " + applicationContext.getBean-
DefinitionCount());
        }
    }
```

上面就完成了一个最基础的ApplicationContextInitializer接口的实现类。当我们定义好具体的类和功能之后，可通过 3 种方法调用该类。

第一种方法就是参考 Spring Boot 源代码中的操作，将该实现类配置于 META-INF/spring.factories 文件中，这种方法与上面讲到的源代码配置方法一致。

第二种方法是通过 application.properties 或 application.yml 文件进行配置，格式如下。

```
context.initializer.classes=com.secbro2.learn.initializer.LearnApplicationCont-
extInitializer
```

这种方法是通过 DelegatingApplicationContextInitializer 类中的 initialize 方法获取到配置文件中对应的 context.initializer.classes 的值，并执行对应的 initialize 方法。

第三种方法是通过 SpringApplication 提供的 addInitializers 方法进行追加配置，代码如下。

```
public static void main(String[] args) {
    SpringApplication app = new SpringApplication(SpringLearnApplication.class,
Person.class);
    // 添加自定义 ContextInitializer，注意会覆盖掉默认配置的
    app.addInitializers(new LearnApplicationContextInitializer());
    app.run(args);
}
```

无论通过以上 3 种方法的哪一种，配置完成后，执行启动程序都可以看到控制台打印容器中 Bean 数量的日志。

3.6 ApplicationListener 加载

完成了 ApplicationContextInitializer 的加载之后，便会进行 ApplicationListener 的加载。它的常见应用场景为：当容器初始化完成之后，需要处理一些如数据的加载、初始化缓存、特定任务的注册等操作。而在此阶段，更多的是用于 ApplicationContext 管理 Bean 过程的场景。

Spring 事件传播机制是基于观察者模式（Observer）实现的。比如，在 ApplicationContext 管理 Bean 生命周期的过程中，会将一些改变定义为事件（ApplicationEvent）。ApplicationContext 通过 ApplicationListener 监听 ApplicationEvent，当事件被发布之后，ApplicationListener 用来对事件做出具体的操作。

ApplicationListener 的整个配置和加载流程与 ApplicationContextInitializer 完全一致，也是先通过 SpringFactoriesLoader 的 loadFactoryNames 方法获得 META-INF/spring.factories 中对应配置，然后再进行实例化，最后将获得的结果集合添加到 SpringApplication 的成员变量 listeners 中，代码如下。

```
private List<ApplicationListener<?>> listeners;
public void setListeners(Collection<? extends ApplicationListener<?>> listeners) {
```

```
        this.listeners = new ArrayList<>(listeners);
    }
```

同样的，在调用 setListeners 方法时也会进行覆盖赋值的操作，之前加载的内容会被清除。

下面我们看看 ApplicationListener 这里的基本使用。ApplicationListener 接口和 ApplicationEvent 类配合使用，可实现 ApplicationContext 的事件处理。如果容器中存在 ApplicationListener 的 Bean，当 ApplicationContext 调用 publishEvent 方法时，对应的 Bean 会被触发。这就是上文提到的观察者模式的实现。

在接口 ApplicationListener 中只定义了一个 onApplicationEvent 方法，当监听事件被触发时，onApplicationEvent 方法会被执行，接口 ApplicationListener 的源代码如下。

```
    @FunctionalInterface
    public interface ApplicationListener<E extends ApplicationEvent> extends
EventListener {
        void onApplicationEvent(E event);
    }
```

onApplicationEvent 方法一般用于处理应用程序事件，参数 event 为 ApplicationEvent 的子类，是具体响应（接收到）的事件。

当 ApplicationContext 被初始化或刷新时，会触发 ContextRefreshedEvent 事件，下面我们就实现一个 ApplicationListener 来监听此事件的发生，代码如下。

```
    @Component // 需对该类进行 Bean 的实例化
    public class LearnListener implements ApplicationListener<ContextRefreshedEvent> {
        @Override
        public void onApplicationEvent(ContextRefreshedEvent event) {
            // 打印容器中出事 Bean 的数量
            System.out.println(" 监听器获得容器中初始化 Bean 数量: " + event.getApplication-
Context().getBeanDefinitionCount());
        }
    }
```

上面的 LearnListener 实现了 ApplicationListener 并监听 ContextRefreshedEvent 事件，当容器创建或刷新时，该监听器的 onApplicationEvent 方法会被调用，并打印出当前容器中 Bean 的数量。

在具体的实战业务中，我们也可以自定义事件，在完成业务之后手动触发对应的事件监听器，也就是手动调用 ApplicationContext 的 publishEvent(ApplicationEvent event) 方法。

3.7 入口类推断

创建 SpringApplication 的最后一步便是推断入口类，我们通过调用自身的 deduce-MainApplicationClass 方法来进行入口类的推断。

```
private Class<?> deduceMainApplicationClass() {
    try {
        // 获取栈元素数组
        StackTraceElement[] stackTrace = new RuntimeException().getStackTrace();
        // 遍历栈元素数组
        for (StackTraceElement stackTraceElement : stackTrace) {
            // 匹配第一个 main 方法，并返回
            if ("main".equals(stackTraceElement.getMethodName())) {
                return Class.forName(stackTraceElement.getClassName());
            }
        }
    } catch (ClassNotFoundException ex) {
        // 如果发生异常，忽略该异常，并继续执行
    }
    return null;
}
```

该方法实现的基本流程就是先创建一个运行时异常，然后获得栈数组，遍历栈数组，判断类的方法中是否包含main方法。第一个被匹配的类会通过Class.forName方法创建对象，并将其被返回，最后在上层方法中将对象赋值给SpringApplication的成员变量mainApplicationClass。在遍历过程中如果发生异常，会忽略掉异常信息直接返回null。

至此，整个SpringApplication类的实例化过程便完成了。

3.8 SpringApplication 的定制化配置

前面我们学习了Spring Boot启动过程中构建SpringApplication所做的一系列初始化操作，这些操作都是Spring Boot默认配置的。如果在此过程中需要定制化配置，Spring Boot在SpringApplication类中也提供了相应的入口。但正常情况下，如果无特殊需要，采用默认配置即可。

针对定制化配置，Spring Boot提供了如基于入口类、配置文件、环境变量、命令行参数等多种形式。下面我们了解一下几种不同的配置形式。

3.8.1 基础配置

基础配置与在application.properties文件中的配置一样，用来修改Spring Boot预置的参数。比如，我们想在启动程序的时候不打印Banner信息，可以通过在application.properties文件中设置“spring.main.banner-mode=off”来进行关闭。当然，我们也可以通过SpringApplication提供的相关方法来进行同样的操作。以下是官方提供的关闭Banner的代码。

```
public static void main(String[] args) {
    SpringApplication app = new SpringApplication(MySpringConfiguration.class);
    app.setBannerMode(Banner.Mode.OFF);
    app.run(args);
}
```

除了前面讲到的 setInitializers 和 setListeners 方法之外，其他的 Setter 方法都具有类似的功能，比如我们可以通过 setWebApplicationType 方法来代替 Spring Boot 默认的自动类型推断。

针对这些 Setter 方法，Spring Boot 还专门提供了流式处理类 SpringApplicationBuilder，我们将它的功能与 SpringApplication 逐一对照，可知 SpringApplicationBuilder 的优点是使代码更加简洁、流畅。

其他相同配置形式的功能就不再赘述了，我们可通过查看源代码进行进一步的学习。出于集中配置、方便管理的思路，不建议大家在启动类中配置过多的参数。比如，针对 Banner 的设置，我们可以在多处进行配置，但为了方便管理，尽可能的统一在 application.properties 文件中。

3.8.2　配置源配置

除了直接通过 Setter 方法进行参数的配置，我们还可以通过设置配置源参数对整个配置文件或配置类进行配置。我们可通过两个途径进行配置：SpringApplication 构造方法参数或 SpringApplication 提供的 setSources 方法来进行设置。

在 3.3 节 SpringApplication 构造方法参数中已经讲到可以通过 Class<?>... primarySources 参数来配置普通类。因此，配置类可通过 SpringApplication 的构造方法来进行指定。但这种方法有一个弊端就是无法指定 XML 配置和基于 package 的配置。

另外一种配置形式为直接调用 setSources 方法来进行设置，方法源代码如下。

```
private Set<String> sources = new LinkedHashSet<>();

public void setSources(Set<String> sources) {
    Assert.notNull(sources, "Sources must not be null");
    this.sources = new LinkedHashSet<>(sources);
}
```

该方法的参数为 String 集合，可传递类名、package 名称和 XML 配置资源。下面我们以类名为例进行演示。

WithoutAnnoConfiguration 配置类代码如下。

```
public class WithoutAnnoConfiguration {

    public WithoutAnnoConfiguration(){
        System.out.println("WithoutAnnoConfiguration 对象被创建 ");
    }

    @Value("${admin.name}")
    private String name;

    @Value("${admin.age}")
    private int age;
```

```
    //省略getter/setter方法
}
```

使用该配置的实例代码如下。

```
public static void main(String[] args) {
    SpringApplication app = new SpringApplication(SpringLearnApplication.class);
    Set<String> set = new HashSet<>();
    set.add(WithoutAnnoConfiguration.class.getName());
    app.setSources(set);
    ConfigurableApplicationContext context = app.run(args);
    WithoutAnnoConfiguration bean = context.getBean(WithoutAnnoConfiguration.class);
    System.out.println(bean.getName());
}
```

运行程序，我们在日志中即可看到已经获取到对应类的属性值。

无论是通过构造参数的形式还是通过Setter方法的形式对配置源信息进行指定，在Spring Boot中都会将其合并。SpringApplication类中提供了一个getAllSources方法，能够将两者参数进行合并。

```
public Set<Object> getAllSources() {
    //创建去除的LinkedHashSet
    Set<Object> allSources = new LinkedHashSet<>();
    //primarySources不为空则加入Set
    if (!CollectionUtils.isEmpty(this.primarySources)) {
        allSources.addAll(this.primarySources);
    }
    //sources不为空则加入Set
    if (!CollectionUtils.isEmpty(this.sources)) {
        allSources.addAll(this.sources);
    }
    //对Set进行包装，变为不可变的Set
    return Collections.unmodifiableSet(allSources);
}
```

关于SpringApplication类指定配置及配置源就讲到这里，更多相关配置信息可参考对应章节进行学习。

3.9 小结

本章内容重点围绕SpringApplication类的初始化过程展开，详细介绍了在初始化过程中Spring Boot所进行的操作：Web应用类型推断、入口类推断、默认的ApplicationContextInitializer接口加载、默认的ApplicationListener加载、SpringApplication类的参数配置功能，以及针对这些操作我们能够进行的自定义组件及配置。建议大家在学习的过程中可配合相应的实战练习，获得更好的学习效果。

第 4 章 Chapter 4

Spring Boot 运行流程源码分析

上一章中我们分析了 SpringApplication 类实例化的源代码，在此过程中完成了基本配置文件的加载和实例化。当 SpringApplication 对象被创建之后，通过调用其 run 方法来进行 Spring Boot 的启动和运行，至此正式开启了 SpringApplication 的生命周期。本章介绍的内容同样是 Spring Boot 运行的核心流程之一，我们将会围绕 SpringApplicationRunListeners、ApplicationArguments、ConfigurableEnvironment 以及应用上下文信息等部分展开讲解。

4.1 run 方法核心流程

在分析和学习整个 run 方法的源代码及操作之前，我们先通过图 4-1 所示的流程图来看一下 SpringApplication 调用的 run 方法处理的核心操作都包含哪些。然后，后面的章节我们再逐步细化分析每个过程中的源代码实现。

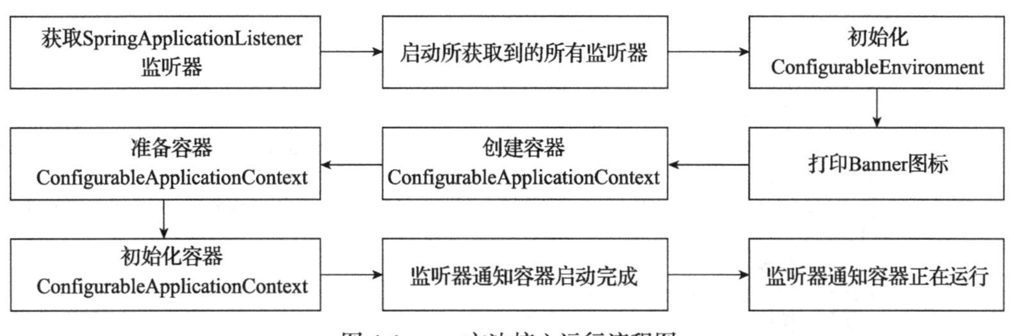

图 4-1 run 方法核心运行流程图

上面的流程图可以看出，SpringApplication 在 run 方法中重点做了以下操作。

- 获取监听器和参数配置。
- 打印 Banner 信息。
- 创建并初始化容器。
- 监听器发送通知。

当然，除了核心操作，run 方法运行过程中还涉及启动时长统计、异常报告、启动日志、异常处理等辅助操作。

对照流程图，我们再来整体看一下入口 run 方法的源代码，核心部分的功能已通过注释的形式进行说明。

```
public ConfigurableApplicationContext run(String... args) {
    // 创建 StopWatch 对象，用于统计 run 方法启动时长
    StopWatch stopWatch = new StopWatch();
    // 启动统计
    stopWatch.start();
    ConfigurableApplicationContext context = null;
    Collection<SpringBootExceptionReporter> exceptionReporters = new ArrayList<>();
    // 配置 headless 属性
    configureHeadlessProperty();
    // 获得 SpringApplicationRunListener 数组
    // 该数组封装于 SpringApplicationRunListeners 对象的 listeners 中
    SpringApplicationRunListeners listeners = getRunListeners(args);
    // 启动监听，遍历 SpringApplicationRunListener 数组每个元素，并执行
    listeners.starting();
    try {
        // 创建 ApplicationArguments 对象
        ApplicationArguments applicationArguments = new DefaultApplicationArguments(
            args);
        // 加载属性配置，包括所有的配置属性（如：application.properties 中和外部的属性配置）
        ConfigurableEnvironment environment = prepareEnvironment(listeners,
                applicationArguments);
        configureIgnoreBeanInfo(environment);
        // 打印 Banner
        Banner printedBanner = printBanner(environment);
        // 创建容器
        context = createApplicationContext();
        // 异常报告器
        exceptionReporters = getSpringFactoriesInstances(
                SpringBootExceptionReporter.class,
                new Class[] { ConfigurableApplicationContext.class }, context);
        // 准备容器，组件对象之间进行关联
        prepareContext(context, environment, listeners, applicationArguments,
printedBanner);
        // 初始化容器
        refreshContext(context);
        // 初始化操作之后执行，默认实现为空
        afterRefresh(context, applicationArguments);
```

```
        //停止时长统计
        stopWatch.stop();
        //打印启动日志
        if (this.logStartupInfo) {
            new StartupInfoLogger(this.mainApplicationClass)
                .logStarted(getApplicationLog(), stopWatch);
        }
        //通知监听器：容器启动完成
        listeners.started(context);
        //调用 ApplicationRunner 和 CommandLineRunner 的运行方法。
        callRunners(context, applicationArguments);
    } catch (Throwable ex) {
        //异常处理
        handleRunFailure(context, ex, exceptionReporters, listeners);
        throw new IllegalStateException(ex);
    }
    try {
        //通知监听器：容器正在运行
        listeners.running(context);
    } catch (Throwable ex) {
        //异常处理
        handleRunFailure(context, ex, exceptionReporters, null);
        throw new IllegalStateException(ex);
    }
    return context;
}
```

在整体了解了整个 run 方法运行流程及核心代码后，下面我们针对具体的过程进行讲解。

4.2　SpringApplicationRunListener 监听器

4.2.1　监听器的配置与加载

让我们忽略 Spring Boot 计时和统计的辅助功能，直接来看 SpringApplicationRunListeners 的获取和使用。SpringApplicationRunListeners 可以理解为一个 SpringApplicationRunListener 的容器，它将 SpringApplicationRunListener 的集合以构造方法传入，并赋值给其 listeners 成员变量，然后提供了针对 listeners 成员变量的各种遍历操作方法，比如，遍历集合并调用对应的 starting、started、running 等方法。

SpringApplicationRunListeners 的构建很简单，图 4-1 中调用的 getRunListeners 方法也只是调用了它的构造方法。SpringApplication 中 getRunListeners 方法代码如下。

```
private SpringApplicationRunListeners getRunListeners(String[] args) {
    //构造 Class 数组
    Class<?>[] types = new Class<?>[] { SpringApplication.class, String[].class };
    //调用 SpringApplicationRunListeners 构造方法
```

```java
    return new SpringApplicationRunListeners(logger, getSpringFactoriesInstances(
            SpringApplicationRunListener.class, types, this, args));
}
```

SpringApplicationRunListeners 构造方法的第二个参数便是 SpringApplicationRunListener 的集合，SpringApplication 中调用构造方法时该参数是通过 getSpringFactoriesInstances 方法获取的，代码如下。

```java
private <T> Collection<T> getSpringFactoriesInstances(Class<T> type,
        Class<?>[] parameterTypes, Object... args) {
    //获得类加载器
    ClassLoader classLoader = getClassLoader();
    //加载META-INF/spring.factories中对应监听器的配置，并将结果存于Set中（去重）
    Set<String> names = new LinkedHashSet<>(
            SpringFactoriesLoader.loadFactoryNames(type, classLoader));
    //实例化监听器
    List<T> instances = createSpringFactoriesInstances(type, parameterTypes,
            classLoader, args, names);
    //排序
    AnnotationAwareOrderComparator.sort(instances);
    return instances;
}
```

通过方法名便可得知，getSpringFactoriesInstances 是用来获取 factories 配置文件中的注册类，并进行实例化操作。

关于通过 SpringFactoriesLoader 获取 META-INF/spring.factories 中对应的配置，前面章节已经多次提到，这里不再赘述。SpringApplicationRunListener 的注册配置位于 spring-boot 项目中的 spring.factories 文件内，Spring Boot 默认仅有一个监听器进行了注册，关于其功能后面会专门讲到。

```
# Run Listeners
org.springframework.boot.SpringApplicationRunListener=\
org.springframework.boot.context.event.EventPublishingRunListener
```

我们继续看实例化监听器的方法 createSpringFactoriesInstances 的源代码。

```java
private <T> List<T> createSpringFactoriesInstances(Class<T> type,
        Class<?>[] parameterTypes, ClassLoader classLoader, Object[] args,
        Set<String> names) {
    List<T> instances = new ArrayList<>(names.size());
    for (String name : names) {
        try {
            Class<?> instanceClass = ClassUtils.forName(name, classLoader);
            Assert.isAssignable(type, instanceClass);
            //获取有参构造器
            Constructor<?> constructor = instanceClass.getDeclaredConstructor(
parameterTypes);
            T instance = (T) BeanUtils.instantiateClass(constructor, args);
```

```
                instances.add(instance);
            }
            ...
        }
        return instances;
    }
```

在上面的代码中，实例化监听器时需要有一个默认的构造方法，且构造方法的参数为 Class<?>[ ] parameterTypes。我们向上追踪该参数的来源，会发现该参数的值为 Class 数组，数组的内容依次为 SpringApplication.class 和 String[ ].class。也就是说，SpringApplicationRunListener 的实现类必须有默认的构造方法，且构造方法的参数必须依次为 SpringApplication 和 String[ ] 类型。

4.2.2　SpringApplicationRunListener 源码解析

接口 SpringApplicationRunListener 是 SpringApplication 的 run 方法监听器。上节提到了 SpringApplicationRunListener 通过 SpringFactoriesLoader 加载，并且必须声明一个公共构造函数，该函数接收 SpringApplication 实例和 String[ ] 的参数，而且每次运行都会创建一个新的实例。

SpringApplicationRunListener 提供了一系列的方法，用户可以通过回调这些方法，在启动各个流程时加入指定的逻辑处理。下面我们对照源代码和注释来了解一下该接口都定义了哪些待实现的方法及功能。

```
    public interface SpringApplicationRunListener {
        // 当 run 方法第一次被执行时，会被立即调用，可用于非常早期的初始化工作
        default void starting(){};
        // 当 environment 准备完成，在 ApplicationContext 创建之前，该方法被调用
        default void environmentPrepared(ConfigurableEnvironment environment) {};
        // 当 ApplicationContext 构建完成，资源还未被加载时，该方法被调用
        default void contextPrepared(ConfigurableApplicationContext context) {};
        // 当 ApplicationContext 加载完成，未被刷新之前，该方法被调用
        default void contextLoaded(ConfigurableApplicationContext context) {};
        // 当 ApplicationContext 刷新并启动之后，CommandLineRunner 和 ApplicationRunner 未
被调用之前，该方法被调用
        default void started(ConfigurableApplicationContext context) {};
        // 当所有准备工作就绪，run 方法执行完成之前，该方法被调用
        default void running(ConfigurableApplicationContext context) {};
        // 当应用程序出现错误时，该方法被调用
        default void failed(ConfigurableApplicationContext context, Throwable exception)
{};
    }
```

我们通过源代码可以看出，SpringApplicationRunListener 为 run 方法提供了各个运行阶段的监听事件处理功能。需要注意的是，该版本中的接口方法定义使用了 Java8 的新特性，方法已采用 default 声明并实现空方法体，表示这个方法的默认实现，子类可以直接调用该

方法，也可以选择重写或者不重写。

图 4-2 展示了在整个 run 方法的生命周期中 SpringApplicationRunListener 的所有方法所处的位置，该图可以帮助我们更好地学习 run 方法的运行流程。在前面 run 方法的代码中已经看到相关监听方法被调用，后续的源代码中也将涉及对应方法的调用，我们可参考此图以便理解和加深记忆。

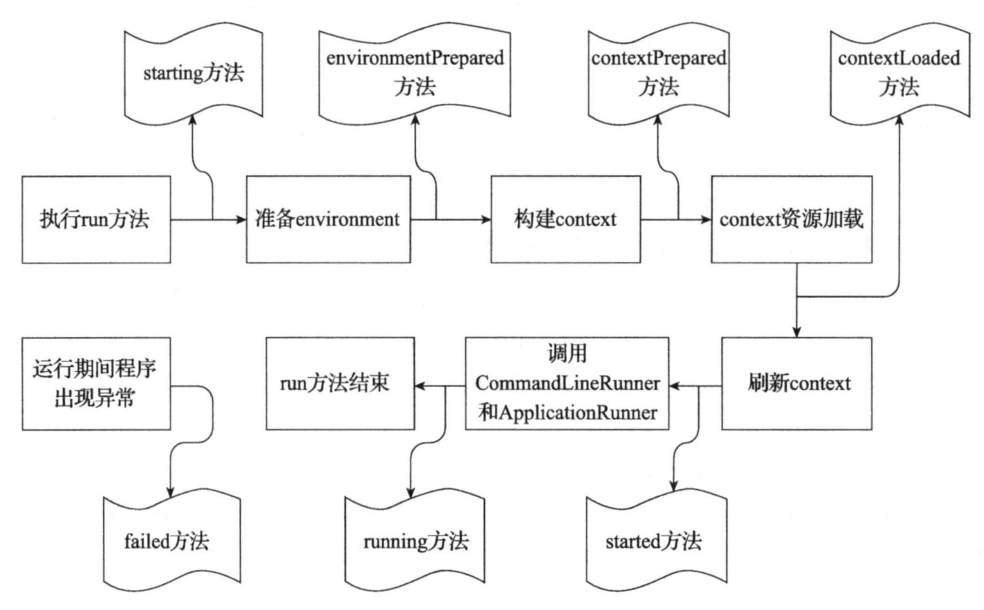

图 4-2 run 方法中 SpringApplicationRunListener 位置

4.2.3 实现类 EventPublishingRunListener

EventPublishingRunListener 是 Spring Boot 中针对 SpringApplicationRunListener 接口的唯一内建实现。EventPublishingRunListener 使用内置的 SimpleApplicationEventMulticaster 来广播在上下文刷新之前触发的事件。

默认情况下，Spring Boot 在初始化过程中触发的事件也是交由 EventPublishingRunListener 来代理实现的。EventPublishingRunListener 的构造方法如下。

```
public EventPublishingRunListener(SpringApplication application, String[] args) {
    this.application = application;
    this.args = args;
    // 创建 SimpleApplicationEventMulticaster 广播器
    this.initialMulticaster = new SimpleApplicationEventMulticaster();
    // 遍历 ApplicationListener 并关联 SimpleApplicationEventMulticaster
    for (ApplicationListener<?> listener : application.getListeners()) {
        this.initialMulticaster.addApplicationListener(listener);
    }
}
```

通过源代码可以看出，该类的构造方法符合 SpringApplicationRunListener 所需的构造方法参数要求，该方法依次传递了 SpringApplication 和 String[ ] 类型。在构造方法中初始化了该类的 3 个成员变量。

- application：类型为 SpringApplication，是当前运行的 SpringApplication 实例。
- args：启动程序时的命令参数。
- initialMulticaster：类型为 SimpleApplicationEventMulticaster，事件广播器。

Spring Boot 完成基本的初始化之后，会遍历 SpringApplication 的所有 ApplicationListener 实例，并将它们与 SimpleApplicationEventMulticaster 进行关联，方便 SimpleApplicationEventMulticaster 后续将事件传递给所有的监听器。

EventPublishingRunListener 针对不同的事件提供了不同的处理方法，但它们的处理流程基本相同。

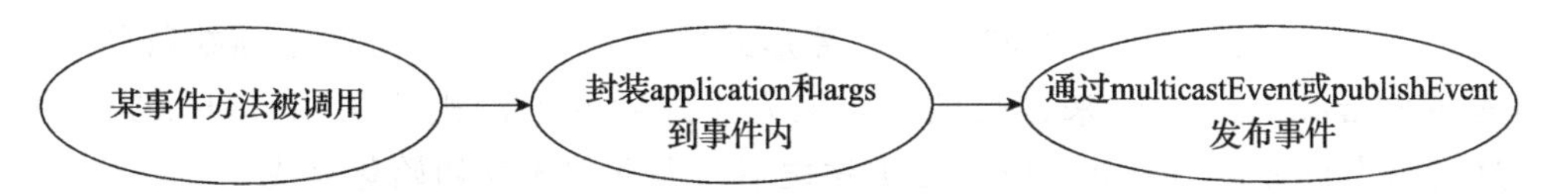

图 4-3　EventPublishingRunListener 事件处理流程图

下面我们根据图 4-3 所示的流程图梳理一下整个事件的流程。

- 程序启动到某个步骤后，调用 EventPublishingRunListener 的某个方法。
- EventPublishingRunListener 的具体方法将 application 参数和 args 参数封装到对应的事件中。这里的事件均为 SpringApplicationEvent 的实现类。
- 通过成员变量 initialMulticaster 的 multicastEvent 方法对事件进行广播，或通过该方法的 ConfigurableApplicationContext 参数的 publishEvent 方法来对事件进行发布。
- 对应的 ApplicationListener 被触发，执行相应的业务逻辑。

下面是 starting 方法的源代码，可对照上述流程进行理解。该方法其他功能类似，代码不再做展示。

```
public void starting() {
    this.initialMulticaster.multicastEvent(
        new ApplicationStartingEvent(this.application, this.args));
}
```

在上述源代码中你是否发现一个问题，某些方法是通过 initialMulticaster 的 multicastEvent 进行事件的广播，某些方法是通过 context 参数的 publishEvent 方法来进行发布的。这是为什么呢？在解决这个疑问之前，我们先看一个比较特殊的方法 contextLoaded 的源代码。

```
public void contextLoaded(ConfigurableApplicationContext context) {
    // 遍历 application 中的所有监听器实现类
    for (ApplicationListener<?> listener : this.application.getListeners()) {
        // 如果为 ApplicationContextAware，则将上下文信息设置到该监听器内
```

```
        if (listener instanceof ApplicationContextAware) {
            ((ApplicationContextAware) listener).setApplicationContext(context);
        }
        // 将 application 中的监听器实现类全部添加到上下文中
        context.addApplicationListener(listener);
    }
    // 广播事件 ApplicationPreparedEvent
    this.initialMulticaster.multicastEvent(
            new ApplicationPreparedEvent(this.application, this.args, context));
}
```

contextLoaded 方法在发布事件之前做了两件事：第一，遍历 application 的所有监听器实现类，如果该实现类还实现了 ApplicationContextAware 接口，则将上下文信息设置到该监听器内；第二，将 application 中的监听器实现类全部添加到上下文中。最后一步才是调用事件广播。

也正是这个方法形成了不同事件广播形式的分水岭，在此方法之前执行的事件广播都是通过 multicastEvent 来进行的，而该方法之后的方法则均采用 publishEvent 来执行。这是因为只有到了 contextLoaded 方法之后，上下文才算初始化完成，才可通过它的 publishEvent 方法来进行事件的发布。

4.2.4 自定义 SpringApplicationRunListener

上面我们一起学习了 SpringApplicationRunListener 的基本功能及实现类的源代码，现在我们自定义一个 SpringApplicationRunListener 的实现类。通过在该实现类中回调方法来处理自己的业务逻辑。

自定义实现类比较简单，可像通常实现一个接口一样，先创建类 MyApplicationRunListener，实现接口 SpringApplicationRunListener 及其方法。然后在对应的方法内实现自己的业务逻辑，以下示例代码中只简单打印方法名称。与普通接口实现唯一不同的是，这里需要指定一个参数依次为 SpringApplication 和 String[ ] 的构造方法，不然在使用时会直接报错。

```
public class MyApplicationRunListener implements SpringApplicationRunListener {

    public MyApplicationRunListener(SpringApplication application, String[]  args){
        System.out.println("MyApplicationRunListener constructed function");
    }

    @Override
    public void starting() {
        System.out.println("starting...");
    }

    @Override
    public void environmentPrepared(ConfigurableEnvironment environment) {
```

```
        System.out.println("environmentPrepared...");
    }
    // 在此省略掉其他方法的实现
}
```

当定义好实现类之后，像注册其他监听器一样，程序在 spring.factories 中进行注册配置。如果项目中没有 spring.factories 文件，也可在 resources 目录下先创建 META-INF 目录，然后在该目录下创建文件 spring.factories。spring.factories 中配置格式如下。

```
# Run Listeners
org.springframework.boot.SpringApplicationRunListener=\
com.secbro2.learn.listener.MyApplicationRunListener
```

启动 Spring Boot 项目，你会发现在不同阶段打印出不同的日志，这说明该实现类的方法已经被调用。

4.3　初始化 ApplicationArguments

监听器启动之后，紧接着便是执行 ApplicationArguments 对象的初始化，ApplicationArguments 是用于提供访问运行 SpringApplication 时的参数。

ApplicationArguments 的初始化过程非常简单，只是调用了它的实现类 DefaultApplicationArguments 并传入 main 方法中的 args 参数。

```
ApplicationArguments applicationArguments = new DefaultApplicationArguments(args);
```

在 DefaultApplicationArguments 中将参数 args 封装为 Source 对象，Source 对象是基于 Spring 框架的 SimpleCommandLinePropertySource 来实现的。

我们对该接口在此不进行拓展，只需知道通过 main 方法传递进来的参数被封装成 ApplicationArguments 对象即可。关于该接口实例化的步骤我会在后续关于 Spring Boot 的参数的章节中进行详细讲解，因此在图 4-1 所示的核心流程图中也没有体现出来。

4.4　初始化 ConfigurableEnvironment

完成 ApplicationArguments 参数的准备之后，便开始通过 prepareEnvironment 方法对 ConfigurableEnvironment 对象进行初始化操作。

ConfigurableEnvironment 接口继承自 Environment 接口和 ConfigurablePropertyResolver，最终都继承自接口 PropertyResolver。ConfigurableEnvironment 接口的主要作用是提供当前运行环境的公开接口，比如配置文件 profiles 各类系统属性和变量的设置、添加、读取、合并等功能。

通过 ConfigurableEnvironment 接口中方法定义，可以更清楚地了解它的功能，代码如下。

```
public interface ConfigurableEnvironment extends Environment, Configurable-
PropertyResolver {

    // 设置激活的组集合
    void setActiveProfiles(String... profiles);

    // 向当前激活的组集合中添加一个 profile 组
    void addActiveProfile(String profile);

    // 设置默认激活的组集合。激活的组集合为空时会使用默认的组集合
    void setDefaultProfiles(String... profiles);

    // 获取当前环境对象中的属性源集合，也就是应用环境变量
    // 属性源集合其实就是一个容纳 PropertySource 的容器
    // 该方法提供了直接配置属性源的入口
    MutablePropertySources getPropertySources();

    // 获取虚拟机环境变量，该方法提供了直接配置虚拟机环境变量的入口
    Map<String, Object> getSystemProperties();

    // 获取操作系统环境变量
    // 该方法提供了直接配置系统环境变量的入口
    Map<String, Object> getSystemEnvironment();

    // 合并指定环境中的配置到当前环境中
    void merge(ConfigurableEnvironment parent);
}
```

通过接口提供的方法，我们可以看出 ConfigurableEnvironment 就是围绕着这个“环境”来提供相应的功能，这也是为什么我们也将它称作“环境”。

了解了 ConfigurableEnvironment 的功能及方法，我们回归到 SpringApplication 的流程看相关源代码。run 方法中调用 prepareEnvironment 方法相关代码如下。

```
public ConfigurableApplicationContext run(String... args) {
     ...
    // 加载属性配置，包括所有的配置属性（如：application.properties 中和外部的属性配置）
    ConfigurableEnvironment environment = prepareEnvironment(listeners,
        applicationArguments);
    ...
}
```

prepareEnvironment 方法的源代码实现如下。

```
private ConfigurableEnvironment prepareEnvironment(
        SpringApplicationRunListeners listeners, ApplicationArguments application-
Arguments) {
    // 获取或创建环境
    ConfigurableEnvironment environment = getOrCreateEnvironment();
```

```
        //配置环境，主要包括PropertySources和activeProfiles的配置
        configureEnvironment(environment, applicationArguments.getSourceArgs());
        //将ConfigurationPropertySources附加到指定环境中的第一位，并动态跟踪环境的添加或删除
        ConfigurationPropertySources.attach(environment);
        //listener环境准备（之前章节已经提到）
        listeners.environmentPrepared(environment);
        //将环境绑定到SpringApplication
        bindToSpringApplication(environment);
        //判断是否定制的环境，如果不是定制的则将环境转换为StandardEnvironment
        if (!this.isCustomEnvironment) {
            environment = new EnvironmentConverter(getClassLoader())
                    .convertEnvironmentIfNecessary(environment, deduceEnvironment-
Class());
        }
        //将ConfigurationPropertySources附加到指定环境中的第一位，并动态跟踪环境的添加或删除
        ConfigurationPropertySources.attach(environment);
        return environment;
    }
```

通过以上代码及注解可知，prepareEnvironment进行了以下的操作。

- 获取或创建环境。
- 配置环境。
- ConfigurationPropertySources附加到指定环境：将ConfigurationPropertySources附加到指定环境中的第一位，并动态跟踪环境的添加或删除（当前版本新增了该行代码，与最后一步操作相同）。
- 设置listener监听事件：前面章节已经讲过，此处主要针对准备环境的监听。
- 绑定环境到SpringApplication：将环境绑定到name为"spring.main"的目标上。
- 转换环境：判断是否是定制的环境，如果不是定制的，则将环境转换为Standard-Environment。此时判断条件isCustomEnvironment默认为false，在后面的操作中会将其设置为true，如果为true则不再会进行此转换操作。
- ConfigurationPropertySources附加到指定环境：将ConfigurationPropertySources附加到指定环境中的第一位，并动态跟踪环境的添加或删除操作。

下面针对以上步骤挑选部分代码进行相应的讲解。

4.4.1 获取或创建环境

SpringApplication类中通过getOrCreateEnvironment方法来获取或创建环境。在该方法中首先判断环境是否为null，如果不为null则直接返回；如果为null，则根据前面推断出来的WebApplicationType类型来创建指定的环境，代码如下。

```
private ConfigurableEnvironment getOrCreateEnvironment() {
    if (this.environment != null) {
        return this.environment;
```

```
        }
        //根据不同的应用类型，创建不同的环境实现
        switch (this.webApplicationType) {
        case SERVLET:
            return new StandardServletEnvironment();
        case REACTIVE:
            return new StandardReactiveWebEnvironment();
        default:
            return new StandardEnvironment();
        }
    }
```

上面方法中如果environment存在，则直接返回；如果environment不存在，则根据前面步骤中推断获得的WebApplicationType来进行区分创建环境。如果是SERVLET项目则创建标准的Servlet环境StandardServletEnvironment；如果是REACTIVE项目则创建StandardReactiveWebEnvironment；其他情况则创建标准的非Web的StandardEnvironment。

4.4.2 配置环境

在获得环境变量对象之后，开始对环境变量和参数进行相应的设置，主要包括转换服务的设置、PropertySources的设置和activeProfiles的设置。SpringApplication类中相关configureEnvironment方法代码如下。

```
    protected void configureEnvironment(ConfigurableEnvironment environment,
            String[] args) {
        //如果为true则获取并设置转换服务
        if (this.addConversionService) {
            ConversionService conversionService = ApplicationConversionService
                .getSharedInstance();
            environment.setConversionService((ConfigurableConversionService) conversion-
Service);
        }
        //配置PropertySources
        configurePropertySources(environment, args);
        //配置Profiles
        configureProfiles(environment, args);
    }
```

在以上代码中，首先判断addConversionService变量是否为true，也就是判断是否需要添加转换服务，如果需要，则获取转换服务实例，并对环境设置转换服务。随后进行PropertySources和Profiles的配置。

其中configurePropertySources方法对PropertySources进行配置，代码如下。

```
    protected void configurePropertySources(ConfigurableEnvironment environment,
            String[] args) {
        //获得环境中的属性资源信息
        MutablePropertySources sources = environment.getPropertySources();
```

```
        //如果默认属性配置存在则将其放置于属性资源的最后位置
        if (this.defaultProperties != null && !this.defaultProperties.isEmpty()) {
            sources.addLast(new MapPropertySource("defaultProperties", this.default-
Properties));
        }
        //如果命令行属性存在
        if (this.addCommandLineProperties && args.length > 0) {
            String name = CommandLinePropertySource.COMMAND_LINE_PROPERTY_SOURCE_
NAME;
            //如果默认属性资源中不包含该命令，则将命令行属性放置在第一位，如果包含，则通过 Composite-
PropertySource 进行处理
            if (sources.contains(name)) {
                PropertySource<?> source = sources.get(name);
                CompositePropertySource composite = new CompositePropertySource(name);
                composite.addPropertySource(new SimpleCommandLinePropertySource(
                        "springApplicationCommandLineArgs", args));
                composite.addPropertySource(source);
                sources.replace(name, composite);
            } else {
                //放置在第一位
                sources.addFirst(new SimpleCommandLinePropertySource(args));
            }
        }
    }
```

这段代码需要重点看一下参数的优先级处理和默认参数与命令参数之间的关系。首先，如果存在默认属性配置，则将默认属性配置放置在最后，也就是说优先级最低。然后，如果命令参数存在则会出现两种情况：如果命令的参数已经存在于属性配置中，则使用 CompositePropertySource 类进行相同 name 的参数处理；如果命令的参数并不存在于属性配置中，则直接将其设置为优先级最高。

ConfigurePropertySources 方法的官方注释也很好地解释了它的功能：增加、移除或重新排序应用环境中的任何 PropertySource。

完成了 PropertySources 配置，随后通过 configureProfiles 方法来完成 Profiles 的配置，代码如下。

```
    protected void configureProfiles(ConfigurableEnvironment environment, String[]
args) {
        //保证环境的 activeProfiles 属性被初始化，如果未初始化该方法会对其初始化
        environment.getActiveProfiles();
        //如果存在的额外的 Profiles，则将其放置在第一位，随后再获得其他的 Profiles
        Set<String> profiles = new LinkedHashSet<>(this.additionalProfiles);
        profiles.addAll(Arrays.asList(environment.getActiveProfiles()));
        environment.setActiveProfiles(StringUtils.toStringArray(profiles));
    }
```

上面的代码主要用来处理应用环境中哪些配置文件处于激活状态或默认激活状态。对应的配置正是我们经常使用的用来区分不同环境的 spring.profiles.active 参数指定的值。

4.5 忽略信息配置

经过以上步骤，ConfigurableEnvironment 的初始化和准备工作已经完成。之后，程序又对环境中的忽略信息配置项“spring.beaninfo.ignore”的值进行获取判断，进而设置为系统参数中的忽略项。

```
private void configureIgnoreBeanInfo(ConfigurableEnvironment environment) {
    // 如果系统参数中 spring.beaninfo.ignore 为 null
    if (System.getProperty(
            CachedIntrospectionResults.IGNORE_BEANINFO_PROPERTY_NAME) == null) {
        // 获取环境中 spring.beaninfo.ignore 的配置
        Boolean ignore = environment.getProperty("spring.beaninfo.ignore",
            Boolean.class, Boolean.TRUE);
        // 设置对应的系统参数
        System.setProperty(CachedIntrospectionResults.IGNORE_BEANINFO_PROPERTY_
NAME,
                ignore.toString());
    }
}
```

spring.beaninfo.ignore 的配置用来决定是否跳过 BeanInfo 类的扫描，如果设置为 true，则跳过。

4.6 打印 Banner

完成环境的基本处理之后，下面就是控制台 Banner 的打印了。Spring Boot 的 Banner 打印是一个比较酷炫的功能，但又显得有些华而不实，特别是打印图片时启动速度会变慢。这里，我们简单了解一下它的底层代码实现。

Banner 打印是通过 printBanner 方法完成的，相关代码如下。

```
private Banner printBanner(ConfigurableEnvironment environment) {
    // 如果处于关闭状态，则返回 null
    if (this.bannerMode == Banner.Mode.OFF) {
        return null;
    }
    // 如果 resourceLoader 不存在则创建一个默认的 ResourceLoader
    ResourceLoader resourceLoader = (this.resourceLoader != null)
            ? this.resourceLoader : new DefaultResourceLoader(getClassLoader());
    // 构建 SpringApplicationBannerPrinter
    SpringApplicationBannerPrinter bannerPrinter = new SpringApplicationBannerPrinter(
            resourceLoader, this.banner);
    // 打印到日志中
    if (this.bannerMode == Mode.LOG) {
        return bannerPrinter.print(environment, this.mainApplicationClass, logger);
    }
```

```
        //打印到控制台
        return bannerPrinter.print(environment, this.mainApplicationClass, System.out);
    }
```

上面的代码中展示了Banner的开启及打印位置的设置。程序通过Banner.Mode枚举值来判断是否开启Banner打印，此项参数可以在Spring Boot入口main方法中通过setBannerMode方法来设置，也可以通过application.properties中的spring.main.banner-mode进行设置。

SpringApplicationBannerPrinter类承载了Banner初始化及打印的核心功能，比如默认如何获取Banner信息、如何根据约定优于配置来默认获得Banner的内容、Banner支持的文件格式等。

而具体打印的信息是由Banner接口的实现类来完成的，比如默认情况下使用SpringBootBanner来打印Spring Boot的版本信息及简单的图形。当然还有通过资源文件打印的ResourceBanner，通过图片打印的ImageBanner等方法。

由于该功能华而不实，就不贴代码占用过多篇幅了，感兴趣的朋友可自行查阅源代码。

4.7 Spring应用上下文的创建

在前面的章节中已经多次涉及WebApplicationType枚举类，无论是推断Web应用类型，还是创建不同的配置环境都与此枚举类有关。Spring Boot创建Spring的应用上下文时，如果未指定要创建的类，则会根据之前推断出的类型来进行默认上下文类的创建。

在Spring Boot中通过SpringApplication类中的createApplicationContext来进行应用上下文的创建，代码如下。

```
    public static final String DEFAULT_CONTEXT_CLASS = "org.springframework.context."
            + "annotation.AnnotationConfigApplicationContext";

    public static final String DEFAULT_SERVLET_WEB_CONTEXT_CLASS = "org.springframework.
boot."
            + "web.servlet.context.AnnotationConfigServletWebServerApplicationContext";

    public static final String DEFAULT_REACTIVE_WEB_CONTEXT_CLASS = "org.springframework."
            + "boot.web.reactive.context.AnnotationConfigReactiveWebServerApplicati
onContext";

    protected ConfigurableApplicationContext createApplicationContext() {
        //首先获取容器的类变量
        Class<?> contextClass = this.applicationContextClass;
        //如果为null，则根据Web应用类型按照默认类进行创建
        if (contextClass == null) {
            try {
                switch (this.webApplicationType) {
                case SERVLET:
                    contextClass = Class.forName(DEFAULT_SERVLET_WEB_CONTEXT_CLASS);
                    break;
```

```
                case REACTIVE:
                    contextClass = Class.forName(DEFAULT_REACTIVE_WEB_CONTEXT_CLASS);
                    break;
                default:
                    contextClass = Class.forName(DEFAULT_CONTEXT_CLASS);
                }
            } catch (ClassNotFoundException ex) {
                // 异常处理
            }
        }
        // 如果存在对应的 Class 配置，则通过 Spring 提供的 BeanUtils 来进行实例化
        return (ConfigurableApplicationContext) BeanUtils.instantiateClass(contextClass);
    }
```

那么，在 createApplicationContext 方法中，什么时候 applicationContextClass 变量不为 null 呢？比如，当我们创建 SpringApplication 之后，在调用 run 方法之前，调用其 setApplicationContextClass 方法指定了 ConfigurableApplicationContext 的设置。但需要注意的是，该方法不仅设置了 applicationContextClass 的值，同时也设置了 webApplicationType 的值，需慎用。

可以看出 createApplicationContext 方法中核心操作就是根据枚举类型进行判断，创建不同的上下文容器，前面已经多次讲到类似的操作，就不再赘述了。

4.8 Spring 应用上下文的准备

我们在上一节完成了应用上下文的创建工作，SpringApplication 继续通过 prepareContext 方法来进行应用上下文的准备工作。首先，通过图 4-4 来整体了解一下 prepareContext 的核心功能及流程。

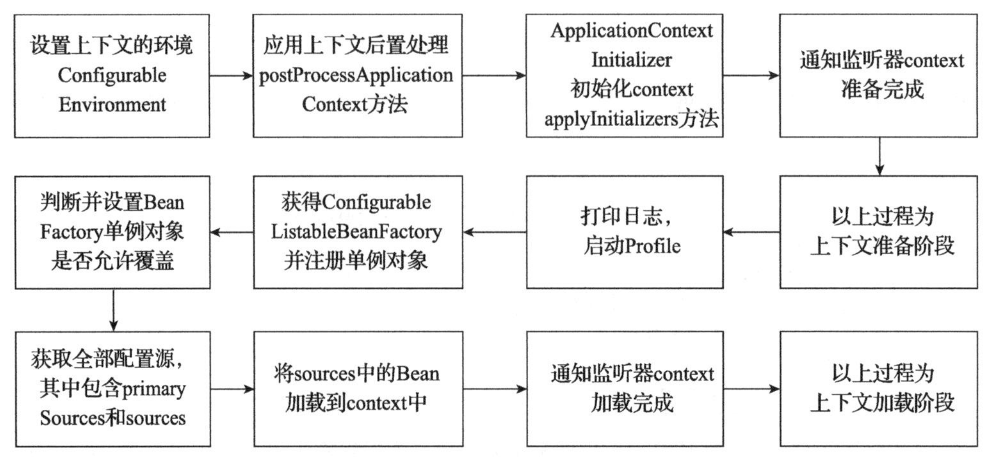

图 4-4 应用上下文准备、加载阶段流程图

配合流程图，看一下 SpringApplication 中 prepareContext 方法源代码及功能注解。

```
private void prepareContext(ConfigurableApplicationContext context,
        ConfigurableEnvironment environment, SpringApplicationRunListeners listeners,
        ApplicationArguments applicationArguments, Banner printedBanner) {
    //设置上下文的配置环境
    context.setEnvironment(environment);
    //应用上下文后置处理
    postProcessApplicationContext(context);
    //在 context 刷新之前，ApplicationContextInitializer 初始化 context
    applyInitializers(context);
    //通知监听器 context 准备完成，该方法以上为上下文准备阶段，以下为上下文加载阶段
    listeners.contextPrepared(context);
    //打印日志，启动 Profile
    if (this.logStartupInfo) {
        logStartupInfo(context.getParent() == null);
        logStartupProfileInfo(context);
    }
    //获得 ConfigurableListableBeanFactory 并注册单例对象
    ConfigurableListableBeanFactory beanFactory = context.getBeanFactory();
    beanFactory.registerSingleton("springApplicationArguments", applicationArguments);
    if (printedBanner != null) {
        //注册打印日志对象
        beanFactory.registerSingleton("springBootBanner", printedBanner);
    }
    if (beanFactory instanceof DefaultListableBeanFactory) {
        //设置是否允许覆盖注册
        ((DefaultListableBeanFactory) beanFactory)
                .setAllowBeanDefinitionOverriding(this.allowBeanDefinitionOverriding);
    }
    //获取全部配置源，其中包含 primarySources 和 sources
    Set<Object> sources = getAllSources();
    Assert.notEmpty(sources, "Sources must not be empty");
    //将 sources 中的 Bean 加载到 context 中
    load(context, sources.toArray(new Object[0]));
    //通知监听器 context 加载完成
    listeners.contextLoaded(context);
}
```

通过流程图和具体代码可以看出，在该方法内完成了两步操作：应用上下文的准备和加载。下面我们针对具体的源代码进行详细讲解。

4.8.1　应用上下文准备阶段

在上下文准备阶段，主要有 3 步操作：对 context 设置 environment、应用上下文后置处理和 ApplicationContextInitializer 初始化 context 操作。

首先是对 context 设置 environment，代码和业务操作都很简单。

```
public void setEnvironment(ConfigurableEnvironment environment) {
```

```
        //设置 context 的 environment
        super.setEnvironment(environment);
        //设置 context 的 reader 属性的 conditionEvaluator 属性
        this.reader.setEnvironment(environment);
        //设置 context 的 scanner 属性的 environment 属性
        this.scanner.setEnvironment(environment);
    }
```

随后，便是进行 Spring 应用上下文的后置处理，这一步是通过 postProcessApplicationContext 方法来完成的。

```
    protected void postProcessApplicationContext(ConfigurableApplicationContext
context) {
        if (this.beanNameGenerator != null) {
            //如果 beanNameGenerator 为 null，则将当前的 beanNameGenerator 按照默认名字进行
注册
            context.getBeanFactory().registerSingleton(
                    AnnotationConfigUtils.CONFIGURATION_BEAN_NAME_GENERATOR,
                    this.beanNameGenerator);
        }
        //当 resourceLoader 为 null 时，则根据 context 的类型分别进行 ResourceLoader 和 ClassLoader
的设置
        if (this.resourceLoader != null) {
            if (context instanceof GenericApplicationContext) {
                ((GenericApplicationContext) context).setResourceLoader(this.resource-
Loader);
            }
            if (context instanceof DefaultResourceLoader) {
                ((DefaultResourceLoader) context)
                        .setClassLoader(this.resourceLoader.getClassLoader());
            }
        }
        //如果为 true 则获取并设置转换服务
        if (this.addConversionService) {
            context.getBeanFactory().setConversionService(
                    ApplicationConversionService.getSharedInstance());
        }
    }
```

postProcessApplicationContext 方法主要完成上下文的后置操作，默认包含 beanNameGenerator、ResourceLoader、ClassLoader 和 ConversionService 的设置。该方法可由子类覆盖实现，以添加更多的操作。而在此阶段，beanNameGenerator 和 resourceLoader 都为 null，因此只操作了最后一步的设置转换服务。

最后，在通知监听器 context 准备完成之前，通过 applyInitializers 方法对上下文进行初始化。所使用的 ApplicationContextInitializer 正是我们在 SpringApplication 初始化阶段设置在 initializers 变量中的值，只不过在通过 getInitializers 方法获取时进行了去重和排序。

```
    protected void applyInitializers(ConfigurableApplicationContext context) {
```

```
        //获取 ApplicationContextInitializer 集合并遍历
        for (ApplicationContextInitializer initializer : getInitializers()) {
            //解析当前 initializer 实现的 ApplicationContextInitializer 的泛型参数
            Class<?> requiredType = GenericTypeResolver.resolveTypeArgument(
                    initializer.getClass(), ApplicationContextInitializer.class);
            //断言判断所需类似是否与 context 类型匹配
            Assert.isInstanceOf(requiredType, context, "Unable to call initializer.");
            //初始化 context
            initializer.initialize(context);
        }
    }
```

完成以上操作之后，程序便调用 SpringApplicationRunListeners 的 contextPrepared 方法通知监听器，至此第一阶段的准备操作完成。

4.8.2 应用上下文加载阶段

应用上下文加载阶段包含以下步骤：打印日志和 Profile 的设置、设置是否允许覆盖注册、获取全部配置源、将配置源加载入上下文、通知监控器 context 加载完成。

首先进入应用上下文加载阶段的操作为打印日志和 Profile 的设置，对此不展开讲解。随后，便是获得 ConfigurableListableBeanFactory 并注册单例对象，注册的单例对象包含：ApplicationArguments 和 Banner。当 BeanFactory 为 DefaultListableBeanFactory 时，进入设置是否允许覆盖注册的处理逻辑。

此处需注意的是，当进行了 ApplicationArguments 类单例对象的注册之后，也就意味着我们在使用 Spring 应用上下文的过程中可以通过依赖注入来使用该对象。

```
@Resource
private ApplicationArguments applicationArguments;
```

完成以上操作后，便进入配置源信息的处理阶段，这一步通过 getAllSources 方法来对配置源信息进行合并操作。

```
public Set<Object> getAllSources() {
    Set<Object> allSources = new LinkedHashSet<>();
    if (!CollectionUtils.isEmpty(this.primarySources)) {
        allSources.addAll(this.primarySources);
    }
    if (!CollectionUtils.isEmpty(this.sources)) {
        allSources.addAll(this.sources);
    }
    return Collections.unmodifiableSet(allSources);
}
```

以上操作逻辑很简单，如果 Set 集合中不存在 primarySources 配置源或 sources 配置源，则将其添加入 Set 中，同时将 Set 设置为不可修改，并返回。

前面章节已经提到，变量 primarySources 的值来自 SpringApplication 的构造参数，变量 sources 的值来自 setResources 方法。

当获得所有的配置源信息之后，通过 load 方法将配置源信息加载到上下文中，代码如下。

```
protected void load(ApplicationContext context, Object[] sources) {
    // 日志打印
    BeanDefinitionLoader loader = createBeanDefinitionLoader(
            getBeanDefinitionRegistry(context), sources);
    if (this.beanNameGenerator != null) {
        loader.setBeanNameGenerator(this.beanNameGenerator);
    }
    if (this.resourceLoader != null) {
        loader.setResourceLoader(this.resourceLoader);
    }
    if (this.environment != null) {
        loader.setEnvironment(this.environment);
    }
    loader.load();
}
```

该方法主要通过 BeanDefinitionLoader 来完成配置资源的加载操作。我们进一步查看方法 createBeanDefinitionLoader 的源代码，会发现它最终调用了 BeanDefinitionLoader 的构造方法，并进行初始化操作。

```
BeanDefinitionLoader(BeanDefinitionRegistry registry, Object... sources) {
    ...
    this.sources = sources;
    this.annotatedReader = new AnnotatedBeanDefinitionReader(registry);
    this.xmlReader = new XmlBeanDefinitionReader(registry);
    if (isGroovyPresent()) {
        this.groovyReader = new GroovyBeanDefinitionReader(registry);
    }
    ...
}
```

通过 BeanDefinitionLoader 的构造方法我们可以看到 BeanDefinitionLoader 支持基于 AnnotatedBeanDefinitionReader、XmlBeanDefinitionReader、GroovyBeanDefinitionReader 等多种类型的加载操作。

在执行完 BeanDefinitionLoader 的创建及基本属性设置之后，调用其 load 方法，该方法最终执行以下代码。

```
private int load(Object source) {
    Assert.notNull(source, "Source must not be null");
    if (source instanceof Class<?>) {
        return load((Class<?>) source);
    }
    if (source instanceof Resource) {
```

```
            return load((Resource) source);
        }
        if (source instanceof Package) {
            return load((Package) source);
        }
        if (source instanceof CharSequence) {
            return load((CharSequence) source);
        }
         throw new IllegalArgumentException("Invalid source type " + source.
getClass());
    }
```

从以上代码可以看出，BeanDefinitionLoader加载支持的范围包括：Class、Resource、Package和CharSequence四种。前面我们已经提到变量sources的来源有primarySources配置源和sources配置源。变量primarySources在初始化时接收的类型为Class，而变量sources通过set(Set<String>)方法接收的参数为String集合。因此，在实际使用的过程中，Resource和Package的判断分支始终无法进入执行阶段。

完成以上操作后，接下来执行SpringApplicationRunListeners的contextLoaded方法通知监听器上下文加载完成，至此整个Spring应用上下文的准备阶段完成。

4.9 Spring应用上下文的刷新

Spring应用上下文的刷新，是通过调用SpringApplication中的refreshContext方法来完成的。SpringApplication中refreshContext方法相关代码如下。

```
private void refreshContext(ConfigurableApplicationContext context) {
    //调用refresh方法
    refresh(context);
    if (this.registerShutdownHook) {
        try {
            //注册shutdownHook线程，实现销毁时的回调
            context.registerShutdownHook();
        } catch (AccessControlException ex) {
            //在某些环境中不允许使用，会报出此异常，但此处并无处理操作
        }
    }
}

protected void refresh(ApplicationContext applicationContext) {
    Assert.isInstanceOf(AbstractApplicationContext.class, applicationContext);
    ((AbstractApplicationContext) applicationContext).refresh();
}
```

其中refresh方法调用的是AbstractApplicationContext中的refresh方法，该类属于spring-context包。AbstractApplicationContext的refresh方法更多的是Spring相关的内容，

这里我们通过 refresh 方法的顶层代码了解该方法都做了些什么，不过多深入 Spring 内部进行讲解。

```
public void refresh() throws BeansException, IllegalStateException {
    //整个过程同步处理
    synchronized (this.startupShutdownMonitor) {
        //准备刷新工作
        prepareRefresh();

        //通知子类刷新内部 bean 工厂
        ConfigurableListableBeanFactory beanFactory = obtainFreshBeanFactory();

        //为当前 context 准备 bean 工厂
        prepareBeanFactory(beanFactory);
        try {
            //允许 context 的子类对 bean 工厂进行后置处理
            postProcessBeanFactory(beanFactory);

            //调用 context 中注册为 bean 的工厂处理器
            invokeBeanFactoryPostProcessors(beanFactory);

            //注册 bean 处理器 (beanPostProcessors)
            registerBeanPostProcessors(beanFactory);

            //初始化 context 的信息源，和国际化有关
            initMessageSource();

            //初始化 context 的事件传播器
            initApplicationEventMulticaster();

            //初始化其他子类特殊的 bean
            onRefresh();

            //检查并注册事件监听器
            registerListeners();

            //实例化所有非懒加载单例
            finishBeanFactoryInitialization(beanFactory);

            //最后一步：发布对应事件
            finishRefresh();
        } catch (BeansException ex) {
            //......
        } finally {
            //......
        }
    }
}
```

在上面的代码中，调用 finishRefresh 方法初始化容器的生命周期处理器并发布容器的

生命周期事件之后，Spring 应用上下文正式开启，Spring Boot 核心特性也随之启动。

完成 refreshContext 方法操作之后，调用 afterRefresh 方法。最新版本的 Spring Boot 中 afterRefresh 方法的实现默认为空，可由开发人员自行扩展，相关代码如下。但需要注意的是，该方法在以往的版本中方法定义和实现差距较大，如果对此方法进行扩展，在升级版本时需特别留意。

```
protected void afterRefresh(ConfigurableApplicationContext context,
        ApplicationArguments args) {
//默认实现为空
}
```

完成以上操作之后，调用 SpringApplicationRunListeners 的 started 方法，通知监听器容器启动完成，并调用 ApplicationRunner 和 CommandLineRunner 的运行方法。

4.10　调用 ApplicationRunner 和 CommandLineRunner

ApplicationRunner 和 CommandLineRunner 是通过 SpringApplication 类的 callRunners 方法来完成的，具体代码如下。

```
private void callRunners(ApplicationContext context, ApplicationArguments args) {
    List<Object> runners = new ArrayList<>();
    runners.addAll(context.getBeansOfType(ApplicationRunner.class).values());
    runners.addAll(context.getBeansOfType(CommandLineRunner.class).values());
    AnnotationAwareOrderComparator.sort(runners);
    for (Object runner : new LinkedHashSet<>(runners)) {
        if (runner instanceof ApplicationRunner) {
            callRunner((ApplicationRunner) runner, args);
        }
        if (runner instanceof CommandLineRunner) {
            callRunner((CommandLineRunner) runner, args);
        }
    }
}

private void callRunner(ApplicationRunner runner, ApplicationArguments args) {
    try {
        (runner).run(args);
    } catch (Exception ex) {
        throw new IllegalStateException("Failed to execute ApplicationRunner", ex);
    }
}
private void callRunner(CommandLineRunner runner, ApplicationArguments args) {
    //与上述方法不同的是，run 方法的参数为 args.getSourceArgs()
}
```

以上代码，首先从 context 中获得类型为 ApplicationRunner 和 CommandLineRunner 的 Bean，

将它们放入 List 列表中并进行排序。然后再遍历调用其 run 方法，并将 ApplicationArguments 参数传入。

Spring Boot 提供这两个接口的目的，是为了我们在开发的过程中，通过它们来实现在容器启动时执行一些操作，如果有多个实现类，可通过 @Order 注解或实现 Ordered 接口来控制执行顺序。

这两个接口都提供了一个 run 方法，但不同之处在于：ApplicationRunner 中 run 方法的参数为 ApplicationArguments，而 CommandLineRunner 接口中 run 方法的参数为 String 数组。

以上方法执行完成后，会通过 SpringApplicationRunListeners 的 running 方法通知监听器：容器此刻已处于运行状态。至此，SpringApplication 的 run 方法执行完毕。

4.11 小结

本章重点围绕 Spring Boot 启动过程中 SpringApplication 类的 run 方法的执行流程进行讲解，并做了一些功能和知识点的拓展，其中重点为在此过程中的事件监听、初始化环境、容器的创建及初始化操作。本章也是 Spring Boot 的核心功能之一，读者如果感兴趣可以进一步查看 Spring 相关源代码。

第三部分 Part 3

内置组件篇

- 第 5 章　Spring Boot 外化配置源码解析
- 第 6 章　Spring Boot Web 应用源码解析
- 第 7 章　Spring Boot 内置 Servlet 容器源码解析
- 第 8 章　Spring Boot 数据库配置源码解析
- 第 9 章　Spring Boot 消息源码解析
- 第 10 章　Spring Boot Cache 源码解析
- 第 11 章　Spring Boot 日志源码解析
- 第 12 章　实战：创建 Spring Boot 自动配置项目

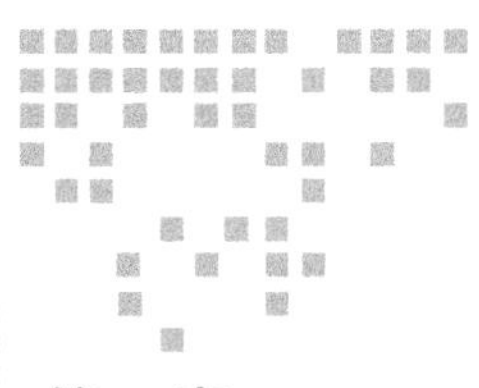

Chapter 5 第5章

Spring Boot 外化配置源码解析

在前面章节我们讲解了 Spring Boot 的运作核心原理及启动过程中进行的一系列核心操作。从本章开始，我们将针对在实践过程中应用的不同知识点的源代码进行解读和分析，内容上可能会与之前章节有所重叠，但这些重叠的内容更有助于我们在实践和应用中形成前后呼应，加深记忆学习效果。

本章将重点讲解 Spring Boot 外化配置文件相关内容，核心包括：外化配置文件、命令行参数、Profile 实现机制及整个加载处理业务逻辑。

5.1 外化配置简介

Spring Boot 允许我们将配置进行外部化处理，以便我们使用相同的代码在不同的环境中运行。我们可以使用属性文件、YAML 文件、环境变量和命令参数来进行外化配置。这些配置中的属性可以通过 @Value 注解直接注入到对应的 Bean 中，也可以通过 Spring 的 Environment 抽象访问，还可以通过 @ConfigurationProperties 绑定到结构化的对象上。

Spring Boot 设计了非常特殊的加载指定属性文件（PropertySource）的顺序，以允许对属性值进行合理的覆盖。属性值会以下面的优先级进行设置。

- home 目录下的 Devtools 全局设置属性（~/.spring-boot-devtools.properties，条件是当 devtools 激活时）。
- @TestPropertySource 注解的测试用例。
- @SpringBootTest#properties 注解的测试用例。

- 命令行参数。
- 来自 SPRING_APPLICATION_JSON 的属性（内嵌在环境变量或系统属性中的内联 JSON）。
- ServletConfig 初始化参数。
- ServletContext 初始化参数。
- java:comp/env 的 JNDI 属性。
- Java 系统属性（System.getProperties()）。
- 操作系统环境变量。
- RandomValuePropertySource，只包含 random.* 中的属性。
- jar 包外的 Profile-specific 应用属性（application-{profile}.properties 和 YAML 变量）。
- jar 包内的 Profile-specific 应用属性（application-{profile}.properties 和 YAML 变量）。
- jar 包外的应用配置（application.properties 和 YAML 变量）。
- jar 包内的应用配置（application.properties 和 YAML 变量）。
- @Configuration 类上的 @PropertySource 注解。
- 默认属性（通过 SpringApplication.setDefaultProperties 指定）。

在以上配置方式中，我们经常使用的包括：命令参数、属性文件、YAML 文件等内容，以下将围绕它们的运作及相关代码进行讲解。

5.2 ApplicationArguments 参数处理

ApplicationArguments 提供了针对参数的解析和查询功能。在 Spring Boot 运行阶段的章节中我们提到过，通过 SpringApplication.run(args) 传递的参数会被封装在 ApplicationArguments 接口中。本节我们来详细了解一下 ApplicationArguments 接口。

5.2.1 接口定义及初始化

首先看一下 ApplicationArguments 接口的具体方法定义及功能介绍（注释部分）。

```
public interface ApplicationArguments {
    // 返回原始未处理的参数（通过 application 传入的）
    String[] getSourceArgs();
    // 返回所有参数名称的集合，如参数为：--foo=bar --debug，则返回 ["foo", "debug"]
    Set<String> getOptionNames();
    // 选项参数中是否包含指定名称的参数
    boolean containsOption(String name);
    // 根据选项参数的名称获取选项参数的值列表
    List<String> getOptionValues(String name);
    // 返回非选项参数列表
    List<String> getNonOptionArgs();
}
```

通过接口定义可以看出，ApplicationArguments 主要提供了针对参数名称和值的查询，以及判断是否存在指定参数的功能。

在 Spring Boot 的初始化运行过程中，ApplicationArguments 接口的实例化操作默认是通过实现类 DefaultApplicationArguments 来完成的。DefaultApplicationArguments 的底层又是基于 Spring 框架中的命令行配置源 SimpleCommandLinePropertySource 实现的。SimpleCommandLinePropertySource 是 PropertySource 抽象类的派生类。

以下代码中内部类 Source 便是 SimpleCommandLinePropertySource 的子类。

```
public class DefaultApplicationArguments implements ApplicationArguments {
    private final Source source;
    private final String[] args;

    public DefaultApplicationArguments(String[] args) {
        Assert.notNull(args, "Args must not be null");
        this.source = new Source(args);
        this.args = args;
    }
    // 在此省略 ApplicationArguments 的其他接口实现方法
    private static class Source extends SimpleCommandLinePropertySource {
        // ...
    }
}
```

我们再来看 SimpleCommandLinePropertySource 的构造方法，通过代码会发现默认使用 Spring 的 SimpleCommandLineArgsParser 对 args 参加进行解析。

```
public class SimpleCommandLinePropertySource extends CommandLinePropertySource
<CommandLineArgs> {
    public SimpleCommandLinePropertySource(String... args) {
        super(new SimpleCommandLineArgsParser().parse(args));
    }
    // 重载的构造方法
    public SimpleCommandLinePropertySource(String name, String[] args) {
        super(name, new SimpleCommandLineArgsParser().parse(args));
    }
    ...
}
```

除了构造方法之外，SimpleCommandLinePropertySource 还提供了不同类型参数信息的获取和检查是否存在的功能，代码如下。

```
public class SimpleCommandLinePropertySource extends CommandLinePropertySource
<CommandLineArgs> {
    ...
    // 获取选项参数数组
    @Override
    public String[] getPropertyNames() {
```

```
        return StringUtils.toStringArray(this.source.getOptionNames());
    }

    // 获取是否包含指定 name 的参数
    @Override
    protected boolean containsOption(String name) {
        return this.source.containsOption(name);
    }

    // 获取指定 name 的选项参数列表
    @Override
    @Nullable
    protected List<String> getOptionValues(String name) {
        return this.source.getOptionValues(name);
    }

    // 获取非选项参数列表
    @Override
    protected List<String> getNonOptionArgs() {
        return this.source.getNonOptionArgs();
    }
}
```

ApplicationArguments，或者更进一步说是SimpleCommandLinePropertySource对参数类型是有所区分的，即选项参数和非选项参数。

选项参数必须以“--”为前缀，参数值可为空，该参数我们可以通过Spring Boot属性处理后使用，比如在执行jar -jar命令时，添加选项参数“--app.name=spring boot learn”，在代码中可通过@Value属性或其他方式获取到该参数的值。该参数可以通过逗号分隔多个参数值，或多次使用同一个参数来包含多个参数的值。

非选项参数并不要求以“--”前缀开始，可自行定义。非选项参数可以是除了传递的VM参数之外的其他参数。比如我们可以直接在jar -jar命令中定义参数为“non-option”的参数值。

以上所说的选项参数和非选项参数的解析是在SimpleCommandLinePropertySource构造方法中调用的SimpleCommandLineArgsParser中完成的，代码如下。

```
class SimpleCommandLineArgsParser {
    // 解析 args 参数，返回一个完整的 CommandLineArgs 对象
    public CommandLineArgs parse(String... args) {
        CommandLineArgs commandLineArgs = new CommandLineArgs();
        // 遍历参数
        for (String arg : args) {
            // 解析选项参数，以 "--" 开头
            if (arg.startsWith("--")) {
                String optionText = arg.substring(2, arg.length());
                String optionName;
                String optionValue = null;
```

```
                    //判断是--foo=bar参数格式，还是-foo参数格式，并分别处理获取值
                    if (optionText.contains("=")) {
                        optionName = optionText.substring(0, optionText.indexOf('='));
                        optionValue = optionText.substring(optionText.indexOf('=')+1,
optionText.length());
                    } else {
                        optionName = optionText;
                    }
                    if (optionName.isEmpty() || (optionValue != null && optionValue.
isEmpty())) {
                        throw new IllegalArgumentException("Invalid argument syntax: " +
arg);
                    }
                    commandLineArgs.addOptionArg(optionName, optionValue);
                } else {
                    //处理非选项参数
                    commandLineArgs.addNonOptionArg(arg);
                }
            }
            return commandLineArgs;
        }
    }
```

通过SimpleCommandLineArgsParser的代码可以看出，Spring对参数的解析是按照指定的参数格式分别解析字符串中的值来实现的。最终，解析的结果均封装在CommandLineArgs中。而CommandLineArgs类只是命令行参数的简单表示形式，内部分为“选项参数”和“非选项参数”。

```
class CommandLineArgs {
    private final Map<String, List<String>> optionArgs = new HashMap<>();
    private final List<String> nonOptionArgs = new ArrayList<>();
    ...
}
```

CommandLineArgs的核心存储结构包括：存储选项参数的Map<String, List<String>> optionArgs和存储非选项参数的List<String> nonOptionArgs。同时，针对这两个核心存储结构，Spring Boot也提供了读写操作的方法。

SimpleCommandLineArgsParser解析获得的CommandLineArgs对象，最终会被SimpleCommandLinePropertySource的构造方法通过super调用，一层层地传递到PropertySource类的构造方法，最终封装到对应的属性当中。

```
public abstract class PropertySource<T> {
    //参数类别名称
    protected final String name;
    //参数封装类
    protected final T source;
    ...
}
```

以在 SimpleCommandLinePropertySource 中的使用为例，最终封装在 PropertySource 中的结构为：name 为“commandLineArgs”，source 为解析出的 CommandLineArgs 对象。

而 DefaultApplicationArguments 的内部类 Source 作为 SimpleCommandLinePropertySource 的子类存储了以上解析的数据内容。同时，args 参数的原始值存储在 DefaultApplicationArguments 的 String[ ] args 属性中。

5.2.2　使用实例

在实践中我们可能会遇到这样的疑问：如何访问应用程序变量？或者，如何访问通过 SpringApplication.run(args) 传入的参数？下面我们以具体的例子来说明如何通过 ApplicationArguments 获得对应的参数。

ApplicationArguments 接口的使用非常简单，在我们使用参数值的 Bean 中直接注入 ApplicationArguments 即可，然后调用其方法即可获得对应的参数值。

注入 ApplicationArguments，并提供打印所需参数信息的方法，代码如下。

```
@Component
public class ArgsBean {
    @Resource
    private ApplicationArguments arguments;

    public void printArgs() {
        System.out.println("# 非选项参数数量 : " + arguments.getNonOptionArgs().size());
        System.out.println("# 选项参数数量 : " + arguments.getOptionNames().size());
        System.out.println("# 非选项参数具体参数 :");
        arguments.getNonOptionArgs().forEach(System.out::println);

        System.out.println("# 选项参数具体参数 :");
        arguments.getOptionNames().forEach(optionName -> {
            System.out.println("--" + optionName + "=" + arguments.getOptionValues
(optionName));
        });
    }
}
```

在 main 方法中获得 ArgsBean 实例化对象，并调用其 printArgs 方法，代码如下。

```
public static void main(String[] args) {
    SpringApplication app = new SpringApplication(SpringLearnApplication.class);
    ConfigurableApplicationContext context = app.run(args);
    ArgsBean bean = context.getBean(ArgsBean.class);
    bean.printArgs();
}
```

启动项目，控制台打印结果，代码如下。

```
# 非选项参数数量 : 1
```

```
# 选项参数数量: 2
# 非选项参数具体参数:
non-option
# 选项参数具体参数:
--jdk.support=[1.7,1.8,1.8+]
--app.name=[springBootLearn]
```

以上只是示例，在上面的介绍中也提到了，选项参数可通过 @Value 直接注入 Bean 中使用。关于 ApplicationArguments 其他方法的使用以此类推即可。

5.3 命令参数的获取

命令行参数就是在启动 Spring Boot 项目时通过命令行传递的参数。比如，用如下命令来启动一个 Spring Boot 的项目。

```
java -jar app.jar --name=SpringBoot
```

那么，参数 --name=SpringBoot 是如何一步步传递到 Spring 内部的呢？这就是本节要分析的代码内容。

默认情况下，SpringApplication 会将以上类似 name 的命令行参数（以"--"开通）解析封装成一个 PropertySource 对象（5.2 节已经具体讲到），并将其添加到 Spring-Environment 当中，而命令行参数的优先级要高于其他配置源。

下面，我们通过代码来追踪启动过程中整个参数的获取、解析和封装过程。首先，参数是通过 SpringApplication 的 run 方法的 args 参数来传递的。

在 SpringApplication 的 run 方法中，通过以下操作先将 args 封装于对象 ApplicationArguments 中，然后又将封装之后的对象传递入 prepareEnvironment 方法。

```
public ConfigurableApplicationContext run(String... args) {
    ...
    try {
        ApplicationArguments applicationArguments = new DefaultApplicationArgu-
ments(args);
        ConfigurableEnvironment environment = prepareEnvironment(listeners,
                applicationArguments);
        } catch (Throwable ex) {
        ...
    }
    ...
}
```

在 prepareEnvironment 方法中，通过 applicationArguments.getSourceArgs() 获得传递的参数数组，并作为参数调用 configureEnvironment 方法，此处获得的 args 依旧是未解析的参数值，代码如下。

```
private ConfigurableEnvironment prepareEnvironment(
        SpringApplicationRunListeners listeners,
        ApplicationArguments applicationArguments) {
    ...
    configureEnvironment(environment, applicationArguments.getSourceArgs());
    ...
}
```

在configureEnvironment方法中又将参数传递给configurePropertySources方法。

```
protected void configureEnvironment(ConfigurableEnvironment environment,
        String[] args) {
    ...
    configurePropertySources(environment, args);
    ...
}
```

而在configurePropertySources方法中才对参数进行了真正的解析和封装。

```
protected void configurePropertySources(ConfigurableEnvironment environment,
        String[] args) {
    // 获得环境中的属性资源信息
    MutablePropertySources sources = environment.getPropertySources();
    // 如果默认属性配置存在，则将其放置在属性资源的最后位置
    if (this.defaultProperties != null && !this.defaultProperties.isEmpty()) {
        sources.addLast(new MapPropertySource("defaultProperties", this.default-
Properties));
    }
    // 如果命令行属性未被禁用且存在
    if (this.addCommandLineProperties && args.length > 0) {
        String name = CommandLinePropertySource.COMMAND_LINE_PROPERTY_SOURCE_
NAME;
        // 如果默认属性资源中不包含该命令则将命令行属性放置在第一位
        // 如果包含则通过CompositePropertySource进行处理
        if (sources.contains(name)) {
            PropertySource<?> source = sources.get(name);
            CompositePropertySource composite = new CompositePropertySource(name);
            composite.addPropertySource(new SimpleCommandLinePropertySource(
                    "springApplicationCommandLineArgs", args));
            composite.addPropertySource(source);
            sources.replace(name, composite);
        } else {
            // 不存在，则添加并放置在第一位
            sources.addFirst(new SimpleCommandLinePropertySource(args));
        }
    }
}
```

configurePropertySources方法在之前章节中有过讲解，下面针对命令行参数再次进行讲解和深入分析，重点介绍两个内容：参数的优先级和命令行参数的解析。

先说参数的优先级，从上面的代码注解中可以看到，configurePropertySources 方法第一步获得环境变量中存储配置信息的 sources；第二步判断默认参数是否为空，如果不为空，则将默认参数放置在 sources 的最后位置，这里已经明显反映了参数的优先级是通过顺序来体现的；第三步，如果命令参数未被禁用，且不为空，则要么将原有默认参数替换掉，要么直接放在第一位，这一步中的替换操作也是另外一种优先级形式的体现。

顺便提一下，在上面的代码中，addCommandLineProperties 参数是可以进行设置的，当不允许使用命令行参数时，可以通过 SpringApplication 的 setAddCommandLineProperties 方法将其设置为 false 来禁用。

命令行参数的解析用到了 SimpleCommandLinePropertySource 类，而该类的相关使用在上一节中已经详细介绍了。

通过上面一系列的代码追踪，我们了解了通过命令传递的参数是如何一步步被封装入 Spring 的 Environment 当中的。下一节，我们将分析配置文件中的参数获取。

5.4 配置文件的加载

Spring Boot 启动时默认会加载 classpath 下的 application.yml 或 application.properties 文件。配置文件的加载过程主要是利用 Spring Boot 的事件机制来完成的，也就是我们之前章节所讲到的 SpringApplicationRunListeners 中的 environmentPrepared 方法来启动加载配置文件的事件。通过该方法发布的事件会被注册的 ConfigFileApplicationListener 监听到，从而实现资源的加载。

下面，我们通过源代码的追踪来分析这一过程。该事件同样是在 SpringApplication 的 run 方法中来完成的。前半部分的调用过程与上一节命令行参数获取的方法调用一样，不同的是当执行到 prepareEnvironment 中，当执行完上一节中的 configureEnvironment 方法之后，便通过事件发布来通知监听器加载资源。

```
private ConfigurableEnvironment prepareEnvironment(
        SpringApplicationRunListeners listeners,
        ApplicationArguments applicationArguments) {
    // 获取或创建环境
    ConfigurableEnvironment environment = getOrCreateEnvironment();
    // 配置环境，主要包括 PropertySources 和 activeProfiles 的配置
    configureEnvironment(environment, applicationArguments.getSourceArgs());
    // listener 环境准备（之前章节已经提到）
    listeners.environmentPrepared(environment);
    ...
}
```

该事件监听器通过 EventPublishingRunListener 的 environmentPrepared 方法来发布一个 ApplicationEnvironmentPreparedEvent 事件。

```
public class EventPublishingRunListener implements SpringApplicationRunListener,
Ordered {
        ...
        @Override
        public void environmentPrepared(ConfigurableEnvironment environment) {
            this.initialMulticaster.multicastEvent(new ApplicationEnvironmentPre-
paredEvent(
                    this.application, this.args, environment));
        }
        ...
    }
```

在META-INF/spring.factories中注册的ConfigFileApplicationListener会监听到对应事件，并进行相应的处理。spring.factories中ConfigFileApplicationListener的注册配置如下。

```
# Application Listeners
org.springframework.context.ApplicationListener=\
org.springframework.boot.context.config.ConfigFileApplicationListener
```

在ConfigFileApplicationListener类中我们会看到很多与配置文件加载相关的常量。

```
public class ConfigFileApplicationListener
        implements EnvironmentPostProcessor, SmartApplicationListener, Ordered {
    ...
    // 默认的加载配置文件路径
    private static final String DEFAULT_SEARCH_LOCATIONS =
    "classpath:/,classpath:/config/,file:./,file:./config/";
    // 默认的配置文件名称
    private static final String DEFAULT_NAMES = "application";
    // 激活配置文件的属性名
    public static final String ACTIVE_PROFILES_PROPERTY = "spring.profiles.active";
    ...
}
```

我们通过这些基本的常量，已经可以看出默认加载配置文件的路径和默认的名称了。再回到刚才的事件监听，入口方法为ConfigFileApplicationListener的onApplicationEvent方法。

```
@Override
public void onApplicationEvent(ApplicationEvent event) {
    // 对应前面发布的事件，执行此业务逻辑
    if (event instanceof ApplicationEnvironmentPreparedEvent) {
        onApplicationEnvironmentPreparedEvent((ApplicationEnvironmentPrepared-
Event) event);
    }
    if (event instanceof ApplicationPreparedEvent) {
        onApplicationPreparedEvent(event);
    }
}
```

上面代码中调用的 onApplicationEnvironmentPreparedEvent 方法如下，该方法会获得注册的处理器，遍历并依次调用其 postProcessEnvironment 方法。

```
    private void onApplicationEnvironmentPreparedEvent( ApplicationEnvironmentPre-
paredEvent event) {
        List<EnvironmentPostProcessor> postProcessors = loadPostProcessors();
        postProcessors.add(this);
        AnnotationAwareOrderComparator.sort(postProcessors);
        // 遍历并依次调用其 postProcessEnvironment 方法
        for (EnvironmentPostProcessor postProcessor : postProcessors) {
            postProcessor.postProcessEnvironment(event.getEnvironment(),
                    event.getSpringApplication());
        }
    }
```

其中 EnvironmentPostProcessor 接口的实现类也是在 META-INF/spring.factories 文件中注册的。

```
# Environment Post 处理器配置
org.springframework.boot.env.EnvironmentPostProcessor=\
org.springframework.boot.cloud.CloudFoundryVcapEnvironmentPostProcessor,\
org.springframework.boot.env.SpringApplicationJsonEnvironmentPostProcessor,\
org.springframework.boot.env.SystemEnvironmentPropertySourceEnvironmentPostProcessor
```

ConfigFileApplicationListener 本身也是 EnvironmentPostProcessor 接口的实现类。我们跟着 ConfigFileApplicationListener 中 postProcessEnvironment 的调用链路代码一直往下看，会发现最后在其内部类 Loader 的 load 方法中进行配置文件的加载操作。其中关于文件路径及其名称的组合代码如下。

```
private void load(String location, String name, Profile profile,
        DocumentFilterFactory filterFactory, DocumentConsumer consumer) {
    ...
    Set<String> processed = new HashSet<>();
    for (PropertySourceLoader loader : this.propertySourceLoaders) {
        for (String fileExtension : loader.getFileExtensions()) {
            if (processed.add(fileExtension)) {
                loadForFileExtension(loader, location + name, "." + fileExtension,
                        profile, filterFactory, consumer);
            }
        }
    }
}
```

在该方法中可以看到 loadForFileExtension 的第二个参数“文件路径 + 名称”和第三个参数“扩展名称”的拼接组成方式。location 默认值就是常量 DEFAULT_SEARCH_LOCATIONS 的值。

在 for 循环中遍历的 PropertySourceLoader 也是在 META-INF/spring.factories 中注册的，

并且在Loader的构造方法中通过SpringFactoriesLoader的loadFactories方法来获得。

```
# PropertySource 加载器配置
org.springframework.boot.env.PropertySourceLoader=\
org.springframework.boot.env.PropertiesPropertySourceLoader,\
org.springframework.boot.env.YamlPropertySourceLoader
```

当查看PropertiesPropertySourceLoader和YamlPropertySourceLoader两个加载器代码时，就会发现它们分别定义了所支持文件类型及其加载方法。PropertiesPropertySourceLoader支持配置文件类型的定义代码如下。

```
public class PropertiesPropertySourceLoader implements PropertySourceLoader {
    private static final String XML_FILE_EXTENSION = ".xml";
    @Override
    public String[] getFileExtensions() {
        return new String[] { "properties", "xml" };
    }
    ...
}
```

YamlPropertySourceLoader支持配置文件类型的定义代码如下。

```
public class YamlPropertySourceLoader implements PropertySourceLoader {
    @Override
    public String[] getFileExtensions() {
        return new String[] { "yml", "yaml" };
    }
    ...
}
```

其中PropertiesPropertySourceLoader对文件的加载通过PropertiesLoaderUtils类（加载xml文件）和OriginTrackedPropertiesLoader类来完成，而YamlPropertySourceLoader对文件的加载主要通过OriginTrackedYamlLoader来完成。

下面以PropertiesPropertySourceLoader使用的OriginTrackedPropertiesLoader为例进行源码分析。

PropertiesPropertySourceLoader中加载相关的代码如下。

```
public class PropertiesPropertySourceLoader implements PropertySourceLoader {
    ...
    // 加载指定的配置文件
    @Override
    public List<PropertySource<?>> load(String name, Resource resource) throws
IOException {
        // 调用 load 方法进行加载并返回 Map 形式的数据
        Map<String, ?> properties = loadProperties(resource);
        if (properties.isEmpty()) {
            return Collections.emptyList();
        }
```

```
        // 对返回结果进行处理和转换
            return Collections.singletonList(new OriginTrackedMapPropertySource(name,
Collections.unmodifiableMap(properties), true));
        }

        // 具体加载过程
        @SuppressWarnings({ "unchecked", "rawtypes" })
        private Map<String, ?> loadProperties(Resource resource) throws IOException {
            String filename = resource.getFilename();
            // 加载 xml 格式
            if (filename != null && filename.endsWith(XML_FILE_EXTENSION)) {
                return (Map) PropertiesLoaderUtils.loadProperties(resource);
            }
            // 加载 properties 格式
            return new OriginTrackedPropertiesLoader(resource).load();
        }

    }
```

我们一起看以上代码中 properties 格式的加载，也就是最后一行代码的业务逻辑实现。这里创建了 OriginTrackedPropertiesLoader 对象并调用了其 load 方法。OriginTrackedPropertiesLoader 的构造方法非常简单，只是把 resource 设置给其成员变量 Resource resource。

再来重点看 load 方法的实现，代码如下。

```
class OriginTrackedPropertiesLoader {

    private final Resource resource;
    ...

    /**
     * Load {@code .properties} data and return a map of {@code String} ->
     * {@link OriginTrackedValue}.
     * @param expandLists if list {@code name[]=a,b,c} shortcuts should be expanded
     * @return the loaded properties
     * @throws IOException on read error
     */
    // 加载 properties 文件的数据并返回 map 类型
    // 其中 expandLists 用于指定参数为 "name[]=a,b,c" 的列表是否进行扩展，默认 true
    Map<String, OriginTrackedValue> load(boolean expandLists) throws IOException {
       // 创建配置文件的 reader
        try (CharacterReader reader = new CharacterReader(this.resource)) {
            Map<String, OriginTrackedValue> result = new LinkedHashMap<>();
            StringBuilder buffer = new StringBuilder();
            // 读取文件中的数据
            while (reader.read()) {
                // 读取文件中的 key
                String key = loadKey(buffer, reader).trim();
                // 可扩展列表的处理
                if (expandLists && key.endsWith("[]")) {
```

```
                    key = key.substring(0, key.length() - 2);
                    int index = 0;
                    do {
                        OriginTrackedValue value = loadValue(buffer, reader, true);
                        put(result, key + "[" + (index++) + "]", value);
                        if (!reader.isEndOfLine()) {
                            reader.read();
                        }
                    }
                    while (!reader.isEndOfLine());
                } else {
                    // 读取文件中 value 并封装为 OriginTrackedValue
                    OriginTrackedValue value = loadValue(buffer, reader, false);
                    put(result, key, value);
                }
            }
        return result;
        }
    }
    ...
}
```

以上代码展示了OriginTrackedPropertiesLoader的load方法的核心功能：创建reader读取配置文件、获得配置文件中配置的key、获取配置文件中的value、封装key-value到map中并返回。

关于loadKey、loadValue的操作无非就是字符串按照指定格式的解析，具体实现都在该类内部，就不附上代码了。

本节以properties类型的配置文件为例讲解了其解析加载过程是如何进行的，其他类型的操作过程基本一致，只不过不同文件的具体解析方式有所不同。因此，关于其他类型的代码解析就不在此深入拓展了，感兴趣的读者可以继续查看这两个类的其他源码进行了解。

5.5　基于Profile的处理实现

在日常使用中我们可以通过配置spring.profiles.active指定一组不同环境的配置文件，比如application-dev.properties、application-test.properties、application-prod.properties。那么，profile是如何被加载使用的呢？本节带大家重点分析一下ConfigFileApplicationListener类中基于profile的文件加载处理逻辑。

在ConfigFileApplicationListener类中单独定义了一个内部类Profile用来存储profile的相关信息，该类只有两个核心字段：name用来表示profile文件的名称；defaultProfile用来表示profile是否为默认的。

```
private static class Profile {
    private final String name;
```

```
    private final boolean defaultProfile;
    ...
}
```

在 ConfigFileApplicationListener 类的逻辑处理中（除了关于配置文件的具体加载）都离不开 profile 的参与。我们先从内部私有类 Loader 的 load 方法开始，代码如下。

```
void load() {
    //过滤符合条件的 properties
    FilteredPropertySource.apply(this.environment, DEFAULT_PROPERTIES, LOAD_
FILTERED_PROPERTY,
            (defaultProperties) -> {
                //创建默认的 Profile 双队列
                this.profiles = new LinkedList<>();
                //创建默认的已处理 Profile 列表
                this.processedProfiles = new LinkedList<>();
                //默认设置为未激活
                this.activatedProfiles = false;
                //创建 key 为 Profile，值为 MutablePropertySources 的默认 Map，注意是有
序的 Map
                this.loaded = new LinkedHashMap<>();
                //加载配置 profile 信息，默认为 default
                initializeProfiles();
                //遍历 profiles，并加载解析
                while (!this.profiles.isEmpty()) {
                    Profile profile = this.profiles.poll();
                    //非默认的 profile 则加入
                    if (isDefaultProfile(profile)) {
                        addProfileToEnvironment(profile.getName());
                    }
                    //解析处理 profile
                    load(profile, this::getPositiveProfileFilter,
                        addToLoaded(MutablePropertySources::addLast, false));
                    //已处理过的放入对应的列表
                    this.processedProfiles.add(profile);
                }
                //再次加载 profile 为 null 的配置，将其放置在 loaded 的最前面
                load(null, this::getNegativeProfileFilter, addToLoaded(Mutable-
PropertySources::addFirst, true));
                //添加加载的 PropertySource 到环境中
                addLoadedPropertySources();
                //过滤并添加 defaultProperties 到 processedProfiles 和环境中
                applyActiveProfiles(defaultProperties);
            });
}
```

以上代码执行的操作就是处理指定的 profile 与默认的 profile 之间的优先级，以及顺序关系，而其中的 load 方法是对 profile 的加载操作。

需注意的是，在 Spring Boot 2.1.*x* 版本中新增了 FilteredPropertySource 用来对属性文件

进行过滤。同时，在applyActiveProfiles方法内也涉及Binder类（2.2.0新增），它提供了关于属性配置的对象容器功能。

load方法中initializeProfiles方法之前都是私有类Loader成员变量的初始化操作。下面我们看一下initializeProfiles方法对默认profile的初始化操作。

```
private void initializeProfiles() {
    // 首先添加default profile，确保首先被执行，并且优先级最低
    this.profiles.add(null);
    // 查找环境中spring.profiles.active属性配置的Profile
    Set<Profile> activatedViaProperty = getProfilesFromProperty(ACTIVE_PROFILES_
PROPERTY);
    // 查找环境中spring.profiles.include属性配置的Profile
    Set<Profile> includedViaProperty = getProfilesFromProperty(INCLUDE_PROFILES_
PROPERTY);
    // 查找环境中除以上两类之外的其他属性配置的Profile
    List<Profile> otherActiveProfiles = getOtherActiveProfiles(activatedViaProperty,
includedViaProperty);
    // 其他属性配置添加到profiles队列中
    this.profiles.addAll(otherActiveProfiles);
    // 将included属性添加到队列中
    this.profiles.addAll(includedViaProperty);
    // 将activatedViaProperty添加入profiles队列，并设置activatedProfiles为激活状态
    addActiveProfiles(activatedViaProperty);
    // 如果没有任何profile配置，也就是默认只添加了一个null，则执行内部逻辑
    if (this.profiles.size() == 1) {
        // AbstractEnvironment中有默认的default属性，则将default profile添加到profiles中
        for (String defaultProfileName : this.environment.getDefaultProfiles()) {
            Profile defaultProfile = new Profile(defaultProfileName, true);
            this.profiles.add(defaultProfile);
        }
    }
}
```

在这个初始化的过程中，initializeProfiles首先会给profiles添加一个优先级最低的null值，然后判断spring.profiles.active、spring.profiles.include属性配置的profile，如果存在配置项则激活activatedProfiles配置。如果不存在，则profiles的长度为1，进入设置默认的profile配置。

当initializeProfiles方法执行完成后，程序执行回到主代码逻辑，此时会遍历profiles中的值，并逐一进行load操作。处理完成的会单独放在processedProfiles中，最后再次加载profile为null的配置，加载PropertySource到环境中。

其中遍历循环过程中调用的load方法代码如下。

```
private void load(Profile profile, DocumentFilterFactory filterFactory,
        DocumentConsumer consumer) {
    getSearchLocations().forEach((location) -> {
        boolean isFolder = location.endsWith("/");
```

```
        Set<String> names = isFolder ? getSearchNames() : NO_SEARCH_NAMES;
        names.forEach(
                (name) -> load(location, name, profile, filterFactory, consumer));
    });
}
```

在上面的代码中，主要通过getSearchLocations方法获得默认的扫描路径，如果没有特殊指定，就采用常量DEFAULT_SEARCH_LOCATIONS中定义的4个路径。而getSearchNames方法获得的就是application这个默认的配置文件名。然后，逐一遍历加载目录路径及其指定文件名的文件。

当扫描到符合条件的文件时程序会进行相应的解析操作，比如我们将指定active的配置放在默认的配置文件中，那么第一轮for循环就会将该参数读取出来，并添加到profiles中，并且把profile中的default配置项移除。

```
private void load(PropertySourceLoader loader, String location, Profile profile,
        DocumentFilter filter, DocumentConsumer consumer) {
    try {
        ...
        List<Document> loaded = new ArrayList<>();
        for (Document document : documents) {
            if (filter.match(document)) {
                addActiveProfiles(document.getActiveProfiles());
                addIncludedProfiles(document.getIncludeProfiles());
                loaded.add(document);
            }
        }
        }catch (Exception ex) {
        ...
    }
}
```

重点看上面代码中for循环的操作，如果解析配置文件中获得profile的配置项，会对这些配置项进行再次处理，也就是调用addActiveProfiles方法。addActiveProfiles方法的代码如下。

```
void addActiveProfiles(Set<Profile> profiles) {
    ...
    // 如果未经激活则将其添加到 profiles 队列中
    this.profiles.addAll(profiles);
    if (this.logger.isDebugEnabled()) {
        this.logger.debug("Activated activeProfiles "
                + StringUtils.collectionToCommaDelimitedString(profiles));
    }
    // profile 设置被激活
    this.activatedProfiles = true;
    // 移除未处理的默认 profile
    removeUnprocessedDefaultProfiles();
}
```

这里会将配置文件中获得的profile添加到profiles中去，并设置profile为激活状态。最后，再调用removeUnprocessedDefaultProfiles方法将默认值移除。很显然，既然已经获得了指定的profile配置，那么程序自动设置的默认值也就失效了。

最后再看一下load方法中addLoadedPropertySources方法，该方法将加载的配置文件有序地设置到环境中。而配置文件有序性也是通过loaded的数据结构来实现的，在初始化的时候已经看到它是一个LinkedHashMap。

```
private void addLoadedPropertySources() {
    MutablePropertySources destination = this.environment.getPropertySources();
     List<MutablePropertySources> loaded = new ArrayList<>(this.loaded.
values());
    // 倒序，后指定的 profile 在前面
    Collections.reverse(loaded);
    String lastAdded = null;
    Set<String> added = new HashSet<>();
    for (MutablePropertySources sources : loaded) {
        for (PropertySource<?> source : sources) {
            if (added.add(source.getName())) {
                addLoadedPropertySource(destination, lastAdded, source);
                lastAdded = source.getName();
            }
        }
    }
}
```

一般情况下loaded属性中会存储两个MutablePropertySources，一个为默认的，一个为通过active指定的，而MutablePropertySources中又存储着属性配置文件的路径列表。通过上面的双层遍历会获得默认的属性配置文件和指定的属性配置文件，同时将它们添加到环境中去。

这里我们从整体了解了Profile的操作流程，上一节中已经举例讲解配置文件的解析、加载等过程，不在此赘述。

5.6 综合实战

本章我们讲解了关于Spring Boot外化配置的原理及源码分析，本节我们通过一个具体的例子来简单演示在Spring Boot中如何使用不同类型的参数及配置。本节实例涉及的部分新知识点我们也会进行简单地介绍和拓展。

在本节实例中，我们会用到命令行传递参数、默认配置文件application.properties及基于profile配置参数、@Value注解获取参数、基于类型安全的@ConfigurationProperties注解关联Bean等功能。

由于Spring Boot已经对外化配置进行了简化处理，对照此前章节中相关原理的介绍，

我们在实践中使用起来是非常方便的。这里我创建了一个标准的 Spring Boot 项目，版本采用 2.2.1.RELEASE。首先我们看一下项目的目录结构。

```
.
├── pom.xml
├── src
│   ├── main
│   │   ├── java
│   │   │   └── com
│   │   │       └── secbro2
│   │   │           ├── SpringbootConfigApplication.java
│   │   │           ├── controller
│   │   │           │   └── ConfigController.java
│   │   │           └── entity
│   │   │               └── LoginUserConfig.java
│   │   └── resources
│   │       ├── application-dev.properties
│   │       ├── application-prod.properties
│   │       ├── application.properties
│   │       ├── static
│   │       └── templates
```

在 pom.xml 中引入的核心依赖为 spring-boot-starter-web，对应依赖源码如下。

```
<dependency>
    <groupId>org.springframework.boot</groupId>
    <artifactId>spring-boot-starter-web</artifactId>
</dependency>
```

SpringbootConfigApplication 类为 Spring Boot 项目的启动类，我们不再做过多介绍。ConfigController 类为接收请求的 Controller，在其内部定义了一个默认的 getConfigParams 方法，在该方法内打印了不同途径获得的参数值，相关源码如下。

```
@RestController
public class ConfigController {

    @Value("${user.username}")
    private String username;

    @Value("${user.password}")
    private String password;

    @Resource
    private LoginUserConfig loginUserConfig;

    @Value("${projectName:unknown}")
    private String projectName;

    @RequestMapping("/")
```

```
    public String getConfigParams() {

        //启动命令传递参数
        System.out.println("Command config projectName:" + projectName);

        //通过 application 配置文件配置的参数
        System.out.println("Application config Username : " + username);
        System.out.println("Application config Password : " + password);

        //通过 @ConfigurationProperties 注解配置的参数
        System.out.println("ConfigurationProperties config Username : " + loginUserConfig.
getUsername());
        System.out.println("ConfigurationProperties config Password : " + loginUserConfig.
getPassword());

        return "";
    }
}
```

其中通过 @RestController 注解指定该类为可接收请求的 Controller，并进行实例化。在该类内部分别通过 @Value 注解、@Resource 注解来获取不同途径设置的参数。通过 getConfigParams 方法对外提供访问请求，当前接收到请求之后会打印不同途径获得参数的值。

首先我们来看通过 @Value 获取到的值的来源，在该实例中有两个途径来设置对应的值：application.properties 配置文件和命令行参数。

关于命令行参数，我们之前也已经提到过，基本传递方式就是在执行启动项目的命令时通过“—name=value”的形式进行传递。结合并实例，传递方式如下。

```
java -jar springboot-config-0.0.1-SNAPSHOT.jar --projectName=SpringBoot
```

在 ConfigController 类中，我们可以看到 @Value 的使用基本格式为 @Value(“${param}”)，但针对命令行参数获取时我们采用了 @Value(“${param:default}”) 方式。在实践中这两种方式都比较常用，而第二种通过冒号分隔符进行传递默认值，当 param 参数不存在或未在 application 中配置时，会使用指定的默认值。

以当前实例为例，如果启动命令中未指定 projectName 参数，同时 @Value 获取时也未指定默认值“unknown”，那么在执行启动命令时便会抛出异常无法启动。这是我们在使用 @Value 的过程中需要注意的一种情况。

关于 application.properties 配置文件中参数的设置更简单，直接在对应文件中设置对应的 key=value 值即可，比如本例中 application.properties 中的配置源码如下。

```
# 公共配置，任何环境启动均采用 8080 端
server.port=8080
spring.profiles.active=dev
```

但在实践的过程中，我们经常会遇到不同环境需要不同配置文件的情况，如果每换一

个环境就重新修改配置文件或重新打包一次会比较麻烦，这时就可以用 Spring Boot 提供的 Profile 配置功能来解决问题了。而我们实例中提供的 3 个 properties 配置文件就是为了展示 Profile 配置的基本使用。

通常情况下，项目中根据环境的多少会创建 1 个到多个 properties 配置文件，一般情况下它们对应的命名格式和相关功能如下。

- applcation.properties：公共配置。
- application-dev.properties：开发环境配置。
- application-test.properties：测试环境配置。
- application-prod.properties：生产环境配置。

当然，命名中的“dev”“test”和“prod”是可以自定义的，而这些配置在什么时候会被使用，则可通过激活 application.properties 配置文件中的 spring.profiles.active 参数来控制。

比如，在 applcation.properties 中进行公共配置，然后通过如下配置激活指定环境的配置。

```
spring.profiles.active = prod
```

其中“prod”对照文件名中 application-prod.properties。Spring Boot 在处理时会获取配置文件 applcation.properties，然后通过指定的 profile 的值“prod”进行拼接，获得 application-prod.properties 文件的名称和路径。具体加载拼接的步骤和原理，我们在前面的章节中已经讲过，可对照实例回顾一下。

在上述实例中，我们激活了 dev 的配置环境，application-dev.properties 中的配置如下。

```
# 测试环境用户名和账户
user.username=test-admin
user.password=test-pwd
```

此时，通过访问对应的请求，getConfigParams 方法中对应打印的日志如下。

```
Application config Username : test-admin
Application config Password : test-pwd
```

如果想激活生产环境的配置，只须在 application.properties 中配置 spring.profiles.active=prod 即可。

@Value 参数值的获取和基于 Profile 的参数配置我们就拓展这么多，@Value 的使用还包括注入普通字符串、操作系统属性、表达式结果、文件资源、URL 资源等内容，大家可查阅官方文档和相关实例进一步学习。

在上述 @Value 使用中，我们可以对单个属性进行注入配置，但如果有很多配置属性或者配置属性本身拥有层级结构，便显得不够方便灵活。因此，Spring Boot 提供了基于类型安全的配置方式。

在 ConfigController 中我们通过 @Resource 注入了一个 LoginUserConfig 类，该类便是通过 @ConfigurationProperties 注解将 properties 属性和 LoginUserConfig 的属性进行关联，从而实现类型安全配置。LoginUserConfig 的源码如下。

```
@Component
@ConfigurationProperties(prefix = "user")
public class LoginUserConfig {

    private String username;

    private String password;

    //省略 getter/setter 方法
}
```

在 LoginUserConfig 类的源代码中，通过 @ConfigurationProperties 注解指定在实例化时将前缀为 user 的配置属性绑定到 LoginUserConfig 类的对应属性上，而通过 @Component 将该类实例化。

这里由于指定配置文件为 dev，则会将上述 dev 配置文件中的 user.username 和 user.password 的值分别绑定到 LoginUserConfig 类的 username 和 password 属性上。而在 ConfigController 中注入之后，便可获得对应的属性值。同样在执行请求时，getConfigParams 方法中对应打印的日志如下。

```
ConfigurationProperties config Username : test-admin
ConfigurationProperties config Password : test-pwd
```

上述实例只演示了 @ConfigurationProperties 绑定属性的一种情况，Spring Boot 将 Environment 属性绑定到 @ConfigurationProperties 标注的 Bean 时，还可以使用一些宽松的规则，也就是说 Environment 属性名和 Bean 属性名不需要精确匹配。

比如在对象 User 中有一个 firstName 属性，那么在配置文件中对应如下配置项均会匹配。

```
user.firstName    //标准驼峰命名语法
user.first-name   //短横线隔开表示，推荐用于 .properties 和 .yml 文件中
user.first_name   //下划线表示，用于 .properties 和 .yml 文件的可选格式
USER_FIRST_NAME //大写形式，推荐用于系统环境变量
```

同时，基于类型安全的属性配置还可以结合 @Validated 注解进行属性的约束校验，比如判断是否非空、是否是正确的手机号（邮箱）格式、是否是正确的日期等，这里就不进行展开了。大家可以结合本实例尝试拓展。

最后，我们再整体回顾一下本节实例的重点内容，首先基于 Profile 机制我们设定了多个环境的配置文件；然后通过 spring.profiles.active 配置指定具体使用哪些环境的参数值；接着通过 @Value 和 @ConfigurationProperties 注解将这些配置属性绑定到类属性或 Bean 对

象上；最后在具体的场景中获取并使用（本实例为打印）。

在具体实践中我们还会遇到优先级的问题，比如某些参数直接通过命令行参数进行指定，那么它将覆盖同名的配置文件中的参数。再比如，如果将application配置文件放置在项目同级目录下，它的优先级高于jar包内的配置等。这些内容我们在原理篇都有涉及，读者可参考本实例进行逐一验证学习。

5.7 小结

本章重点介绍了Spring Boot中参数的传递过程和配置文件的加载，特别是基于profile的加载机制。而关于加载、默认配置、配置优先级等操作，都位于ConfigFileApplicationListener类中，该类还是值得读者朋友花时间研究一下的。

实战部分通过一个简单的实例演示了部分原理的使用方法，大家可结合该实例来验证和使用更多的相关功能。

最后，由于本章涉及源码较多，逻辑层次较深，不同的配置模式又会形成不同的组合，形成较多的场景，因此建议在学习过程中通过debug来跟踪每一步的操作，以便能够更好地理解整个流程。

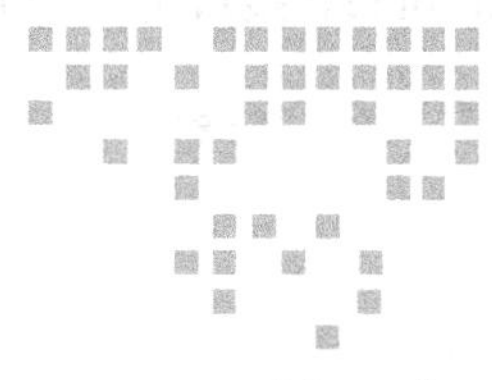

第6章 Chapter 6

Spring Boot Web 应用源码解析

在 Spring 及 Spring Boot 的使用过程中，应用最广泛的当属 Web 应用，而 Web 应用又往往部署在像 Tomcat 这样的 Servlet 容器中。本章将带领大家学习 Spring Boot 中 Web 应用的整合以及在此过程中与直接使用 Spring 的差别。

6.1 遗失的 web.xml

提到 Spring 的 Web 应用，我们首先想到的可能是 Spring MVC 框架和 web.xml 等配置文件。而 Spring MVC 又是围绕 DispatcherServlet 这个核心类来展开的。

Spring Boot 当前是基于 Spring 5.2.*x* 版本，和传统的 Spring 启动有所不同。以前是通过在 web.xml 中配置 Servlet 来完成 Spring MVC 的启动，但在 Spring Boot 中是通过 DispatcherServletAutoConfiguration 来完成初始化工作的。在此过程中，web.xml 遗失了。

我们先回顾一下 Servlet 3.0 之前版本的操作。当我们创建一个 web 项目时，往往会在 resources/WEB-INF 目录下创建一个 web.xml 文件，该文件内配置了 Servlet 和 Filter 等功能。当 Spring MVC 出现后，web.xml 中便有了 DispatcherServlet 的配置。

随着 Java EE 6 的发布，Servlet 3.0 作为 Java EE 6 规范体系的一员，也被慢慢推广并被用户接受。Servlet 3.0 在 Servlet 2.5 的基础上提供了一些简化 Web 应用的开发和部署的新特性，无 xml 配置便是其中一项。

Servlet 3.0 提供了 @WebServlet、@WebFilter 等注解，可以使用注解来声明 Servlet 和 Filter，这便有了抛弃 web.xml 的基础。同时，它还提供了可以在运行时动态注册 Servlet、Filter、Listener 等更加强大的功能。关于动态配置 Servlet，如果翻看 Servlet 3.0 中 servlet-api 包下 ServletContext 接口定义的方法，你会看到如下方法定义。

```
    public ServletRegistration.Dynamic addServlet(String servletName, String className);
    public ServletRegistration.Dynamic addServlet(String servletName, Servlet servlet);
    public ServletRegistration.Dynamic addServlet(String servletName,Class <? extends Servlet> servletClass);
    public <T extends Servlet> T createServlet(Class<T> clazz)throws ServletException;
    public ServletRegistration getServletRegistration(String servletName);
    public Map<String, ? extends ServletRegistration> getServletRegistrations();
```

在 Servlet 3.0 中还新增了 ServletContainerInitializer 接口，在容器启动时使用 JAR 服务 API 来发现其实现类，并将容器 WEB-INF/lib 目录下 jar 包中的类都交由该类的 onStartup 方法来处理。而 Servlet 和 Filter 在 Web 应用启动时可借助该接口的实现类和 Java 的 SPI 机制完成加载。

在 Spring 中提供了 ServletContainerInitializer 接口的实现类 SpringServletContainerInitializer，该类在其 onStartup 方法中会调用所有 WebApplicationInitializer 实现类的 onStartup 方法，将相关组件注册到容器中。而 Servlet 和 Filter 也是通过 WebApplicationInitializer 的实现类完成创建和加载的。

基于以上新特性和演变，当我们使用 Spring Boot 时，Spring Boot 已经不知不觉地开始使用这些新特性了。至此，我们从发展的角度了解了 web.xml 消失的过程，在后面的章节我会详细讲解 Spring Boot 是如何进行 Web 应用的自动配置的。

6.2 Web 应用的自动配置

在 Spring Boot 项目中引入 spring-boot-starter-web 的依赖，Spring Boot 的自动配置机制便会加载并初始化其相关组件。整个自动配置原理在前面章节已经讲过，这里针对 Web 应用再进行一次梳理。

在上一节中我们已经提到，Servlet 3.0 中新增了 ServletContainerInitializer 接口，而在 Spring 中又提供了其实现类 SpringServletContainerInitializer 来初始化 Servlet。但在 Spring Boot 中，当引入 spring-boot-starter-web 的依赖之后，Spring Boot 并未完全遵守 Servlet 3.0 的规范，也没有使用 Spring 中提供的 SpringServletContainerInitializer 类，而是完全选择另外一套初始化流程。下面，我们看一下初始化流程的源码。

根据自动配置的原理，我们在 spring-boot-autoconfigure 包中的 META-INF/spring.factories 配置文件中找到了针对 Servlet 自动配置的 EnableAutoConfiguration。

```
# 自动配置
org.springframework.boot.autoconfigure.EnableAutoConfiguration=\
...
```

```
org.springframework.boot.autoconfigure.web.servlet.DispatcherServletAutoConfiguration,\
...
```

下面对 EnableAutoConfiguration 类中的自动配置项目进行逐步分析。

6.2.1　DispatcherServlet 自动配置

DispatcherServlet 自动配置位于 DispatcherServletAutoConfiguration 类中。下面我们通过 DispatcherServletAutoConfiguration 的源码来了解其自动配置的过程。

首先来看 DispatcherServletAutoConfiguration 上面的注解。

```
@AutoConfigureOrder(Ordered.HIGHEST_PRECEDENCE)
@Configuration(proxyBeanMethods = false)
@ConditionalOnWebApplication(type = Type.SERVLET)
@ConditionalOnClass(DispatcherServlet.class)
@AutoConfigureAfter(ServletWebServerFactoryAutoConfiguration.class)
public class DispatcherServletAutoConfiguration {}
```

这些注解的基本功能在前面章节已经提到过，我们再来温习一下。

- @AutoConfigureOrder：指定自动配置加载的顺序。
- @Configuration：指定该类为配置类，交给 Spring 容器管理，默认指定不使用代理。
- @ConditionalOnWebApplication：表示只有 Web 应用才会加载此类。
- @ConditionalOnClass：表示只有存在 DispatcherServlet 类的情况下才会加载此类。
- @AutoConfigureAfter：ServletWebServerFactoryAutoConfiguration 类加载完成之后才会加载此类。关于 ServletWebServerFactoryAutoConfiguration 的加载会在下一章中详细讲解。

从整体上来看，在 DispatcherServletAutoConfiguration 内部主要提供了 4 个静态内部类。

- DispatcherServletConfiguration：主要用来初始化 DispatcherServlet。
- DispatcherServletRegistrationConfiguration：主要用来将 DispatcherServlet 注册到系统中。
- DefaultDispatcherServletCondition：主要针对容器中 DispatcherServlet 进行一些逻辑判断。
- DispatcherServletRegistrationCondition：主要针对注册 DispatcherServlet 进行一些逻辑判断。

针对以上概述，下面来看具体的源代码实现。首先是内部类 DispatcherServletConfiguration 的源码及功能。

```
@Configuration(proxyBeanMethods = false)              // 实例化配置类
@Conditional(DefaultDispatcherServletCondition.class) // 实例化条件：通过该类来判断
@ConditionalOnClass(ServletRegistration.class)        // 存在指定的 ServletRegistration 类
// 加载 HttpProperties 和 WebMvcProperties
```

```
@EnableConfigurationProperties({ HttpProperties.class, WebMvcProperties.class })
protected static class DispatcherServletConfiguration {

    @Bean(name = DEFAULT_DISPATCHER_SERVLET_BEAN_NAME)
    public DispatcherServlet dispatcherServlet(HttpProperties httpProperties,
WebMvcProperties webMvcProperties) {
        // 创建 DispatcherServlet
        DispatcherServlet dispatcherServlet = new DispatcherServlet();
        // 初始化 DispatcherServlet 各项配置
        dispatcherServlet.setDispatchOptionsRequest(webMvcProperties.isDispatch-
OptionsRequest());
        dispatcherServlet.setDispatchTraceRequest(webMvcProperties.isDispatch-
TraceRequest());
        dispatcherServlet.setThrowExceptionIfNoHandlerFound(webMvcProperties.
isThrowExceptionIfNoHandlerFound());
        dispatcherServlet.setPublishEvents(webMvcProperties.isPublishRequestHa
ndledEvents());
        dispatcherServlet.setEnableLoggingRequestDetails(httpProperties.isLog-
RequestDetails());
        return dispatcherServlet;
    }

    // 初始化上传文件的解析器
    @Bean
    @ConditionalOnBean(MultipartResolver.class)
    @ConditionalOnMissingBean(name = DispatcherServlet.MULTIPART_RESOLVER_BEAN_
NAME)
    public MultipartResolver multipartResolver(MultipartResolver resolver) {
        // 检测用户是否创建了 MultipartResolver，但命名不正确
        return resolver;
    }
}
```

通过以上源码可以看出，当满足指定的条件后，会对 DispatcherServletConfiguration 进行实例化，而该类内部通过 @Bean 注解的方法会被实例化，生成 Bean 并注入 Spring 容器中。

其中，在 dispatcherServlet 方法中完成了 DispatcherServlet 的实例化和基本设置。这里既没有用到 SPI 机制，也没用到 Spring 提供的 SpringServletContainerInitializer 和 Servlet 3.0 的 ServletContainerInitializer 接口，从而验证了 6.2 节提到的说法。

DispatcherServlet 方法将 DispatcherServlet 实例化的 Bean 注入 Spring 容器中，并且指定 Bean 的 name 为 dispatcherServlet。该名称默认会被映射到根 URL 的 / 访问路径。

DispatcherServlet 作为前端控制器设计模式的实现，提供了 Spring Web MVC 的集中访问点，负责职责的分派，与 Spring Ioc 容器无缝集成，可以获得 Spring 的所有好处。它的主要作用包括：文件上传解析、请求映射到处理器、通过 ViewResolver 解析逻辑视图名到具体视图实现、本地化解析、渲染具体视图等。

在未使用 Spring Boot 时，通常 DispatcherServlet 类的配置需要开发人员在 web.xml 当中进行配置。这里 Spring Boot 通过自动配置完成了 DispatcherServlet 类的配置和初始化，并在此过程中设置了一些初始化的参数。这些参数通过 HttpProperties 和 WebMvcProperties 获得。

DispatcherServletConfiguration 中还定义了上传文件的解析器 MultipartResolver 的 Bean 初始化操作，准确来说是 Bean 名称转化的操作。通过条件注解判断，当 MultipartResolver 的 Bean 存在，但 Bean 的名称不为"multipartResolver"时，将其重命名为"multipartResolver"。

我们再回到 DispatcherServletConfiguration 的注解部分，@Conditional 指定的限定条件类为 DefaultDispatcherServletCondition，该类是 DispatcherServletAutoConfiguration 的另外一个内部类，代码如下。

```
@Order(Ordered.LOWEST_PRECEDENCE - 10)
private static class DefaultDispatcherServletCondition extends SpringBootCondition {
    @Override
    public ConditionOutcome getMatchOutcome(ConditionContext context,
                                            AnnotatedTypeMetadata metadata) {
        ConditionMessage.Builder message = ConditionMessage
            .forCondition("Default DispatcherServlet");
        ConfigurableListableBeanFactory beanFactory = context.getBeanFactory();
        // 获取类型为 DispatcherServlet 的 Bean 名称列表
        List<String> dispatchServletBeans = Arrays.asList(beanFactory
                .getBeanNamesForType(DispatcherServlet.class, false, false));
        // 如果 Bean 名称列表中包含 dispatcherServlet，则返回不匹配
        if (dispatchServletBeans.contains(DEFAULT_DISPATCHER_SERVLET_BEAN_NAME)) {
            return ConditionOutcome.noMatch(message.found("dispatcher servlet
bean")
                    .items(DEFAULT_DISPATCHER_SERVLET_BEAN_NAME));
        }
        // 如果 beanFactory 中包含名称为 DispatcherServlet 的 Bean，则返回不匹配
        if (beanFactory.containsBean(DEFAULT_DISPATCHER_SERVLET_BEAN_NAME)) {
            return ConditionOutcome
                    .noMatch(message.found("non dispatcher servlet bean")
                            .items(DEFAULT_DISPATCHER_SERVLET_BEAN_NAME));
        }
        // 如果 Bean 名称列表为空，则返回匹配
        if (dispatchServletBeans.isEmpty()) {
            return ConditionOutcome
                    .match(message.didNotFind("dispatcher servlet beans").atAll());
        }
        // 其他情况则返回匹配
        return ConditionOutcome.match(message
                .found("dispatcher servlet bean", "dispatcher servlet beans")
                .items(Style.QUOTE, dispatchServletBeans)
                .append("and none is named " + DEFAULT_DISPATCHER_SERVLET_BEAN_
NAME));
    }
}
```

DefaultDispatcherServletCondition的最核心业务逻辑只做了一件事，那就是：防止重复生成DispatcherServlet。具体实现流程为：从上下文中获得beanFactory，然后通过beanFactory获取类型为DispatcherServlet的Bean的name列表，然后分别判断name列表和beanFactory中是否包含名称为“dispatcherServlet”的字符串或Bean，如果包含则返回不匹配（已经存在，不匹配则不会重复实例化），否则返回匹配。

DispatcherServletConfiguration类中还有一个注解@EnableConfigurationProperties，该注解指定了两个配置类：HttpProperties和WebMvcProperties。这两个配置类正是上面初始化DispatcherServlet时用于初始化的参数值，查看这两个类的源代码就会发现，它们分别对应加载了以“spring.http”和“spring.mvc”为前缀的配置项，可以在application.properties文件中进行配置。

```
@ConfigurationProperties(prefix = "spring.http")
public class HttpProperties {}

@ConfigurationProperties(prefix = "spring.mvc")
public class WebMvcProperties {}
```

6.2.2 DispatcherServletRegistrationBean自动配置

下面我们再来看用于注册的DispatcherServletRegistrationConfiguration类。关于该类的注解功能可以参考DispatcherServletConfiguration的说明，我们主要看业务逻辑处理。

```
@Configuration(proxyBeanMethods = false)
@Conditional(DispatcherServletRegistrationCondition.class)
@ConditionalOnClass(ServletRegistration.class)
@EnableConfigurationProperties(WebMvcProperties.class)
@Import(DispatcherServletConfiguration.class)
protected static class DispatcherServletRegistrationConfiguration {

    @Bean(name = DEFAULT_DISPATCHER_SERVLET_REGISTRATION_BEAN_NAME)
    @ConditionalOnBean(value = DispatcherServlet.class, name = DEFAULT_DISPATCHER_
SERVLET_BEAN_NAME)
    public DispatcherServletRegistrationBean dispatcherServletRegistration(Dis
patcherServlet dispatcherServlet,
            WebMvcProperties webMvcProperties, ObjectProvider<MultipartConfigEl
ement> multipartConfig) {
        // 通过ServletRegistrationBean将dispatcherServlet注册为Servlet，这样servlet
才会生效
        DispatcherServletRegistrationBean registration = new DispatcherServlet
RegistrationBean(dispatcherServlet,
                webMvcProperties.getServlet().getPath());
        // 设置名称为dispatcherServlet
        registration.setName(DEFAULT_DISPATCHER_SERVLET_BEAN_NAME);
        // 设置加载优先级，设置值默认为-1，存在于WebMvcProperties类中
        registration.setLoadOnStartup(webMvcProperties.getServlet().getLoadOn-
Startup());
```

```
            multipartConfig.ifAvailable(registration::setMultipartConfig);
            return registration;
        }
    }
```

DispatcherServletRegistrationConfiguration 类的核心功能就是注册 dispatcherServlet，使其生效并设置一些初始化的参数。

其中，DispatcherServletRegistrationBean 继承自 ServletRegistrationBean，主要为 DispatcherServlet 提供服务。DispatcherServletRegistrationBean 和 DispatcherServlet 都提供了注册 Servlet 并公开 DispatcherServletPath 信息的功能。

在 dispatcherServletRegistration 方法中直接通过 new 来创建 DispatcherServletRegistrationBean，第一个参数为 DispatcherServlet，第二个参数为 application 配置文件中配置的 path 值，相关代码如下。

```
    public class DispatcherServletRegistrationBean extends ServletRegistrationBean
<DispatcherServlet> implements DispatcherServletPath {

        private final String path;

        // 根据指定的 DispatcherServlet 和给定的 path 创建 DispatcherServletRegistrationBean
        public DispatcherServletRegistrationBean(DispatcherServlet servlet, String path) {
            super(servlet);
            Assert.notNull(path, "Path must not be null");
            this.path = path;
            super.addUrlMappings(getServletUrlMapping());
        }
        ...
        // 重写父类的方法，但抛出异常，相当于禁用该操作
        @Override
        public void setUrlMappings(Collection<String> urlMappings) {
            throw new UnsupportedOperationException("URL Mapping cannot be changed
on a DispatcherServlet registration");
        }

        // 重写父类的方法，但抛出异常，相当于禁用该操作
        @Override
        public void addUrlMappings(String... urlMappings) {
            throw new UnsupportedOperationException("URL Mapping cannot be changed
on a DispatcherServlet registration");
        }
    }
```

在 DispatcherServletRegistrationBean 中实现了 setUrlMappings 和 addUrlMappings 两种方法，但均直接抛出异常，这相当于禁用了该子类中这两项操作。而在构造方法中除了成员变量赋值之外，还调用了父类 ServletRegistrationBean 的构造方法 ServletRegistrationBean (Tservlet, String... urlMappings) 和 addUrlMappings(String... urlMappings) 方法。

关于 ServletRegistrationBean 的构造方法和 addUrlMappings 只是进行成员变量的赋值和设置，我们重点看 DispatcherServletRegistrationBean 在构造方法中调用的 getServletUrlMapping 方法。顾名思义，该方法的功能是获取 Servlet 的 URL 的匹配。该方法具体在 DispatcherServletRegistrationBean 实现的接口 DispatcherServletPath 中定义。DispatcherServletPath 的主要功能是提供自动配置所需的 path 信息，而 DispatcherServletRegistrationBean 中的 path 信息正是构造方法传入的。

下面我们来看 DispatcherServletPath 中 getServletUrlMapping 方法的具体实现。

```
@FunctionalInterface
public interface DispatcherServletPath {
    ...
    // 返回一个 URL 匹配表达式，用于 ServletRegistrationBean 映射对应的 DispatcherServlet
    default String getServletUrlMapping() {
        if (getPath().equals("") || getPath().equals("/")) {
            return "/";
        }
        if (getPath().contains("*")) {
            return getPath();
        }
        if (getPath().endsWith("/")) {
            return getPath() + "*";
        }
        return getPath() + "/*";
    }
}
```

getServletUrlMapping 方法为接口的默认实现方法，返回一个用于 ServletRegistrationBean 映射 DispatcherServlet 的 URL 表达式。判断逻辑比较简单：如果获得的 path 为空或“/”，则返回“/”；如果 path 中包含“*”，则直接返回 path；如果 path 以“/”结尾，则对 path 后追加“*”；其他情况下，path 后面追加“/*”。

关于 dispatcherServletRegistration 方法中对 DispatcherServletRegistrationBean 其他属性的简单赋值操作就不再赘述了。

我们再回到针对 DispatcherServletRegistrationConfiguration 的注解 @Conditional 指定的限定条件类 DispatcherServletRegistrationCondition，该限定条件类主要用来判断进行 dispatcherServlet 和 dispatcherServletRegistration 是否存在等。

DispatcherServletRegistrationCondition 中判断条件及代码较多，这里只展示顶层判断方法的源代码。

```
    @Order(Ordered.LOWEST_PRECEDENCE - 10)
    private static class DispatcherServletRegistrationCondition extends SpringBoot-
Condition {

        @Override
```

```
        public ConditionOutcome getMatchOutcome(ConditionContext context, Annotated-
TypeMetadata metadata) {
            ConfigurableListableBeanFactory beanFactory = context.getBeanFactory();
            // 判断是否重复存在 dispatcherServlet
            ConditionOutcome outcome = checkDefaultDispatcherName(beanFactory);
            if (!outcome.isMatch()) {
                return outcome;
            }
            // 判断是否重复存在 dispatcherServletRegistration
            return checkServletRegistration(beanFactory);
        }
        ...
    }
```

DispatcherServletRegistrationCondition 的 getMatchOutcome 方法中分别判断了 dispatcherServlet 和 dispatcherServletRegistration 是否已经存在对应的 Bean。具体判断方法基本与上节讲到的 DefaultDispatcherServletCondition 的判断方法一致。

至此，在该自动配置类中，DispatcherServlet 的创建、简单初始化和注册已经完成。当第一次接收到网络请求时，DispatcherServlet 内部会进行一系列的初始化操作，这些更多属于 Spring 的内容，就不再展开了。

6.3 Spring MVC 的自动配置

在 Spring Boot 中引入了 spring-boot-starter-web 依赖，并完成了 DispatcherServlet 的自动配置之后，便会通过 WebMvcAutoConfiguration 进行 Spring MVC 的自动配置。

与 DispatcherServletAutoConfiguration 一样，首先会在 spring-boot-autoconfigure 包中的 META-INF/spring.factories 配置文件中配置注册类 WebMvcAutoConfiguration，源代码如下。

```
# 自动配置
org.springframework.boot.autoconfigure.EnableAutoConfiguration=\
...
org.springframework.boot.autoconfigure.web.servlet.WebMvcAutoConfiguration,\
...
```

我们直接进入源代码，先看 WebMvcAutoConfiguration 的注解部分。

```
@Configuration(proxyBeanMethods = false)
@ConditionalOnWebApplication(type = Type.SERVLET)
@ConditionalOnClass({ Servlet.class, DispatcherServlet.class, WebMvcConfigurer.
class })
@ConditionalOnMissingBean(WebMvcConfigurationSupport.class)
@AutoConfigureOrder(Ordered.HIGHEST_PRECEDENCE + 10)
@AutoConfigureAfter({ DispatcherServletAutoConfiguration.class,
        TaskExecutionAutoConfiguration.class, ValidationAutoConfiguration.class })
public class WebMvcAutoConfiguration {
```

```
    ...
}
```

WebMvcAutoConfiguration 类的实例化需要满足很多条件，其中就包含必须先完成上节讲到的自动配置 DispatcherServletAutoConfiguration 的初始化。Spring MVC 在自动配置中的代码较多，官方文档中重点提到了以下功能的实现。

- 定义 ContentNegotiatingViewResolver 和 BeanNameViewResolver 的 Bean。
- 对静态资源的支持，包括对 WebJars 的支持。
- 自动注册 Converter、GenericConverter、Formatter 的 Bean。
- 对 HttpMessageConverters 的支持。
- 自动注册 MessageCodeResolver。
- 对静态 index.html 的支持。
- 使用 ConfigurableWebBindingInitializer 的 Bean。

当然，在自动配置类中不只包括了以上的功能实现，还包括其他功能，限于篇幅，这里就不一一列举了。下面会挑选几个有代表性的功能进行源代码及实例化过程的分析。

6.3.1 ViewResolver 解析

这里以 ContentNegotiatingViewResolver 和 BeanNameViewResolver 的 bean 的实例化为例进行相应解析。

ContentNegotiatingViewResolver 实例化相关源代码如下。

```
@Bean
@ConditionalOnBean(ViewResolver.class)
@ConditionalOnMissingBean(name = "viewResolver",
        value = ContentNegotiatingViewResolver.class)
public ContentNegotiatingViewResolver viewResolver(BeanFactory beanFactory) {
    ContentNegotiatingViewResolver resolver = new ContentNegotiatingViewResolv
er();
    resolver.setContentNegotiationManager(
            beanFactory.getBean(ContentNegotiationManager.class));
    resolver.setOrder(Ordered.HIGHEST_PRECEDENCE);
    return resolver;
}
```

ContentNegotiatingViewResolver 实例化比较简单，创建对象，设置请求资源类型管理器为 ContentNegotiationManager，并设置优先级。需要注意的是，要让 ContentNegotiatingViewResolver 正常工作，需要设置更高的优先级（默认为 Ordered.HIGHEST_PRECEDENCE）。

ContentNegotiatingViewResolver 类实现了 ViewResolver，但它并不直接解析视图，而是委托给其他解析器来完成。默认情况，它是从 Spring 上下文查找视图解析器，并调用这些解析器。也可以在初始化该类时通过 setViewResolvers 方法设置解析器属性（viewResolvers）。在此，默认的实例化操作中并没有对 SetViewResolvers 方法进行设置。

BeanNameViewResolver 实例化相关源码如下。

```
@Bean
@ConditionalOnBean(View.class)
@ConditionalOnMissingBean
public BeanNameViewResolver beanNameViewResolver() {
    BeanNameViewResolver resolver = new BeanNameViewResolver();
    resolver.setOrder(Ordered.LOWEST_PRECEDENCE - 10);
    return resolver;
}
```

BeanNameViewResolver 主要通过逻辑视图名称匹配定义好的视图 Bean 对象。一般情况下，对应的 Bean 对象需要注册到 Spring 的上下文中，BeanNameViewResolver 会返回名称匹配的视图对象。BeanNameViewResolver 实例化的前提条件是容器中 View 实现类的 Bean 存在。

BeanNameViewResolver 的部分源码如下。

```
public class BeanNameViewResolver extends WebApplicationObjectSupport
implements ViewResolver, Ordered {
        // 实现 Ordered 接口，支持对 ViewResolver 排序，值越小优先级越高
        private int order = Ordered.LOWEST_PRECEDENCE;
        ...
        @Override
        @Nullable
        public View resolveViewName(String viewName, Locale locale) throws Beans-
Exception {
            // 获取上下文
            ApplicationContext context = obtainApplicationContext();
            // 查找上下文中是否有 "viewName" 的 Bean 定义
            if (!context.containsBean(viewName)) {
                return null;
            }
            // 判断 "viewName" 的 bean 对象是否是 View 类型
            if (!context.isTypeMatch(viewName, View.class)) {
                if (logger.isDebugEnabled()) {
                    logger.debug("Found bean named '" + viewName + "' but it does
not implement View");
                }
                return null;
            }
            // 返回上下文中指定名称的 View 类型的 Bean
            return context.getBean(viewName, View.class);
        }
    }
```

BeanNameViewResolver 的 resolveViewName 方法首先通过名称判断对应视图是否存在，当通过名称无法匹配时，会通过类型进行视图判断，如果存在对应的 Bean，则获取对应的 View 对象并返回。

6.3.2 静态资源的支持

前端页面往往需要访问到静态资源，Spring Boot对静态资源（比如图片、CSS、JS等）的支持，也包括对webjars的支持，主要是通过实现接口WebMvcConfigurer的addResource-Handlers方法来完成的。

WebMvcConfigurer的接口实现类为WebMvcAutoConfiguration的内部类，这样设计的主要目的是确保WebMvcConfigurer不在类路径中时不会读取WebMvcConfigurer的实现类。这里的内部实现类为WebMvcAutoConfigurationAdapter。

而我们要讲的对静态资源的支持便是通过WebMvcAutoConfigurationAdapter实现接口WebMvcConfigurer的addResourceHandlers方法来完成的。

```
@Override
public void addResourceHandlers(ResourceHandlerRegistry registry) {
    // 如果默认资源处理器为不可用状态则返回
    if (!this.resourceProperties.isAddMappings()) {
        logger.debug("Default resource handling disabled");
        return;
    }
    Duration cachePeriod = this.resourceProperties.getCache().getPeriod();
    CacheControl cacheControl = this.resourceProperties.getCache()
            .getCachecontrol().toHttpCacheControl();
    // 针对 webjars 做了特殊的判断处理
    if (!registry.hasMappingForPattern("/webjars/**")) {
        // 如果不存在针对 webjars 的配置，则在此处添加，并设置默认路径等
        customizeResourceHandlerRegistration(registry
                .addResourceHandler("/webjars/**")
                .addResourceLocations("classpath:/META-INF/resources/webjars/")
                .setCachePeriod(getSeconds(cachePeriod))
                .setCacheControl(cacheControl));
    }
    String staticPathPattern = this.mvcProperties.getStaticPathPattern();
    // 如果当前的 ResourceHandlerRegistry 里面资源映射没有 "/**"，则启用默认的静态资源处理
    if (!registry.hasMappingForPattern(staticPathPattern)) {
        customizeResourceHandlerRegistration(
                registry.addResourceHandler(staticPathPattern)
                        .addResourceLocations(getResourceLocations(
                                this.resourceProperties.getStaticLocations()))
                        .setCachePeriod(getSeconds(cachePeriod))
                        .setCacheControl(cacheControl));
    }
}
```

以上代码中重点进行了webjars资源路径和静态资源路径等默认值的初始化。首先，如果判断当前ResourceHandlerRegistry中不存在“/webjars/**”，则设置webjars的资源路径和缓存配置为默认值；其次，判断当前ResourceHandlerRegistry是否存在“/**”（getStaticPathPattern方法获得的默认值）映射，如果不存在，则使用默认的映射路径、资源

路径和缓存配置。

默认的静态资源映射路径在 ResourceProperties 类中定义，在上面的代码中是由 resourceProperties 的 getStaticLocations() 方法获得。

ResourceProperties 中默认路径定义相关代码如下。

```
@ConfigurationProperties(prefix = "spring.resources", ignoreUnknownFields = false)
public class ResourceProperties {

    private static final String[] CLASSPATH_RESOURCE_LOCATIONS = { "classpath:/
META-INF/resources/",
            "classpath:/resources/", "classpath:/static/", "classpath:/public/" };

    private String[] staticLocations = CLASSPATH_RESOURCE_LOCATIONS;
    ...
}
```

至此我们可以看出，Spring Boot 默认会加载 classpath:/META-INF/resources/、classpath:/resources/、classpath:/static/、classpath:/public/ 路径下的静态资源。这是“约定”的一部分，也是为什么我们在实践中默认会将静态资源都放置在以上路径下。

6.3.3 静态 index.html

当 Spring Boot 的 web 项目启动时，会寻找默认的欢迎页面。下面我们来看 Spring Boot 默认对静态 index.html 的支持是如何实现的。

该功能是在内部类 EnableWebMvcConfiguration 中通过 WelcomePageHandlerMapping 来实现的。主要用来查找默认路径下的 index.html（或 index 模板）页面，并展示默认的欢迎页面，代码如下。

```
@Bean
public WelcomePageHandlerMapping welcomePageHandlerMapping(ApplicationContext
applicationContext,
        FormattingConversionService mvcConversionService, ResourceUrlProvider
mvcResourceUrlProvider) {
    // 构造 WelcomePageHandlerMapping 对象
    WelcomePageHandlerMapping welcomePageHandlerMapping = new WelcomePageHandler-
Mapping(
            new TemplateAvailabilityProviders(applicationContext), applicationContext,
getWelcomePage(),
            this.mvcProperties.getStaticPathPattern());
    // 设置拦截器
    welcomePageHandlerMapping.setInterceptors(getInterceptors(mvcConversionSer
vice, mvcResourceUrlProvider));
    return welcomePageHandlerMapping;
}

// 获取默认查找 index.html 的路径数组
```

```
static String[] getResourceLocations(String[] staticLocations) {
    String[] locations = new String[staticLocations.length
            + SERVLET_LOCATIONS.length];
    System.arraycopy(staticLocations, 0, locations, 0, staticLocations.length);
    System.arraycopy(SERVLET_LOCATIONS, 0, locations, staticLocations.length,
            SERVLET_LOCATIONS.length);
    return locations;
}

// 遍历资源路径并拼接每个路径下的 index.html 文件，过滤出可用的 index.html 文件
private Optional<Resource> getWelcomePage() {
    String[] locations = getResourceLocations(
            this.resourceProperties.getStaticLocations());
    // 转换并筛选出符合条件的第一个
    return Arrays.stream(locations).map(this::getIndexHtml)
            .filter(this::isReadable).findFirst();
}

// 获取欢迎页资源的名称：路径 +index.html
private Resource getIndexHtml(String location) {
    return this.resourceLoader.getResource(location + "index.html");
}
```

关于以上代码，我们首先看 WelcomePageHandlerMapping 类，该类本身就是为欢迎页面量身定做的，实现了抽象类 AbstractUrlHandlerMapping。该类的构造方法接收以下 4 个参数。

- TemplateAvailabilityProviders：TemplateAvailabilityProvider 的 Bean 的集合，可用于检查哪些（如果有）模板引擎支持给定的视图。默认支持缓存响应，除非将 spring.template.provider.cache 属性设置为 false。
- ApplicationContext：为应用程序提供配置的控制接口。在应用程序运行时，它是只读的，但是如果实现类支持，则可以重新加载。
- Optional<Resource>：index.html 对应的 Resource，主要通过上述代码中的 getWelcomePage 方法获得。
- String staticPathPattern：静态资源路径表达式，默认为"/**"，值定义于 WebMvcProperties 中。

我们再简单看一下 WelcomePageHandlerMapping 类构造方法中的业务逻辑处理源码。

```
final class WelcomePageHandlerMapping extends AbstractUrlHandlerMapping {
...
    WelcomePageHandlerMapping(TemplateAvailabilityProviders templateAvailabilityProviders,
            ApplicationContext applicationContext, Optional<Resource> welcomePage,
String staticPathPattern) {
        if (welcomePage.isPresent() && "/**".equals(staticPathPattern)) {
            logger.info("Adding welcome page: " + welcomePage.get());
            setRootViewName("forward:index.html");
```

```
            } else if (welcomeTemplateExists(templateAvailabilityProviders, application-
Context)) {
                logger.info("Adding welcome page template: index");
                setRootViewName("index");
            }
        }
        ...
    }
```

WelcomePageHandlerMapping 的构造方法中处理了两个分支判断：当 index.html 资源存在，并且静态资源路径为“/**”时，设置 RootView 的名称为“forward:index.html”。也就是说会跳转到 index.html 页面。如果不满足上述情况，再判断是否存在欢迎模板页面，如果存在，则设置 RootView 为 index。

另外，在获取 WelcomePageHandlerMapping 的 Optional<Resource> 参数时，默认会在 classpath:/META-INF/resources/、classpath:/resources/、classpath:/static/、classpath:/public/ 路径下去寻找 index.html 作为欢迎页面。这些路径的定义同样位于上节提到的 ResourceProperties 类中。如果有多个 index.html 文件存在于以上路径中，它们的优先级按照上面路径的顺序从高到低排列。

关于 Spring MVC 配置的相关内容较多，以上只是针对在官方文档中提到的一些典型功能的代码实现和原理进行讲解。在学习 Spring MVC 相关自动配置时，把握住一个核心思路即可：对照没有使用 Spring Boot 的场景，我们集成 MVC 需要进行哪些配置、涉及哪些类，而 Spring Boot 又是如何将其自动配置的。

6.4 综合实战

关于 Web 方面的配置比较多，值得庆幸的是，Spring Boot 已经帮我们预置初始化了很多基础组件。但在实践的过程中，某些基础的组件并不能满足我们的实际需求，这时就需要我们重新初始化相应组件，甚至在某些极端的情况下需要完全接管 Spring Boot 的默认配置。

本节将基于对前端模板框架 Thymeleaf 的集成，逐步向大家演示如何自定义 ViewResolver 以及如何进一步扩展 Spring MVC 配置。本实例涉及集成 Thymeleaf、自定义初始化 ThymeleafViewResolver 以及扩展 Spring MVC。

Thymeleaf 是一个 Java 类库，能够处理 HTML/HTML5、XML、JavaScript、CSS，甚至纯文本类型的文件。通常可以用作 MVC 中的 View 层，它可以完全替代 JSP。该框架是 Spring Boot 首推的前端展示框架。

首先我们创建一个集成 Thymeleaf 的 Spring Boot Web 项目。集成 Thymeleaf 的核心操作就是引入对应的 starter，对应项目中 pom.xml 的依赖如下。

```
<dependency>
    <groupId>org.springframework.boot</groupId>
```

```
    <artifactId>spring-boot-starter-thymeleaf</artifactId>
</dependency>
<dependency>
    <groupId>org.springframework.boot</groupId>
    <artifactId>spring-boot-starter-web</artifactId>
</dependency>
```

通过前面的学习我们已经得知引入该 starter 之后，Spring Boot 便会进行一个初始化的基本配置，因此针对 Thymeleaf 的最简单集成便完成了，关于页面展示和基础配置我们暂时先不考虑。

当集成 Thymeleaf 之后，Thymeleaf 对应的自动配置类 ThymeleafAutoConfiguration 中会初始化一个 ThymeleafViewResolver，用来对 Thymeleaf 的页面进行解析和渲染。这一操作本质上同默认的 BeanNameViewResolver 作用一样，都实现了 ViewResolver 接口。

此时，如果官方提供的 ThymeleafViewResolver 的默认设置无法满足我们的需求，可以通过两种途径进行自定义设置：通过 application 配置文件配置和自行创建 ThymeleafViewResolver 对象。

通过 application 配置对应的属性定义位于 ThymeleafProperties 类中，我们已经做过多次类似的配置，不再赘述。

我们可以通过以下方式自行创建 ThymeleafViewResolver 对象。先定义一个配置类 ViewResolverConfig，并在类内部通过 @Bean 注解对实例化的 ThymeleafViewResolver 对象进行注入容器的操作。

```java
@Configuration
public class ViewResolverConfig {

    @Bean
    public ThymeleafViewResolver thymeleafViewResolver() {
        ThymeleafViewResolver resolver = new ThymeleafViewResolver();
        // 设置 ViewResolver 对应的属性值
        resolver.setCharacterEncoding("UTF-8");
        resolver.setCache(false);
        // ...

        return resolver;
    }
}
```

@Bean 默认会将方法 thymeleafViewResolver 作为 Bean 的 key，将返回的 ThymeleafViewResolver 对象作为 Value 存入容器当中。在方法内部，可通过 ThymeleafViewResolver 对应的方法进行属性的初始化设置。通过以上代码我们便完成了自定义 ThymeleafViewResolver 的注入。

那么，原来默认的 ThymeleafViewResolver 会怎么处理呢？我们知道几乎所有的自动配置类都是通过注解设置初始化条件的，比如 ThymeleafViewResolver 默认实例化的条件是当容器中不存在名称为thymeleafViewResolver时才会使用默认的初始化。当自定义的ThymeleafViewResolver类完成初始化之后，默认配置的初始化条件便不再满足了。

上面针对SpringMVC中Thymeleaf的ViewResolver的自定义进行了讲解。其实在Spring Boot中，大多数组件都可以采用同样的方式对默认配置进行覆盖。除了上述方法，在Spring Boot项目中还可以通过实现WebMvcConfigurer接口来进行更灵活地自定义配置。

通过WebMvcConfigurer接口实现自定义配置是Spring内部的一种配置方式，它替代了传统的XML形式的配置。通过对该接口具体方法的实现，可以自定义一些Handler、Interceptor、ViewResolver、MessageConverter等参数。以上面配置ThymeleafViewResolver为例，我们也可以通过实现该接口的configureViewResolvers方法来进行配置，达到同样的效果，具体示例代码如下。

```
@Configuration
public class MyMvcConfig implements WebMvcConfigurer {

    @Override
    public void configureViewResolvers(ViewResolverRegistry registry) {
        ThymeleafViewResolver resolver = new ThymeleafViewResolver();
        //设置ViewResolver对应的属性值
        resolver.setCharacterEncoding("UTF-8");
        resolver.setCache(false);
        //...
        registry.viewResolver(resolver);
    }
}
```

使用WebMvcConfigurer接口时需注意Spring Boot版本，以上代码是基于Spring Boot 2.0以后的版本。WebMvcConfigurer接口还提供了其他关于扩展SpringMVC配置的接口，使用方法与上述示例基本一样，大家可以查阅对应的代码进一步了解，这里就不再逐一举例了。

最后，关于SpringMVC自定义配置的最彻底操作就是完全接管Spring Boot关于SpringMVC的默认配置，具体操作就是在WebMvcConfigurer的实现类上使用@EnableWebMvc注解，示例如下。

```
@EnableWebMvc
@Configuration
public class MyMvcConfig implements WebMvcConfigurer {
}
```

使用该注解等于扩展了WebMvcConfigurationSupport，但是没有重写任何方法，因此所需的功能都需要开发人员自行实现。一般情况下不推荐使用这种方式，该方式更适合基于Spring Boot提供的默认配置，针对特别需求进行有针对性拓展的场景。

其实，本节内容的重点并不只是让大家学会简单的Web自定义配置，更深的用意是希望大家了解在 Spring Boot 默认自动配置的基础上，我们可以通过什么方式以及如何进行自定义的拓展。本节中提到但未列出实例的内容，大家可以根据已经学习到的思路相应练习。

6.5 小结

本章重点针对 Spring Boot 中 Web 应用的自动配置和 Spring MVC 的自动配置展开，并以 Spring MVC 中的一些典型配置为例进行了源码讲解。

其实围绕 Web 应用还有一系列的自动配置，比如 HttpEncodingAutoConfiguration、MultipartAutoConfiguration 和 HttpMessageConvertersAutoConfiguration 等。我们只需领悟自动配置的精髓：这些相关配置只不过是将之前通过 xml 来配置 Bean，转换成了基于类的形式来配置而已。读者可按照以上方法对其他 Web 相关的配置项进行相应的阅读和分析。

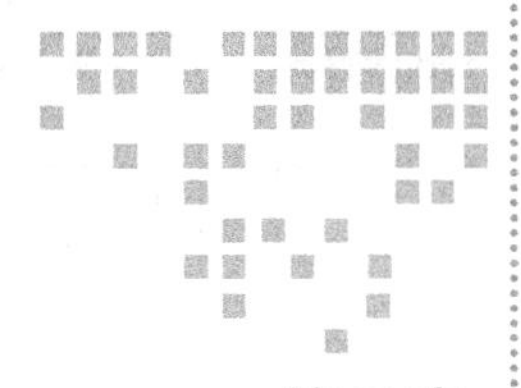

第 7 章 Chapter 7

Spring Boot 内置 Servlet 容器源码解析

我们都知道，在使用 Spring Boot 时可以内嵌 Tomcat 等 Servlet 容器，通过直接执行 jar -jar 命令即可启动。那么 Spring Boot 是如何检测到对应的 Servlet 容器，又如何进行自动配置的呢？对于之前自动配置的 DispatcherServlet 又是如何获取并注册的？本章就带大家来学习 Spring Boot 集成 Servlet Web 容器及 DispatcherServlet 的加载过程。

7.1 Web 容器自动配置

7.1.1 Servlet Web 服务器概述

在学习源代码之前，先来看一个结构图，从整体上了解一下 Spring Boot 对 Servlet Web 的支持，以及都包含哪些核心部分，如图 7-1 所示。

图 7-1 中，第一列为 Servlet 容器名称，表示 Spring Boot 内置支持的 Web 容器类型，目前包括 Tomcat、Jetty、Undertow。第二列为针对不同的 Web 容器的 WebServer 实现类，用于控制 Web 容器的启动和停止等操作。第三列为创建第二列中具体 WebServer 的工厂方法类。

以上 Servlet 容器相关支持类均位于 spring-boot 项目的 org.springframework.boot.web 包下，而以上容器的具体实现位于 org.springframework.boot.web.embedded 下。

以 Tomcat 为例，通过自动配置先初始化 TomcatServletWebServerFactory 工厂类，在 Spring Boot 启动过程中，该工厂类会通过其 getWebServer 方法创建 TomcatWebServer 实例，启动 Tomcat 等一系列操作。我们先从整体上有个概念，下面再继续分析具体源码实现。

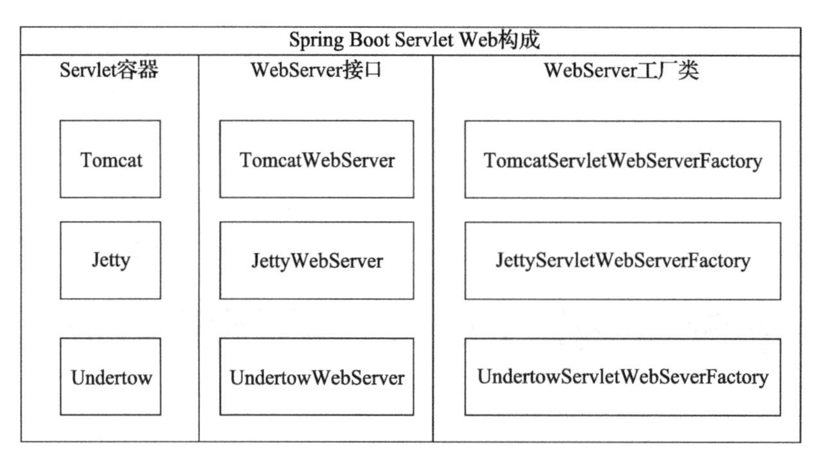

图 7-1 Spring Boot Servlet Web 构成

7.1.2 自动配置源码分析

在 Spring Boot 中，Servlet Web 容器的核心配置就是上面提到的 3 个工厂方法的实例化和 BeanPostProcessor 的注册。

在讲 DispatcherServletAutoConfiguration 自动配置时，我们并没有详细讲解其中的 @AutoConfigureAfter 注解，该注解内指定的类为 ServletWebServerFactoryAutoConfiguration，即在完成了 Web 容器的自动配置之后，才会进行 DispatcherServlet 的自动配置。而本节要讲的内容就是从 ServletWebServerFactoryAutoConfiguration 开始的。

ServletWebServerFactoryAutoConfiguration 是用来自动配置 Servlet 的 Web 服务的。先看其注册部分的源代码。

```
@Configuration(proxyBeanMethods=false)
@AutoConfigureOrder(Ordered.HIGHEST_PRECEDENCE)
// 需要存在 ServletRequest 类
@ConditionalOnClass(ServletRequest.class)
// 需要 Web 类型为 Servlet 类型
@ConditionalOnWebApplication(type = Type.SERVLET)
// 加载 ServerProperties 中的配置
@EnableConfigurationProperties(ServerProperties.class)
// 导入内部类 BeanPostProcessorsRegistrar 用来注册 BeanPostProcessor
// 导入 ServletWebServerFactoryConfiguration 的三个内部类，用来判断应用服务器类型
@Import({ ServletWebServerFactoryAutoConfiguration.BeanPostProcessorsRegistrar.class,
        ServletWebServerFactoryConfiguration.EmbeddedTomcat.class,
        ServletWebServerFactoryConfiguration.EmbeddedJetty.class,
        ServletWebServerFactoryConfiguration.EmbeddedUndertow.class })
public class ServletWebServerFactoryAutoConfiguration {
    ...
}
```

注解中常规的项就不多说了，我们重点看一下 @Import 注解中引入的内容。该注解引入了当前类的内部类 BeanPostProcessorsRegistrar 和 ServletWebServerFactoryConfiguration 的 3 个内部类：EmbeddedTomcat、EmbeddedJetty、EmbeddedUndertow。

先来看 ServletWebServerFactoryConfiguration 类，它是 Servlet Web 服务器的配置类，目前该类中包含了内置 Tomcat、Jetty 和 Undertow 的配置，重点作用就是实例化图 7-1 中的工厂类。

ServletWebServerFactoryConfiguration 类中定义的 3 个内部类，一般通过 @Import 注解在其他自动配置类中引入使用，并确保其执行顺序。在 ServletWebServerFactoryAutoConfiguration 中的使用便是实例。

ServletWebServerFactoryConfiguration 中具体工厂 Bean 的初始化操作基本相同，都是在方法内通过 new 创建对应的工厂类，设置其初始化参数，然后注入 Spring 容器中。下面我们以其中最常用的 Tomcat 容器为例来进行源码层面的讲解。

EmbeddedTomcat 内部类的代码如下。

```
    @Configuration(proxyBeanMethods = false)
    @ConditionalOnClass({ Servlet.class, Tomcat.class, UpgradeProtocol.class })
    @ConditionalOnMissingBean(value = ServletWebServerFactory.class, search = Search
Strategy.CURRENT)
    public static class EmbeddedTomcat {
        @Bean
        public TomcatServletWebServerFactory tomcatServletWebServerFactory(
                ObjectProvider<TomcatConnectorCustomizer> connectorCustomizers,
                ObjectProvider<TomcatContextCustomizer> contextCustomizers,
                ObjectProvider<TomcatProtocolHandlerCustomizer<?>> protocolHandlerCustomizers) {
            TomcatServletWebServerFactory factory = new TomcatServletWebServerFactory();
            factory.getTomcatConnectorCustomizers()
                    .addAll(connectorCustomizers.orderedStream().collect(Collectors.
toList()));
            factory.getTomcatContextCustomizers()
                    .addAll(contextCustomizers.orderedStream().collect(Collectors.toList()));
          factory.getTomcatProtocolHandlerCustomizers()
                .addAll(protocolHandlerCustomizers.orderedStream().collect(Collectors.
toList()));
            return factory;
        }
    }
```

EmbeddedTomcat 自动配置的条件是类路径中存在 Servlet、Tomcat、UpgradeProtocol 这 3 个类，并且 ServletWebServerFactory 不存在。

在上述代码中，需要注意 @ConditionalOnMissingBean 注解的 search 属性。search 属性支持的搜索策略类型定义在枚举类 SearchStrategy 中，包括 CURRENT、ANCESTORS、ALL。这 3 种策略类型依次对应的作用范围为：搜索当前容器、搜索所有祖先容器（不包括当前容器）、搜索所有层级容器。默认情况下，search 属性的值为 ALL，也就是搜索所有层级容器，而此处 Search 属性是 CURRENT，即搜索范围是当前容器。

TomcatServletWebServerFactory 的实例化方法 tomcatServletWebServerFactory 是由 3 个 ObjectProvider 参数构成。ObjectProvider 参数中的泛型依次包括 TomcatConnector-Customizer、TomcatContextCustomizer 和 TomcatProtocolHandlerCustomizer<?>，它们均为回调接口。

TomcatConnectorCustomizer 用于 Tomcat Connector 的定制化处理，TomcatContext Customizer 用于 Tomcat Context 的定制化处理，TomcatProtocolHandlerCustomizer<?> 用于 Tomcat Connector 中 ProtocolHandler 的定制化处理。也就是说，通过以上回调函数，可以在核心业务处理完成之后，针对 Tomcat 再进行一些定制化操作。

关于 ObjectProvider 的使用，我们在此稍微拓展一下，有助于我们加深理解。Object-Provider 接口从 Spring 4.3 版本开始引入，它是 ObjectFactory 的一种变体，是专门为注入设计的。在正常情况下，如果构造方法依赖某个 Bean，则需通过 @Autowired 进行注入，并且在单构造函数时可以默认省略掉 @Autowired 隐式注入。

但如果待注入的参数的 Bean 为空或有多个时，便是 ObjectProvider 发挥作用的时候了。如果注入实例为空，使用 ObjectProvider 则避免了强依赖导致的依赖对象不存在；如果有多个实例，ObjectProvider 的方法会根据 Bean 实现的 Ordered 接口或 @Order 注解指定的先后顺序获取一个 Bean，从而提供一个更加宽松的依赖注入方式。Spring 5.1 版本之后提供了基于 Stream 的 orderedStream 方法来获取有序的 Stream，这也正是上面源代码中所使用的方法。

TomcatServletWebServerFactory 的实例化代码非常简单，只是调用了无参的构造方法。该工厂方法的层级比较复杂，我们也没必要详细说明所有的父类或接口，只需要知道该类最终是 WebServerFactory 接口的实现即可。

这里先顺便了解一下 TomcatServletWebServerFactory 中两个常见的 Web 应用的默认值：contextPath 和 port，即我们通常讲的访问路径和端口。在调用无参构造方法时，这两个参数分别默认定义在 AbstractServletWebServerFactory 和 AbstractConfigurableWebServerFactory 类中。

TomcatServletWebServerFactory 的父类 AbstractServletWebServerFactory 中定义了 context-Path 的默认值，代码如下。

```
public abstract class AbstractServletWebServerFactory extends AbstractConfigura-
bleWebServerFactory implements ConfigurableServletWebServerFactory {
        private String contextPath = "";
    ...
    }
```

AbstractServletWebServerFactory 的父类 AbstractConfigurableWebServerFactory 中定义了 port 的默认值，代码如下。

```
public abstract class AbstractConfigurableWebServerFactory implements Configura-
bleWebServerFactory {
        private int port = 8080;
        ...
    }
```

当然，还有其他许多默认值，比如编码（UTF-8）等，内容过于细碎，读者可自行查阅相关源代码进行了解。在 ServletWebServerFactoryConfiguration 类中还提供了自动配置 JettyServletWebServerFactory 和 UndertowServletWebServerFactory 的内部类，与 Tomcat 的操作基本一致，不再重复讲解。

现在，我们回归最初的主线，继续看 ServletWebServerFactoryAutoConfiguration 引入的另外一个类：ServletWebServerFactoryAutoConfiguration.BeanPostProcessorsRegistrar。很显然，它是当前自动配置类的内部类，源代码如下。

```
    // 通过实现 ImportBeanDefinitionRegistrar 来注册一个 WebServerFactoryCustomizerBean-
PostProcessor
    public static class BeanPostProcessorsRegistrar implements ImportBeanDefinitionRe-
gistrar, BeanFactoryAware {

        private ConfigurableListableBeanFactory beanFactory;

        // 实现 BeanFactoryAware 的方法，设置 BeanFactory
        @Override
        public void setBeanFactory(BeanFactory beanFactory) throws BeansException {
            if (beanFactory instanceof ConfigurableListableBeanFactory) {
                this.beanFactory = (ConfigurableListableBeanFactory) beanFactory;
            }
        }

        // 注册一个 WebServerFactoryCustomizerBeanPostProcessor
        @Override
        public void registerBeanDefinitions(AnnotationMetadata importingClassMetadata,
                BeanDefinitionRegistry registry) {
            if (this.beanFactory == null) {
                return;
            }
            registerSyntheticBeanIfMissing(registry, "webServerFactoryCustomizer-
BeanPostProcessor",
                    WebServerFactoryCustomizerBeanPostProcessor.class);
            registerSyntheticBeanIfMissing(registry, "errorPageRegistrarBeanPost-
Processor",
                    ErrorPageRegistrarBeanPostProcessor.class);
        }

        // 检查并注册 Bean
        private void registerSyntheticBeanIfMissing(BeanDefinitionRegistry registry, String
name, Class<?> beanClass) {
            // 检查指定类型的 Bean name 数组是否存在，如果不存在则创建 Bean 并注入容器中
```

```
            if (ObjectUtils.isEmpty(this.beanFactory.getBeanNamesForType(beanClass, true,
false))) {
                RootBeanDefinition beanDefinition = new RootBeanDefinition(beanClass);
                beanDefinition.setSynthetic(true);
                registry.registerBeanDefinition(name, beanDefinition);
            }
        }
    }
```

我们知道 Spring 在注册 Bean 时，大多都使用 ImportBeanDefinitionRegistrar 接口来实现。而这里 BeanPostProcessorsRegistrar 的实现完全可以说是按照 Spring 官方模式来进行 Bean 的注册。

一般情况下，我们首先定义一个 ImportBeanDefinitionRegistrar 接口的实现类，然后在有 @Configuration 注解的配置类上使用 @Import 导入该实现类。其中，在实现类的 registerBeanDefinitions 方法中实现具体 Bean 的注册功能。对照 BeanPostProcessorsRegistrar 的使用方法，你会发现它是完全按照此模式进行 Bean 动态注册的。

在实现 ImportBeanDefinitionRegistrar 接口的同时，还可以实现 BeanFactoryAware 接口，用来设置用于检查 Bean 是否存在的 BeanFactory。BeanFactory 的使用体现在 registerSyntheticBeanIfMissing 方法中。具体完成 Bean 的实例化，并向容器中注册 Bean 是由 RootBeanDefinition 来完成的。

在 BeanPostProcessorsRegistrar 中注册的两个 Bean 都实现自接口 BeanPostProcessor，属于 Bean 的后置处理，作用是在 Bean 初始化之后添加一些自己的逻辑处理。

WebServerFactoryCustomizerBeanPostProcessor 的作用主要是在 WebServerFactory 初始化时获取自动配置类注入的 WebServerFactoryCustomizer，然后分别调用 WebServerFactoryCustomizer 的 customize 方法来进行 WebServerFactory 的定制处理。ErrorPageRegistrarBeanPostProcessor 的作用是搜集容器中的 ErrorPageRegistrar，添加到当前应用所采用的 ErrorPageRegistry 中。

至此，ServletWebServerFactoryAutoConfiguration 注解部分以及涉及的类讲解完毕。下面我们再看看该自动配置类内部的其他代码。

```
    // 初始化 ServletWebServerFactoryCustomizer
    @Bean
    public ServletWebServerFactoryCustomizer servletWebServerFactoryCustomizer(
            ServerProperties serverProperties) {
        return new ServletWebServerFactoryCustomizer(serverProperties);
    }

    // 初始化 TomcatServletWebServerFactoryCustomizer
    @Bean
    @ConditionalOnClass(name = "org.apache.catalina.startup.Tomcat")
    public TomcatServletWebServerFactoryCustomizer tomcatServletWebServerFactory-
Customizer(
```

```
        ServerProperties serverProperties) {
        return new TomcatServletWebServerFactoryCustomizer(serverProperties);
    }

    // 实例化注册 FilterRegistrationBean<ForwardedHeaderFilter>
    // 并设置其 DispatcherType 类型和优先级
    @Bean
    @ConditionalOnMissingFilterBean(ForwardedHeaderFilter.class)
    @ConditionalOnProperty(value = "server.forward-headers-strategy", havingValue = "framework")
    public FilterRegistrationBean<ForwardedHeaderFilter> forwardedHeaderFilter() {
        ForwardedHeaderFilter filter = new ForwardedHeaderFilter();
        FilterRegistrationBean<ForwardedHeaderFilter> registration = new FilterRe-
gistrationBean<>(filter);
        registration.setDispatcherTypes(DispatcherType.REQUEST, DispatcherType.ASYNC,
DispatcherType.ERROR);
        registration.setOrder(Ordered.HIGHEST_PRECEDENCE);
        return registration;
    }
```

前两个方法实例化了两个定制化对象，其中 ServletWebServerFactoryCustomizer 用来配置 Servlet Web 服务器的基本信息，比如通常在 application.properties 中配置的 server.port=8080，就会通过 ServerProperties 传递进来进行设置。

我们看一下 ServletWebServerFactoryCustomizer 的核心代码实现。

```
    public class ServletWebServerFactoryCustomizer
            implements WebServerFactoryCustomizer<ConfigurableServletWebServerFac-
tory>, Ordered {
        ...
        @Override
        public void customize(ConfigurableServletWebServerFactory factory) {
            PropertyMapper map = PropertyMapper.get().alwaysApplyingWhenNonNull();
            map.from(this.serverProperties::getPort).to(factory::setPort);
            map.from(this.serverProperties::getAddress).to(factory::setAddress);
    map.from(this.serverProperties.getServlet()::getContextPath).to(factory::set
ContextPath); map.from(this.serverProperties.getServlet()::getApplicationDisplayNa-
me).to(factory::setDisplayName);
    ...
        }
    }
```

通过以上代码我们可以看到，这里将 ServerProperties 中的参数设置到 PropertyMapper 中，包括常见的端口、地址、ContextPath、发布名称等。而 TomcatServletWebServerFactoryCustomizer 的功能也是对 ServerProperties 中配置的参数进行定制化设置，比如 ContextRoot 设置等。

最后一个方法是 FilterRegistrationBean<ForwardedHeaderFilter> 类的实例化操作。实例化对应的 Bean 之后，设置其 DispatcherType 类型和优先级为最高。本质上来讲，Filter-

RegistrationBean 是一个 ServletContextInitializer，它的作用是在 Servlet3.0+ 容器中注册一个 Filter。很显然，这里是注册了 ForwardedHeaderFilter，用于重定向功能。

至此，Servlet Web 容器的自动配置便完成了。你可能会问，怎么没看到 WebServer 的初始化呢？这正是我们下一节要讲的内容。

7.2 WebServer 初始化过程

在上一节中 Spring Boot 初始化了 WebServer 对应的工厂类。同时，我们也知道对应 Web 容器的 WebServer 实现类有：TomcatWebServer、JettyWebServer 和 UndertowWebServer。这节重点讲解这些 WebServer 是如何被初始化，又如何启动的。

WebServer 接口的源代码如下。

```
public interface WebServer {
    void start() throws WebServerException;
    void stop() throws WebServerException;
    int getPort();
}
```

接口定义了 3 个方法：start 方法为启动容器，stop 方法为停止容器，getPort 方法为获得容器端口。

现在以 Tomcat 的启动为例来说明整个内置容器的加载与启动。在上节中，工厂类已经被自动配置初始化。那么，在什么地方用到它们的呢？这要回到最初 Spring Boot 启动的过程中。还记得 SpringApplication 的 run 方法中有一个调用初始化容器的方法 refreshContext 吗？我们就从这个方法开始追踪。

```
public ConfigurableApplicationContext run(String... args) {
     ...
    try {
        ...
        // 初始化容器
        refreshContext(context);
...
        } catch (Throwable ex) {
       ...
    }
    ...
}
```

在 run 方法中调用了 refreshContext 方法，refreshContext 方法中又调用了 refresh 方法。

```
private void refreshContext(ConfigurableApplicationContext context) {
    // 调用 refresh 方法
    refresh(context);
    ...
}
```

refresh 方法的代码如下。

```
protected void refresh(ApplicationContext applicationContext) {
    Assert.isInstanceOf(AbstractApplicationContext.class, applicationContext);
    ((AbstractApplicationContext) applicationContext).refresh();
}
```

通过 refresh 方法我们能看到什么呢？对的，就是 AbstractApplicationContext 这个抽象类，该类的实例化对象在调用 refreshContext 方法之前，已经通过 createApplicationContext 方法进行实例化了。createApplicationContext 方法的源代码如下。

```
protected ConfigurableApplicationContext createApplicationContext() {
    // 首先获取容器的类变量
    Class<?> contextClass = this.applicationContextClass;
    // 如果为 null，则根据 Web 应用类型按照默认类进行创建
    if (contextClass == null) {
        try {
            switch (this.webApplicationType) {
            case SERVLET:
                contextClass = Class.forName(DEFAULT_SERVLET_WEB_CONTEXT_CLASS);
                break;
            case REACTIVE:
                contextClass = Class.forName(DEFAULT_REACTIVE_WEB_CONTEXT_CLASS);
                break;
            default:
                contextClass = Class.forName(DEFAULT_CONTEXT_CLASS);
            }
        }catch (ClassNotFoundException ex) {
            ...
        }
    }
    // 如果存在对应的 Class 配置，则通过 Spring 提供的 BeanUtils 来进行实例化
    return (ConfigurableApplicationContext) BeanUtils.instantiateClass(contextClass);
}
```

Servlet Web 项目，默认会实例化 DEFAULT_SERVLET_WEB_CONTEXT_CLASS 常量指定的 org.springframework.boot.web.servlet.context.AnnotationConfigServletWebServerApplicationContext 类。

在 refresh 方法中调用的 AbstractApplicationContext 的 refresh 方法就是这个常量配置的类的 refresh 方法。但 AnnotationConfigServletWebServerApplicationContext 方法内并没有该 refresh 方法，该方法定义在它的父类 ServletWebServerApplicationContext 中。

```
@Override
public final void refresh() throws BeansException, IllegalStateException {
    try {
        super.refresh();
    } catch (RuntimeException ex) {
        stopAndReleaseWebServer();
        throw ex;
```

```
    }
}
```

ServletWebServerApplicationContext 的 refresh 方法仅调用了父类 AbstractApplication-Context 中的 refresh 方法。AbstractApplicationContext 中的 refresh 方法的代码如下。

```
@Override
public void refresh() throws BeansException, IllegalStateException {
    synchronized (this.startupShutdownMonitor) {
        ...
        try {
            ...
            onRefresh();
...
        }catch (BeansException ex) {
...
        }
    }
}
```

忽略掉 refresh 方法中的其他方法，我们重点了解下其调用的 onRefresh 方法。

```
protected void onRefresh() throws BeansException {
    // 为子类提供，默认不做任何操作
}
```

我们发现这个 onRefresh 方法默认是空的，待其子类来实现。也就是说，该方法真正的实现又回到了它的子类 ServletWebServerApplicationContext 中。

```
@Override
protected void onRefresh() {
    super.onRefresh();
    try {
        createWebServer();
    } catch (Throwable ex) {
        throw new ApplicationContextException("Unable to start web server", ex);
    }
}
```

经过一路的代码跟踪，终于回到重点方法：createWebServer 方法。

```
private void createWebServer() {
    WebServer webServer = this.webServer;
    ServletContext servletContext = getServletContext();
    if (webServer == null && servletContext == null) {
        ServletWebServerFactory factory = getWebServerFactory();
        this.webServer = factory.getWebServer(getSelfInitializer());
    } else if (servletContext != null) {
        ...
    }
```

```
        initPropertySources();
    }
```

在 ServletWebServerApplicationContext 的 createWebServer 方法中，初始化时默认 webServer 和 servletContext 都为 null，因此直接进入第一个 if 判断中的业务逻辑。看一下 getWebServerFactory 都做了些什么。

```
    protected ServletWebServerFactory getWebServerFactory() {
        // 使用 Bean name 数组的好处是可以不用考虑层级关系
        String[] beanNames = getBeanFactory().getBeanNamesForType(ServletWebServer-
Factory.class);
        if (beanNames.length == 0) {
            throw new ApplicationContextException("Unable to start ServletWebServe-
rApplicationContext due to missing "  + "ServletWebServerFactory bean.");
        }
        if (beanNames.length > 1) {
            throw new ApplicationContextException("Unable to start ServletWebServer-
ApplicationContext due to multiple " + "ServletWebServerFactory beans : " + StringUtils.
arrayToCommaDelimitedString(beanNames));
        }
        return getBeanFactory().getBean(beanNames[0], ServletWebServerFactory.class);
    }
```

getWebServerFactory 方法中通过 BeanFactory 获得类型为 ServletWebServerFactory 类的 beanNames 数组，然后判断数组长度。当 beanNames 长度为 0 时，说明容器中没有对应的 Bean 存在，则抛出异常；当 beanNames 长度大于 1 时，说明存在多个对应的 Bean，也就是说有可能同时存在多个 Web 容器的工厂方法，同样抛出异常；只有 beanNames 长度等于 1 时，说明恰好存在一个对应的 Bean，才会获取对应的 Bean 并返回。

如果一层层向上追溯 TomcatServletWebServerFactory 的类结构，我们就会发现，它先是继承了抽象类 AbstractServletWebServerFactory，而抽象类 AbstractServletWebServerFactory 又实现了接口 ConfigurableServletWebServerFactory，接口 ConfigurableServletWebServerFactory 又继承接口 ServletWebServerFactory。

这里获得的 ServletWebServerFactory 的具体实现类，正是我们在上一节中通过自动配置实例化的 TomcatServletWebServerFactory 对象的 Bean 名称。

当获得 ServletWebServerFactory 之后，便调用了它的 getWebServer 方法，以 Tomcat 为例，其实也就是调用了 TomcatServletWebServerFactory 的 getWebServer 方法。

```
    @Override
    public WebServer getWebServer(ServletContextInitializer... initializers) {
        // 内置 Tomcat 包中提供的类
        Tomcat tomcat = new Tomcat();
        // 获取并设置 baseDir 路径，不存在则创建一个以 tomcat 为前缀的临时文件
        File baseDir = (this.baseDirectory != null) ? this.baseDirectory
                : createTempDir("tomcat");
```

```
    tomcat.setBaseDir(baseDir.getAbsolutePath());
    // 创建 Connector
    Connector connector = new Connector(this.protocol);
    tomcat.getService().addConnector(connector);
    // Connector 定制化
    customizeConnector(connector);
    tomcat.setConnector(connector);
    tomcat.getHost().setAutoDeploy(false);
    configureEngine(tomcat.getEngine());
    for (Connector additionalConnector : this.additionalTomcatConnectors) {
        tomcat.getService().addConnector(additionalConnector);
    }
    prepareContext(tomcat.getHost(), initializers);
// 创建 omcatWebServer
    return getTomcatWebServer(tomcat);
}
```

TomcatServletWebServerFactory 的 getWebServer 方法中实现了 Tomcat 的创建、BaseDir 的设置、Connector 的初始化和定制化等一系列初始化操作。

至此，上面代码中依旧没有体现 TomcatServer 的创建和初始化，不要着急，它们就在 getWebServer 方法的最后一行代码调用的 getTomcatWebServer 方法中。

```
protected TomcatWebServer getTomcatWebServer(Tomcat tomcat) {
    return new TomcatWebServer(tomcat, getPort() >= 0);
}
```

getTomcatWebServer 方法的实现很简单，将 getWebServer 中创建的 Tomcat 对象和当前类中 port 值是否大于等于 0 的判断结果作为 TomcatWebServer 构造方法的参数传入，创建 TomcatWebServer 对象。

针对 getTomcatWebServer 方法，子类可以重写该方法，返回一个不同的 Tomcat-WebServer 或者添加针对 Tomcat Server 的一些额外操作。

先看 TomcatWebServer 的构造方法源码。

```
public class TomcatWebServer implements WebServer {
...
    private final Tomcat tomcat;
    private final boolean autoStart;

    public TomcatWebServer(Tomcat tomcat, boolean autoStart) {
        Assert.notNull(tomcat, "Tomcat Server must not be null");
        this.tomcat = tomcat;
        this.autoStart = autoStart;
        initialize();
    }
...
}
```

构造方法接收 Tomcat tomcat 和 boolean autoStart 两个参数，并将其赋值给对应的成员变量。其中 Tomcat 参数不能为 null，autoStart 参数则根据端口是否大于等于 0 来决定是否启动服务。在构造方法的最后，调用了 initialize 方法来进行初始化操作。

omcatWebServer 的 initialize 方法源代码如下。

```
public class TomcatWebServer implements WebServer {
...
    private final Tomcat tomcat;
    private final boolean autoStart;
    private volatile boolean started;

    private void initialize() throws WebServerException {
        logger.info("Tomcat initialized with port(s): " + getPortsDescription(false));
        synchronized (this.monitor) {
            try {
                // 将实例 id 添加到 tomcat 引擎名字中，格式为“原引擎名字 - 实例 id”
                addInstanceIdToEngineName();
                // 从 tomcat 的 host 中获得子 Context
                Context context = findContext();
                // 添加生命周期的监听事件
                context.addLifecycleListener((event) -> {
                    if (context.equals(event.getSource()) && Lifecycle.START_EVENT.
equals(event.getType())) {
                        // 移除 connector，确保当服务器启动时不会进行协议绑定
                        removeServiceConnectors();
                    }
                });

                // 启动服务，触发初始化监听
                this.tomcat.start();

                // 可以直接在主线程中重新抛出失败异常，TomcatStarter 不存在或状态错误均会抛出异常
                rethrowDeferredStartupExceptions();

                try {
                    // 绑定一个命名的 context 到类加载器
                    ContextBindings.bindClassLoader(context, context.getNamingToken(),
getClass().getClassLoader());
                } catch (NamingException ex) {
                    // 当命名不可用时（抛异常），直接跳过并继续
                }
                // 与 Jetty 不同，所有 Tomcat 线程都是守护程序线程。创建一个阻止非守护程序停
止立即关闭
               startDaemonAwaitThread();
            } catch (Exception ex) {
                stopSilently();
                destroySilently();
                throw new WebServerException("Unable to start embedded Tomcat", ex);
            }
```

```
        }
    }
...
}
```

通过以上源代码，可以看出在TomcatWebServer的initialize方法中做了以下操作：重命名tomcat引擎名称、对Context添加生命周期监听事件、启动服务触发初始化监听、检查TomcatStarter对象是否存在及Container状态是否正确、绑定命名到类加载器、启动守护等待线程等。

至此，针对Tomcat的TomcatWebServer的初始化已经完成。关于其他Web容器的WebServer初始化操作，读者可仿照本节的思路进行源代码分析，这里不再逐一讲解。

7.3 DispatcherServlet的加载过程

7.3.1 DispatcherServlet的获取

还记得在上一章Web应用中自动配置的DispatcherServlet和DispatcherServletRegistrationBean吗？当时只是将其实例化了，并未做其他处理。而在上节WebServer初始化的过程中又加载了它们。下面我们进行相关源码的解析。

在ServletWebServerApplicationContext#createWebServer方法中，调用ServletWebServerFactory的getWebServer方法时，传递的参数是通过getSelfInitializer方法获得的，这也是获取DispatcherServlet的入口方法。

再回顾一下相关代码。

```
private void createWebServer() {
    WebServer webServer = this.webServer;
    ServletContext servletContext = getServletContext();
    if (webServer == null && servletContext == null) {
        ServletWebServerFactory factory = getWebServerFactory();
        // 第一处调用 getSelfInitializer 方法
        this.webServer = factory.getWebServer(getSelfInitializer());
    } else if (servletContext != null) {
        try {
            // 第二处调用 getSelfInitializer 方法
            getSelfInitializer().onStartup(servletContext);
        } catch (ServletException ex) {
            throw new ApplicationContextException("Cannot initialize servlet context", ex);
        }
    }
    initPropertySources();
}
```

在上述代码中有两个分支逻辑都调用了getSelfInitializer方法。第一处是当WebServer

和 ServletContext 对象都不存在时，为了通过 ServletWebServerFactory 创建 WebServer 而将其结果作为参数传入。第二处是当 ServletContext 不为 null 时，直接获得 ServletContextInitializer 并调用其 onStartup 方法来进行操作。

ServletWebServerApplicationContext 中 getSelfInitializer 方法代码如下。

```
    private org.springframework.boot.web.servlet.ServletContextInitializer getSelfInitia-
lizer() {
        return this::selfInitialize;
    }

    private void selfInitialize(ServletContext servletContext) throws ServletException {
        // 通过指定的 servletContext 准备 WebApplicationContext,
        // 该方法类似于 ContextLoaderListener 通常提供的功能
        prepareWebApplicationContext(servletContext);
        // 通过 ServletContextScope 包装 ServletContext
        // 并将其注册为全局 Web 应用范围 ("application") 对应的值和注册为 ServletContext 类的属性
        registerApplicationScope(servletContext);
        WebApplicationContextUtils.registerEnvironmentBeans(getBeanFactory(),serv-
letContext);
        for (ServletContextInitializer beans : getServletContextInitializerBeans()) {
            beans.onStartup(servletContext);
        }
    }
```

上述代码创建了一个 ServletContextInitializer 接口的匿名实现类，并在具体实现中调用了当前类的 selfInitialize 方法。上面的代码用到了 Java 8 的新特性（双冒号操作）和 lambda 表达式，没接触过的读者可能不太了解，下面将 getSelfInitializer 方法的代码用传统写法还原一下，就一目了然了。

```
    private org.springframework.boot.web.servlet.ServletContextInitializer getSelf-
Initializer() {
        return new ServletContextInitializer() {
                @Override
                public void onStartup(ServletContext servletContext) throws ServletException {
                    selfInitialize(servletContext);
                }
            };
    }
```

也就是说在 getSelfInitializer 中定义了一个匿名的 ServletContextInitializer 类，并且新建了一个对象。定义匿名类 ServletContextInitializer 的实现时，其 onStartup 方法内调用了 selfInitialize 方法。这里需注意 onStartup 中只是定义了具体实现，只有当调用该类的 selfInitialize 方法时实现才会被执行，此刻并没有真实调用。

在 selfInitialize 方法中，除了通过 ServletContext 准备 WebApplicationContext 和进行一些注册（参考代码中注释说明）操作外，最重要的就是通过 for 循环中的 getServletContextInitializerBeans 方法获得 ServletContextInitializer 集合，并遍历调用其元素的 onStartup 方法。

我们知道 ServletContextInitializer#onStartup 方法的主要作用就是配置指定的 ServletContext 所需的 Servlet、过滤器、监听器上下文参数和属性等。

关于 DispatcherServlet 的获取，继续看 getServletContextInitializerBeans 方法。

```
    protected Collection<ServletContextInitializer> getServletContextInitializer-
Beans() {
        return new ServletContextInitializerBeans(getBeanFactory());
    }
```

getServletContextInitializerBeans 方法只是创建了一个 ServletContextInitializerBeans 对象。ServletContextInitializerBeans 其实就是一个从 ListableBeanFactory 中获得的 ServletContextInitializer 的集合。包括所有 ServletContextInitializer 的 Bean，还适用于 Servlet、Filter 和某些 EventListener 的 Bean。

ServletContextInitializerBeans 的构造方法如下。

```
    public ServletContextInitializerBeans(ListableBeanFactory beanFactory,
            Class<? extends ServletContextInitializer>... initializerTypes) {
        this.initializers = new LinkedMultiValueMap<>();
        this.initializerTypes = (initializerTypes.length != 0)
                ? Arrays.asList(initializerTypes)
                : Collections.singletonList(ServletContextInitializer.class);
        addServletContextInitializerBeans(beanFactory);
        addAdaptableBeans(beanFactory);
        List<ServletContextInitializer> sortedInitializers = this.initializers.values()
                .stream().flatMap((value) -> value.stream()
                .sorted(AnnotationAwareOrderComparator.INSTANCE))
                .collect(Collectors.toList());
        this.sortedList = Collections.unmodifiableList(sortedInitializers);
        logMappings(this.initializers);
    }
```

在此调用过程中，构造方法的 initializerTypes 参数为空，因此该类中的成员变量 initializerTypes 默认会被设置为只有一个 ServletContextInitializer.class 值的列表。

接下来通过 addServletContextInitializerBeans 方法获取之前自动配置时注册的 DispatcherServletRegistrationBean。

```
    private void addServletContextInitializerBeans(ListableBeanFactory beanFactory) {
        // 遍历 initializerTypes 列表，这里很显然只有一个 ServletContextInitializer.class 值
        for (Class<? extends ServletContextInitializer> initializerType : this.initia-
lizerTypes) {
            // 通过 getOrderedBeansOfType 方法获得 ListableBeanFactory 中指定
            // 类型（这里重点是 ServletContextInitializer）的 Bean name
            // 和对应 ServletContextInitializer 实现的 Entry 列表
```

```
        for (Entry<String, ? extends ServletContextInitializer> initializerBean :
getOrderedBeansOfType(beanFactory, initializerType)) {
    // 将获得的 ServletContextInitializer 对象添加到该类的成员变量 initializers 中
                addServletContextInitializerBean(initializerBean.getKey(),
                        initializerBean.getValue(), beanFactory);
            }
        }
    }
    private <T> List<Entry<String, T>> getOrderedBeansOfType(
            ListableBeanFactory beanFactory, Class<T> type) {
        return getOrderedBeansOfType(beanFactory, type, Collections.emptySet());
    }

    private <T> List<Entry<String, T>> getOrderedBeansOfType(
            ListableBeanFactory beanFactory, Class<T> type, Set<?> excludes) {
        // 根据类型从 ListableBeanFactory 中获取对应的 Bean 的 name 数组
        String[] names = beanFactory.getBeanNamesForType(type, true, false);
        Map<String, T> map = new LinkedHashMap<>();
        // 循环遍历，过滤排除，符合条件的封装在 Map 中
        for (String name : names) {
            if (!excludes.contains(name) && !ScopedProxyUtils.isScopedTarget(name)) {
                T bean = beanFactory.getBean(name, type);
                if (!excludes.contains(bean)) {
                    map.put(name, bean);
                }
            }
        }
        // Map 转换为 List，并排序返回
        List<Entry<String, T>> beans = new ArrayList<>();
        beans.addAll(map.entrySet());
        beans.sort((o1, o2) -> AnnotationAwareOrderComparator.INSTANCE
                .compare(o1.getValue(), o2.getValue()));
        return beans;
    }
```

在 addServletContextInitializerBeans 方法中，第二层循环调用了 getOrderedBeansOfType 方法，其中第二个参数 initializerTypes 中的唯一值为 ServletContextInitializer 类。

如果向上追溯 DispatcherServletRegistrationBean 类层级结构，会发现它其实就是一个 ServletContextInitializer。那么，通过 getOrderedBeansOfType 便可将其从容器中查询出来，存储在 ServletContextInitializerBeans 中。

在前面章节讲自动配置时，我们已经知道 DispatcherServletRegistrationBean 中存储着 DispatcherServlet。至此，等于间接获得了 DispatcherServlet 的实例化对象。

ServletContextInitializerBeans 构造方法中接下来的 addAdaptableBeans 又会加载默认的 Filter 对象，比如 CharacterEncodingFilter、RequestContextFilter 等，这里不再赘述。

经过上面的代码追踪，我们只是发现了 DispatcherServlet 通过 DispatcherServletRegistrationBean 被注册到了一个 ServletContextInitializer 匿名类中，但此时并没有触发加载的操

作。下一节，我们将继续追踪这个匿名类在什么时候被调用。

7.3.2 DispatcherServlet 的加载

要追踪 ServletContextInitializer 匿名类（被存储在变长参数 initializers 中）何时被调用，还要回到 ServletWebServerApplicationContext 的 createWebServer 方法中，这里将 initializers 作为参数传入了 ServletWebServerFactory 的 getWebServer 方法。

```
private void createWebServer() {
    ...
    ServletWebServerFactory factory = getWebServerFactory();
    this.webServer = factory.getWebServer(getSelfInitializer());
    ...
}
```

以 Tomcat 为例，这里的 ServletWebServerFactory 其实就是 TomcatServletWebServerFactory 类。TomcatServletWebServerFactory 的 getWebServer 方法中又将 initializers 作为参数传递给了 prepareContext 方法。

```
protected void prepareContext(Host host, ServletContextInitializer[] initializers) {
    ...
ServletContextInitializer[] initializersToUse = mergeInitializers(initializers);
    ...
    configureContext(context, initializersToUse);
    ...
}
```

在 prepareContext 方法中，initializers 被合并成 initializersToUse 数组。这里的合并操作是由其抽象类 AbstractServletWebServerFactory 提供的 mergeInitializers 方法完成的。该合并操作是将指定的 ServletContextInitializer 参数与当前实例中的参数组合在一起，供子类使用。这里的子类便是 TomcatServletWebServerFactory。

通过父类方法合并完成的参数 initializersToUse 又传递给了 configureContext 方法。

```
protected void configureContext(Context context,ServletContextInitializer[]
initializers) {
        TomcatStarter starter = new TomcatStarter(initializers);
    ...
}
```

在 configureContext 方法中，我们首先完成了 TomcatStarter 的实例化操作。而 initializers 也作为参数传递给了 TomcatStarter，最终由 TomcatStarter 的 onStartup 方法去触发 ServletContextInitializer 的 onStartup 方法来完成装配。

```
@Override
public void onStartup(Set<Class<?>> classes, ServletContext servletContext)
        throws ServletException {
```

```
    try {
        for (ServletContextInitializer initializer : this.initializers) {
            initializer.onStartup(servletContext);
        }
    } catch (Exception ex) {
...
    }
}
```

上面代码便是 TomcatStarter 的 onStartup 方法中遍历 initializers 并调用其 onStartup 方法来完成装配。顺便提一下，TomcatStarter 是在什么时间被触发的呢？在上节中讲到实例化 TomcatWebServer 类对象时，其构造方法中调用了它自身的 initialize 方法，正是该 initialize 方法最终触发了 TomcatStarter 的 onStartup 方法，代码如下。

```
private void initialize() throws WebServerException {
    ...
    this.tomcat.start();
}
```

那么，调用了 ServletContextInitializer 的 onStartup 方法就意味着 DispatcherServlet 被使用了吗？的确如此。DispatcherServletRegistrationBean 本身就是一个 ServletContextInitializer，而其某层级的抽象父类 RegistrationBean 实现了 onStartup 方法。

```
public abstract class RegistrationBean implements ServletContextInitializer, Ordered {
...
    @Override
    public final void onStartup(ServletContext servletContext) throws ServletException {
        String description = getDescription();
        ...
        register(description, servletContext);
    }
    protected abstract String getDescription();
    protected abstract void register(String description, ServletContext servletContext);
...
}
```

RegistrationBean 中实现的 onStartup 方法会调用 getDescription 方法和 register 方法。这两个方法均为抽象方法，由子类来实现。其中 getDescription 方法由 ServletRegistrationBean 实现，代码如下。

```
@Override
protected String getDescription() {
    Assert.notNull(this.servlet, "Servlet must not be null");
    return "servlet " + getServletName();
}
```

register 的方法通过子类 DynamicRegistrationBean 实现。

```
@Override
```

```
    protected final void register(String description, ServletContext servletContext) {
        D registration = addRegistration(description, servletContext);
        ...
        configure(registration);
    }
```

DynamicRegistrationBean 类中同样只定义了 register 调用的抽象方法 addRegistration，addRegistration 方法的具体实现依然在 ServletRegistrationBean 中。

```
    @Override
    protected ServletRegistration.Dynamic addRegistration(String description,
ServletContext servletContext) {
        String name = getServletName();
        return servletContext.addServlet(name, this.servlet);
    }
```

addRegistration 方法中的 servlet 便是自动配置时传入 DispatcherServletRegistrationBean 构造函数中的 DispatcherServlet。

看到这里我们已经知道 DispatcherServlet 的整个自动配置及加载过程的重要性了。DispatcherServlet 是整个 Spring MVC 的核心组件之一，通过这个核心组件的追踪和讲解，我们不仅知道了它在 Spring Boot 中的整个运作过程，而且能够学会一套分析、追踪代码实现的思路。更重要的是，这是一个关于 Spring Boot、Spring MVC 以及内置 Servlet 知识的融合主线，对于有心的读者，可根据此主线无限学习、填充自己在此过程中遇到的知识点。

7.4 综合实战

在以上几节中我们通过讲解源码学习了基于 Tomcat 的 Servlet 容器的初始化步骤，在实战中针对以上步骤并不需要过多干预，使用最多的场景就是通过 application 配置文件对 Servlet 容器进行一些定制化的参数配置，配置参数对应于 ServerProperties 类中的属性。

在本节实例中，我们将基于源代码了解了 Servlet 的基本流程和内部原理，可以通过代码的形式来对 Servlet 容器进行配置。首先，可以通过上面多次在源码中提到的 WebServerFactoryCustomizer 接口来实现代码形式的定制化配置。基本使用示例如下。

```
    @Component
    public class CustomServletContainer implements WebServerFactoryCustomizer<Con-
figurableServletWebServerFactory> {
        @Override
        public void customize(ConfigurableServletWebServerFactory factory) {
            factory.setPort(8081);
            // ...
        }
    }
```

通过上述方式修改代码之后，我们再次启动项目，项目端口已经变为 8081 了。同样的，也可以针对 factory 的其他属性进行配置（调用对应的 set 方法）。如果上述配置也无法满足业务需求，则可通过进一步实现容器的工厂方法进行定制化操作。

比如，Tomcat、Jetty、Undertow 容器的定制化可分别注册 TomcatServletWebServerFactory、JettyServletWebServerFactory、UndertowServletWebServerFactory 对应的 Factory 来实现。下面以 Tomcat 的基本配置为例进行讲解，示例代码如下。

```
@Configuration
public class TomcatConfig {

    @Bean
    public ConfigurableServletWebServerFactory webServerFactory() {
        TomcatServletWebServerFactory factory = new TomcatServletWebServerFactory();
        factory.setPort(8081);
        Session session = new Session();
        session.setTimeout(Duration.ofMinutes(30L));
        factory.setSession(session);
        Set<ErrorPage> errorPages = new HashSet<>();
        ErrorPage errorPage = new ErrorPage("/error");
        errorPages.add(errorPage);
        factory.setErrorPages(errorPages);
        return factory;
    }
}
```

在上述方法中，通过创建 TomcatServletWebServerFactory 的对象，并进行具体参数的设置来完成容器的自定义。在本节两个示例中，需要注意的是，如果 Servlet 容器的端口和 Tomcat 的端口同时配置，则 Tomcat 的端口不会生效。

通过上述两种形式都可以对内置容器进行定制化配置，但一般情况下，采用默认配置或通过属性配置即可。如果上述两种配置都无法满足需求，可考虑不使用内置容器，而是将项目打包成可发布到外部容器的 WAR 形式。关于 Spring Boot 项目如何打成 WAR 包，在后面的章节中会详细介绍。

7.5 小结

本章重点以内置 Tomcat 为例讲解了 Spring Boot 中 Servlet 容器的初始化及启动，其实在这个过程中经历了许多过程，而每部分都可以拓展出很大篇幅，我们以学习思路为重点，相关知识点学习或温故为辅助。现在，读者朋友可针对其他 Servlet 容器的初始化过程进行验证性学习。

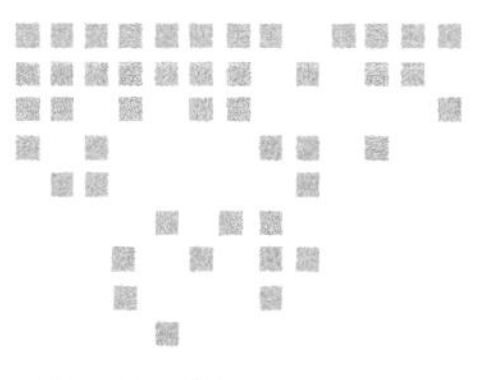

Chapter 8 第 8 章

Spring Boot 数据库配置源码解析

Spring Boot 对主流的数据库都提供了很好的支持，打开 Spring Boot 项目中的 starters 会发现针对 data 提供了 15 个 starter 的支持，包含了大量的关系型数据库和非关系数据库的数据访问解决方案。而本章重点关注 Spring Boot 中数据源自动配置源码的实现，及核心配置类 DataSourceAutoConfiguration 和 JdbcTemplateAutoConfiguration 等的用法。

8.1 自动配置注解解析

首先，我们以数据源的自动配置进行讲解，数据源的自动配置像其他自动配置一样，在 META-INF/spring.factories 文件中注册了对应自动配置类。

```
# 自动配置
org.springframework.boot.autoconfigure.EnableAutoConfiguration=\
org.springframework.boot.autoconfigure.jdbc.DataSourceAutoConfiguration,\
```

下面我们通过分析 DataSourceAutoConfiguration 类的源代码来学习数据库自动配置的机制。先看注解部分。

```
@Configuration(proxyBeanMethods = false)
@ConditionalOnClass({ DataSource.class, EmbeddedDatabaseType.class })
@EnableConfigurationProperties(DataSourceProperties.class)
@Import({ DataSourcePoolMetadataProvidersConfiguration.class,
        DataSourceInitializationConfiguration.class })
public class DataSourceAutoConfiguration {}
```

注解 @ConditionalOnClass 要求类路径下必须有 DataSource 和 EmbeddedDatabaseType 类的存在。@EnableConfigurationProperties 属性会装配 DataSourceProperties 类，该配置类与 application.properties 中的配置相对应。

比如，对于数据库我们经常在 application.properties 中做如下的配置。

```
spring.datasource.url=
spring.datasource.username=
spring.datasource.password=
```

在 DataSourceProperties 类中都有对应的属性存在。

```
@ConfigurationProperties(prefix = "spring.datasource")
public class DataSourceProperties implements BeanClassLoaderAware, InitializingBean {
    ...
    private String url;
    private String username;
    private String password;
    ...
}
```

@Import 注解引入了两个自动配置类 DataSourcePoolMetadataProvidersConfiguration 和 DataSourceInitializationConfiguration。

配置类 DataSourcePoolMetadataProvidersConfiguration 中定义了 3 个静态内部类，用于定义 3 个 DataSource 的 DataSourcePoolMetadataProvider 的初始化条件。其中包括 tomcat 的 DataSource、HikariDataSource 和 BasicDataSource。

我们以 tomcat 的 DataSource 为例，看一下源代码。

```
@Configuration(proxyBeanMethods = false)
public class DataSourcePoolMetadataProvidersConfiguration {

    @Configuration(proxyBeanMethods = false)
    @ConditionalOnClass(org.apache.tomcat.jdbc.pool.DataSource.class)
    static class TomcatDataSourcePoolMetadataProviderConfiguration {
        @Bean
        public DataSourcePoolMetadataProvider tomcatPoolDataSourceMetadataProvider() {
            return (dataSource) -> {
                 org.apache.tomcat.jdbc.pool.DataSource tomcatDataSource = Data-
SourceUnwrapper
                        .unwrap(dataSource, org.apache.tomcat.jdbc.pool.DataSource.class);
                if (tomcatDataSource != null) {
                    return new TomcatDataSourcePoolMetadata(tomcatDataSource);
                }
                return null;
            };
        }
    }
...
}
```

内部类中判断classpath是否存在tomcat的DataSource，如果存在，则实例化并注册一个DataSourcePoolMetadataProvider，其中Lambda表达式为DataSourcePoolMetadataProvider的getDataSourcePoolMetadata方法的具体实现。

DataSourcePoolMetadataProvider的作用是基于DataSource提供一个DataSourcePoolMetadata，该接口只提供了一个对应的方法。

```
@FunctionalInterface
public interface DataSourcePoolMetadataProvider {
//返回一个用于管理dataSource的DataSourcePoolMetadata实例，如果无法处理指定的数据源，则返回null
    DataSourcePoolMetadata getDataSourcePoolMetadata(DataSource dataSource);
}
```

下面我们再来看自动配置代码中DataSourcePoolMetadataProvider接口方法的实现逻辑。首先，通过DataSourceUnwrapper的unwrap方法获得一个DataSource数据源；然后判断数据源是否为null，如果不为null，则返回一个TomcatDataSourcePoolMetadata对象，如果为null，则返回null。

DataSourceUnwrapper类的主要作用是提取被代理或包装在自定义Wrapper（如DelegatingDataSource）中的数据源。DataSourceUnwrapper的unwrap方法部分代码实现如下。

```
public static <T> T unwrap(DataSource dataSource, Class<T> target) {
    // 检查DataSource是否能够转化为目标对象，如果可以转化返回对象
    if (target.isInstance(dataSource)) {
        return target.cast(dataSource);
    }
    // 检查包装Wrapper是否为DataSource的包装类，如果是则返回DataSource，否则返回null
    T unwrapped = safeUnwrap(dataSource, target);
    if (unwrapped != null) {
        return unwrapped;
    }
    // 判断DelegatingDataSource是否存在
    if (DELEGATING_DATA_SOURCE_PRESENT) {
        DataSource targetDataSource = DelegatingDataSourceUnwrapper.getTarget-
DataSource(dataSource);
        if (targetDataSource != null) {
            // 递归调用本方法
            return unwrap(targetDataSource, target);
        }
    }
    // 代理判断处理
    if (AopUtils.isAopProxy(dataSource)) {
        Object proxyTarget = AopProxyUtils.getSingletonTarget(dataSource);
        if (proxyTarget instanceof DataSource) {
            return unwrap((DataSource) proxyTarget, target);
        }
    }
```

```
        return null;
    }
```

可以看出 unwrap 方法支持以下形式的检查。

- 直接检查对象与目标是否符合。
- 包装类的检查（DataSource 本身继承了 Wrapper 接口）。
- 判断 DelegatingDataSource 类型的数据源是否存在，如果存在则递归调用 unwrap 方法。
- 检查 DataSource 是否被代理的对象。

如果符合上面检查条件（按照先后顺序），则根据不同的情况通过不同的方式获得 DataSource 对象并返回。

当获取 DataSource 对象之后，便直接创建 TomcatDataSourcePoolMetadata 类的对象，该类是针对 Tomcat 数据源的 DataSourcePoolMetadata 具体实现的。

在创建对象时会将传入的 DataSource 对象赋值给 TomcatDataSourcePoolMetadata 的抽象父类 AbstractDataSourcePoolMetadata 的成员变量。

```
    public abstract class AbstractDataSourcePoolMetadata<T extends DataSource> im-
plements DataSourcePoolMetadata {

        private final T dataSource;

        protected AbstractDataSourcePoolMetadata(T dataSource) {
            this.dataSource = dataSource;
        }
    ...
    }
```

针对 DataSourcePoolMetadata 接口方法的具体实现，都是围绕着 DataSource 对象中存储的数据源信息展开的。

DataSourcePoolMetadata 接口提供了大多数数据库都提供的元数据的方法定义。

```
    public interface DataSourcePoolMetadata {

        // 返回当前数据库连接池的情况，返回值在 0 至 1 之间（如果连接池没有限制，值为 -1)
        // 返回值 1 表示：已分配最大连接数
        // 返回值 0 表示：当前没有连接处于活跃状态
        // 返回值 -1 表示：可以分配的连接数没有限制
        // 返回 null 表示：当前数据源不提供必要信息进行计算
        Float getUsage();

        // 返回当前已分配的活跃连接数，返回 null，则表示该信息不可用
        Integer getActive();

        // 返回同时可分配的最大活跃连接数，返回 -1 表示不限制，返回 null 表示该信息不可用
        Integer getMax();
```

```
    // 返回连接池中最小空闲连接数，返回 null 表示该信息不可用
    Integer getMin();

    // 返回查询以验证连接是否有效，返回 null 表示该信息不可用
    String getValidationQuery();

    // 连接池创建的连接的默认自动提交状态。如果未将其值设为 null，则默认采用 JDBC 驱动
    // 如果设置为 null，则方法 java.sql.Connection.setAutoCommit(boolean) 将不会被调用
    Boolean getDefaultAutoCommit();
}
```

以 DataSourcePoolMetadata 的 getUsage 方法为例，我们看一下具体实现方式。该方法在其子类 AbstractDataSourcePoolMetadata 中实现。

```
@Override
public Float getUsage() {
    Integer maxSize = getMax();
    Integer currentSize = getActive();
    // 数据源不支持该信息
    if (maxSize == null || currentSize == null) {
        return null;
    }
    // 分配连接没有限制
    if (maxSize < 0) {
        return -1F;
    }
    // 当前没有活跃连接
    if (currentSize == 0) {
        return 0F;
    }
    // 计算 currentSize 和 maxSize 比值
    return (float) currentSize / (float) maxSize;
}
```

getUsage 方法的实现逻辑很清晰，首先通过接口中其他方法来获取数据并进行判断。如果获取 maxSize 或 currentSize 为 null，说明该数据源不支持该信息。如果 maxSize 小于 0，则表示分配连接没有限制；如果 currentSize 等于 0，则表示当前没有活跃连接；其他情况则计算 currentSize 和 maxSize 比值。还是上面提到的，这些信息的源于构建 DataSourcePoolMetadata 时传入的 DataSource。

讲解完了 DataSourcePoolMetadataProvidersConfiguration，下面再看另外一个引入的配置类 DataSourceInitializationConfiguration，它主要的功能是配置数据源的初始化。

DataSourceInitializationConfiguration 同样分两部分：注解引入和内部实现。

```
@Configuration(proxyBeanMethods = false)
@Import({ DataSourceInitializerInvoker.class, DataSourceInitializationConfigu-
ration.Registrar.class })
class DataSourceInitializationConfiguration {
```

```
    ...
}
```

首先看引入的 DataSourceInitializerInvoker，该类实现了 ApplicationListener 接口和 InitializingBean 接口，也就是说，它同时具有事件监听和执行自定义初始化的功能。

```
class DataSourceInitializerInvoker implements ApplicationListener<DataSource-
SchemaCreatedEvent>, InitializingBean {
    ...
    DataSourceInitializerInvoker(ObjectProvider<DataSource> dataSource, DataSource-
Properties properties,
            ApplicationContext applicationContext) {
        this.dataSource = dataSource;
        this.properties = properties;
        this.applicationContext = applicationContext;
    }
    ...
}
```

DataSourceInitializerInvoker 构造方法被调用时会传入数据源、数据源配置和 ApplicationContext 信息，并赋值给对应的属性。

由于 DataSourceInitializerInvoker 实现了 InitializingBean 接口，当 BeanFactory 设置完属性之后，会调用 afterPropertiesSet 方法来完成自定义操作。

```
@Override
public void afterPropertiesSet() {
    // 获取 DataSourceInitializer，基于 DataSourceProperties 初始化 DataSource
    DataSourceInitializer initializer = getDataSourceInitializer();
    if (initializer != null) {
    // 执行 DDL 语句 (schema-*.sql)
        boolean schemaCreated = this.dataSourceInitializer.createSchema();
        if (schemaCreated) {
            // 初始化操作
            initialize(initializer);
        }
    }
}

private void initialize(DataSourceInitializer initializer) {
    try {
        // 发布 DataSourceSchemaCreatedEvent 事件
        this.applicationContext.publishEvent(new DataSourceSchemaCreatedEvent(
initializer.getDataSource()));
        // 此时，监听器可能尚未注册，不能完全依赖，因此主动调用
        if (!this.initialized) {
            this.dataSourceInitializer.initSchema();
            this.initialized = true;
        }
    } catch (IllegalStateException ex) {
```

```
        ...
    }
}
```

在 afterPropertiesSet 中重点做了 DataSourceInitializer 的实例化和初始化操作。其中 DataSourceInitializer 的实例化比较简单，就是根据数据源、配置属性和 ApplicationContext 创建了一个对象，并将对象赋值给 DataSourceInitializerInvoker 的属性，具体实现如下。

```
private DataSourceInitializer getDataSourceInitializer() {
    if (this.dataSourceInitializer == null) {
        DataSource ds = this.dataSource.getIfUnique();
        if (ds != null) {
            this.dataSourceInitializer = new DataSourceInitializer(ds, this.properties,
this.applicationContext);
        }
    }
    return this.dataSourceInitializer;
}
```

完成了 DataSourceInitializer 的初始化，后续的操作便是调用其提供的方法进行初始化操作。比如上面代码中调用 createSchema 方法来执行 DDL 语句（schema-*.sql）就是进行初始化操作。

值得注意的是，afterPropertiesSet 方法中还调用了 initialize 方法，initialize 方法中首先发布了一个 DataSourceSchemaCreatedEvent 事件。然后，为了防止在发布事件时对应的监听并未注册，在发布完事件之后，主动做了监听事件中要做的事。

而对应的监听事件，同样定义在 DataSourceInitializerInvoker 类中，上面我们已经得知它实现了 ApplicationListener 接口，监听的便是上面发布的事件。onApplicationEvent 方法中的实现与 initialize 方法的实现基本相同（除了发布事件操作）。

```
@Override
public void onApplicationEvent(DataSourceSchemaCreatedEvent event) {
    // 事件可能发生多次，这里未使用数据源事件
    DataSourceInitializer initializer = getDataSourceInitializer();
    if (!this.initialized && initializer != null) {
        initializer.initSchema();
        this.initialized = true;
    }
}
```

这里稍微拓展一下 DataSourceInitializer 的两个方法 createSchema 和 initSchema，先看源代码。

```
boolean createSchema() {
    List<Resource> scripts = getScripts("spring.datasource.schema", this.properties.
getSchema(), "schema");
    if (!scripts.isEmpty()) {
        if (!isEnabled()) {
```

```
                logger.debug("Initialization disabled (not running DDL scripts)");
                return false;
            }
            String username = this.properties.getSchemaUsername();
            String password = this.properties.getSchemaPassword();
            runScripts(scripts, username, password);
        }
        return !scripts.isEmpty();
    }

    void initSchema() {
        List<Resource> scripts = getScripts("spring.datasource.data", this.properties.
getData(), "data");
        // 省略部分与 createSchema 方法一致
        }
    }
```

createSchema 方法和 initSchema 方法都是获取指定位置或类路径中的 SQL（.sql）文件，然后再获得用户名和密码，最后执行 SQL 文件中的脚本。这两个方法不同之处在于：createSchema 常用于初始化建表语句；initSchema 常用于插入数据及更新数据操作。

在方法中也可以看到，可在 application.properties 文件中进行如下配置来指定其 SQL 文件位置。

```
spring.datasource.schema=classpath:schema-my-mysql.sql
spring.datasource.data=classpath:data-my-mysql.sql
```

也就是说，可以通过 DataSourceInitializationConfiguration 引入的 DataSourceInitializer-Invoker 来完成数据库相关的初始化操作。

下面我们再看 DataSourceInitializationConfiguration 引入的另外一个内部类 Registrar，这也是该自动配置类唯一的代码实现。

```
static class Registrar implements ImportBeanDefinitionRegistrar {

    private static final String BEAN_NAME = "dataSourceInitializerPostProcessor";

    @Override
    public void registerBeanDefinitions(AnnotationMetadata importingClassMetadata,
            BeanDefinitionRegistry registry) {
        if (!registry.containsBeanDefinition(BEAN_NAME)) {
            GenericBeanDefinition beanDefinition = new GenericBeanDefinition();
            beanDefinition.setBeanClass(DataSourceInitializerPostProcessor.class);
            beanDefinition.setRole(BeanDefinition.ROLE_INFRASTRUCTURE);
            beanDefinition.setSynthetic(true);
            registry.registerBeanDefinition(BEAN_NAME, beanDefinition);
        }
    }
}
```

内部类 Registrar 通过实现 ImportBeanDefinitionRegistrar 接口来完成 DataSourceInitializerPostProcessor 的注册。关于通过 ImportBeanDefinitionRegistrar 动态注入 Bean 的具体使用方法，我们在上一章节中已经讲过，这里不再赘述，下面主要看一下实现逻辑。

在 registerBeanDefinitions 方法中，首先判断名称为 dataSourceInitializerPostProcessor 的 Bean 是否已经被注册。如果未被注册，则通过创建 GenericBeanDefinition 对象封装需要动态创建 Bean 的信息，然后通过 BeanDefinitionRegistry 进行注册。

需要注意的是，这里设置 GenericBeanDefinition 的 synthetic 属性为 true，这是因为不需要对此对象进行后续处理，同时也避免 Bean 的级联初始化。

最后再看看这里注册的 DataSourceInitializerPostProcessor 的作用。它实现了 BeanPostProcessor 接口，用于确保 DataSource 尽快初始化 DataSourceInitializer。

```
class DataSourceInitializerPostProcessor implements BeanPostProcessor, Ordered {

    @Override
    public int getOrder() {
        return Ordered.HIGHEST_PRECEDENCE + 1;
    }
    ...
    @Override
    public Object postProcessAfterInitialization(Object bean, String beanName)
 throws BeansException {
        if (bean instanceof DataSource) {
            // 遇到 DataSource 便初始化 DataSourceInitializerInvoker
            this.beanFactory.getBean(DataSourceInitializerInvoker.class);
        }
        return bean;
    }
}
```

以上代码主要实现了两个功能，一个是将该类的优先级设置为仅次于最高优先级（通过 order 加 1），另一个是 postProcessAfterInitialization 中进行 Bean 类型的判断，如果为 DataSource 类型，则通过 BeanFactory 初始化 DataSourceInitializerInvoker 的 Bean 对象，然后返回。这样处理是为了尽快初始化 DataSourceInitializerInvoker 的对象。

至此，关于自动配置类 DataSourceAutoConfiguration 注解部分的相关功能已经讲解完毕，下节我们继续学习其内部实现。

8.2 自动配置内部实现解析

上节我们了解了 DataSourceAutoConfiguration 自动配置的注解部分，本节继续深入讲解该类中的内部实现。

DataSourceAutoConfiguration 中共有 5 个静态内部类，包括 EmbeddedDatabaseConfiguration

和 PooledDataSourceConfiguration 两个声明有 @Configuration 注解的自动配置类，以及另外 3 个限制条件类：PooledDataSourceCondition、PooledDataSourceAvailableCondition、EmbeddedDatabaseCondition。

下面，将对以上涉及内容进行详解。

8.2.1 EmbeddedDatabaseConfiguration

首先我们来看内部类 EmbeddedDatabaseConfiguration，该类其实并没有方法实现，它的主要功能是通过 @Import 引入类来完成，源代码如下。

```
@Configuration(proxyBeanMethods = false)
@Conditional(EmbeddedDatabaseCondition.class)
@ConditionalOnMissingBean({ DataSource.class, XADataSource.class })
@Import(EmbeddedDataSourceConfiguration.class)
protected static class EmbeddedDatabaseConfiguration {
}
```

@Conditional 使用了 DataSourceAutoConfiguration 的内部类 EmbeddedDatabaseCondition 来进行条件判断。EmbeddedDatabaseCondition 主要用来检测何时可以使用内嵌 DataSource，如果已经存在池化（pooled）的 DataSource，该类则不会被实例化，优先选择池化 DataSource。

```
static class EmbeddedDatabaseCondition extends SpringBootCondition {

    private final SpringBootCondition pooledCondition = new PooledDataSource-
Condition();

    @Override
    public ConditionOutcome getMatchOutcome(ConditionContext context, Anno-
tatedTypeMetadata metadata) {
        ConditionMessage.Builder message = ConditionMessage.forCondition("Emb-
eddedDataSource");
        // 是否支持池化的数据源，支持则返回不匹配
        if (anyMatches(context, metadata, this.pooledCondition)) {
            return ConditionOutcome.noMatch(message.foundExactly("supported
pooled data source"));
        }
        // 基于枚举类 EmbeddedDatabaseType，通过类加载器获得嵌入的数据库连接信息
        EmbeddedDatabaseType type = EmbeddedDatabaseConnection.get(context.get-
ClassLoader()).getType();
        if (type == null) {
            return ConditionOutcome.noMatch(message.didNotFind("embedded database").
atAll());
        }
        // 如果枚举类中存在，则返回匹配
        return ConditionOutcome.match(message.found("embedded database").items
(type));
```

```
        }
    }
```

在EmbeddedDatabaseCondition中首先看其属性SpringBootCondition的初始化，首先创建了一个PooledDataSourceCondition，该类同样是DataSourceAutoConfiguration的内部类，继承自AnyNestedCondition。AnyNestedCondition主要用于内嵌类的条件匹配场景。

PooledDataSourceCondition类的主要作用是检查是否设置了spring.datasource.type或DataSourceAutoConfiguration.PooledDataSourceAvailableCondition，下面为该类的源代码。

```
static class PooledDataSourceCondition extends AnyNestedCondition {

    PooledDataSourceCondition() {
        // 设置Condition的配置阶段
        // @Configuration注解的类解析阶段判断Condition
        // 如果Condition不匹配，则@Configuration注解的类不会加载
        super(ConfigurationPhase.PARSE_CONFIGURATION);
    }

    // spring.datasource.type配置条件判断
    @ConditionalOnProperty(prefix = "spring.datasource", name = "type")
    static class ExplicitType {
    }

    // 内部类PooledDataSourceAvailableCondition作为条件判断
    @Conditional(PooledDataSourceAvailableCondition.class)
    static class PooledDataSourceAvailable {
    }
}
```

PooledDataSourceCondition的构造方法中调用父类构造方法并传递枚举类Configuration-Phase的PARSE_CONFIGURATION值，表示被@Configuration注解的类在解析阶段的判断条件，如果Condition不匹配，则@Configuration注解的类不会加载。

其中PooledDataSourceAvailable类的注解又用到了PooledDataSourceAvailableCondition，同样为DataSourceAutoConfiguration的内部类。

```
static class PooledDataSourceAvailableCondition extends SpringBootCondition {

    @Override
    public ConditionOutcome getMatchOutcome(ConditionContext context, Annotated-
TypeMetadata metadata) {
        ConditionMessage.Builder message = ConditionMessage.forCondition("Pool
edDataSource");
        // 检查指定的类加载器中是否存在默认指定的数据源，存在则返回匹配
        if (DataSourceBuilder.findType(context.getClassLoader()) != null) {
            return ConditionOutcome.match(message.foundExactly("supported DataSource"));
        }
        return ConditionOutcome.noMatch(message.didNotFind("supported DataSource").
```

```
atAll());
        }
    }
```

PooledDataSourceAvailableCondition 的判断逻辑非常简单，就是检查当前类加载器中是否存在指定的数据源对象。在判断的过程中使用到了 DataSourceBuilder 的 findType 方法。我们看一下相关代码，加深理解。

```
public final class DataSourceBuilder<T extends DataSource> {

    private static final String[] DATA_SOURCE_TYPE_NAMES = new String[] { "com.
zaxxer.hikari.HikariDataSource",
            "org.apache.tomcat.jdbc.pool.DataSource", "org.apache.commons.dbcp2.
BasicDataSource" };
    ...
    @SuppressWarnings("unchecked")
    public static Class<? extends DataSource> findType(ClassLoader classLoader) {
        for (String name : DATA_SOURCE_TYPE_NAMES) {
            try {
                return (Class<? extends DataSource>) ClassUtils.forName(name,
classLoader);
            } catch (Exception ex) {
                // 忽略，继续执行
            }
        }
        return null;
    }
}
```

判断方法遍历了所支持的数据源类型（HikariDataSource、DataSource 和 BasicDataSource）的常量数组，然后分别通过类加载器进行加载。如果存在对应的类，则返回对应的 Class，否则返回 null。

了解了内部类 PooledDataSourceCondition 之后，我们继续看 EmbeddedDatabaseCondition 的判断逻辑。在 getMatchOutcome 方法中，第一个便是根据 PooledDataSourceCondition 判断是否存在支持池化的数据源，存在则返回不匹配。然后，判断是否存在适合的内嵌数据库类型，该判断是通过枚举类 EmbeddedDatabaseConnection 实现的。

```
public enum EmbeddedDatabaseConnection {

    // 没链接
    NONE(null, null, null),

    // H2 数据库链接
    H2(EmbeddedDatabaseType.H2, "org.h2.Driver", "jdbc:h2:mem:%s;DB_CLOSE_
DELAY=-1;DB_CLOSE_ON_EXIT=FALSE"),

    // Derby 数据库链接
    DERBY(EmbeddedDatabaseType.DERBY, "org.apache.derby.jdbc.EmbeddedDriver",
```

```
"jdbc:derby:memory:%s;create=true"),

        // HSQL 数据库链接
        HSQL(EmbeddedDatabaseType.HSQL, "org.hsqldb.jdbcDriver", "jdbc:hsqldb:mem:%s");

        ...
        public static EmbeddedDatabaseConnection get(ClassLoader classLoader) {
            for (EmbeddedDatabaseConnection candidate : EmbeddedDatabaseConne-
ction.values()) {
                if (candidate != NONE && ClassUtils.isPresent(candidate.getDriver-
ClassName(), classLoader)) {
                    return candidate;
                }
            }
            return NONE;
        }
        ...
    }
```

枚举类 EmbeddedDatabaseConnection 中定义了支持的数据库连接类型、驱动类名、url 以及相关工具的方法。通过枚举项的定义，我们也可以看出 Spring Boot 内嵌的 DataSource 支持 HSQL、H2、DERBY 这 3 种数据库。

程序在调用 get 方法时会遍历枚举类中定义的枚举项，然后尝试加载驱动类名来判断该类是否存在。如果存在则返回对应的 EmbeddedDatabaseConnection 枚举项；如果不存在，则返回 NONE。

在 EmbeddedDatabaseCondition 的代码中，通过 get 方法先获得 EmbeddedDatabase Connection，然后通过 getType 方法获得 EmbeddedDatabaseType 类型，判断其是否为 null。如果为 null，则表示该类加载器中不存在默认的内嵌数据库类型，返回不匹配。经过以上两轮判断之后，其他情况则表示匹配。

通过 EmbeddedDatabaseCondition 上的 @Conditional(EmbeddedDatabaseCondition.class) 注解，我们已经把 DataSourceAutoConfiguration 中关于 Condition 的内部类讲解完毕。下面继续看 EmbeddedDatabaseCondition 上的通过 @Import 引入的配置类 EmbeddedDataSource-Configuration。

EmbeddedDataSourceConfiguration 的主要作用是对内嵌数据源进行配置。由于该类需要用到类加载器，因此实现了 BeanClassLoaderAware，将 ClassLoader 暴露出来了。

```
@Configuration(proxyBeanMethods = false)
@EnableConfigurationProperties(DataSourceProperties.class)
public class EmbeddedDataSourceConfiguration implements BeanClassLoaderAware {

    private ClassLoader classLoader;

    @Override
    public void setBeanClassLoader(ClassLoader classLoader) {
```

```
        this.classLoader = classLoader;
    }

    @Bean(destroyMethod = "shutdown")
    public EmbeddedDatabase dataSource(DataSourceProperties properties) {
        return new EmbeddedDatabaseBuilder().setType(EmbeddedDatabaseConnec-
tion.get(this.classLoader).getType())
                .setName(properties.determineDatabaseName()).build();
    }
}
```

我们重点看以上代码中的dataSource方法，该方法的注解指定了销毁方法为“shutdown”，也就是EmbeddedDatabase的shutdown方法。在方法内部，首先创建了一个Embedded-DatabaseBuilder，用于构建内嵌数据库EmbeddedDatabase。根据命名可知Embedded-DatabaseBuilder是可以链式调用的。

因此，EmbeddedDatabaseBuilder连续调用了设置数据库类型（上面已经讲到获取实现）、设置内嵌数据库名称。最后，通过build方法完成EmbeddedDatabase的构建，并注入容器。

至此，关于EmbeddedDatabaseConfiguration相关的自动配置已经讲解完毕。在下节，我们将继续学习池化的数据源配置类PooledDataSourceConfiguration。

8.2.2 PooledDataSourceConfiguration

除了支持内嵌的DataSource，Spring Boot还支持一些实现Pool的DataSource。从上节讲到的DataSourceBuilder的静态数组可以看出，目前支持com.zaxxer.hikari.Hikari-DataSource、org.apache.tomcat.jdbc.pool.DataSource和org.apache.commons.dbcp2.Basic-DataSource这3种DataSource。而性能更加优秀的HikariDataSource作为了Spring Boot中的默认选项。

在DataSourceAutoConfiguration中的PooledDataSourceConfiguration就是来完成实现Pool的DataSource的实例化的，源代码如下。

```
@Configuration(proxyBeanMethods = false)
@Conditional(PooledDataSourceCondition.class)
@ConditionalOnMissingBean({ DataSource.class, XADataSource.class })
@Import({ DataSourceConfiguration.Hikari.class, DataSourceConfiguration.Tomcat.
class,
        DataSourceConfiguration.Dbcp2.class, DataSourceConfiguration.Generic.class,
        DataSourceJmxConfiguration.class })
protected static class PooledDataSourceConfiguration {}
```

PooledDataSourceConfiguration中同样没有具体实现。@Conditional的筛选条件也是由内部类PooledDataSourceCondition来完成的，这些内容前面已经讲过，这里不再赘述。该实例化对象的优先级要高于内嵌DataSource的。

我们重点看 @Import 引入的前 4 个类，它们是 DataSourceConfiguration 的内部类，提供了 Hikari、Tomcat、Dbcp2、Generic 的 DataSource 配置。

DataSourceConfiguration 就是用于 DataSourceAutoConfiguration 导入的实际的 DataSource 配置，这里我们以 Hikari 为例来进行讲解。Hikari 是 spring-boot-starter-jdbc 默认引入的数据源，Hikari 相关自动配置代码如下。

```
abstract class DataSourceConfiguration {
    @SuppressWarnings("unchecked")
    protected static <T> T createDataSource(DataSourceProperties properties,
            Class<? extends DataSource> type) {
        return (T) properties.initializeDataSourceBuilder().type(type).build();
    }

    @Configuration(proxyBeanMethods = false)
    @ConditionalOnClass(HikariDataSource.class)
    @ConditionalOnMissingBean(DataSource.class)
    @ConditionalOnProperty(name = "spring.datasource.type",
            havingValue = "com.zaxxer.hikari.HikariDataSource", matchIfMissing = true)
    static class Hikari {
        @Bean
        @ConfigurationProperties(prefix = "spring.datasource.hikari")
        public HikariDataSource dataSource(DataSourceProperties properties) {
            HikariDataSource dataSource = createDataSource(properties, HikariData-
Source.class);
            if (StringUtils.hasText(properties.getName())) {
                dataSource.setPoolName(properties.getName());
            }
            return dataSource;
        }
    }
    ...
}
```

@ConditionalOnClass 指定必须在 classpath 中存在 HikariDataSource 才会进行实例化操作。而该类由 spring-boot-starter-jdbc 默认将其引入，因此当引入该 starter 时，只有 Hikari 的自动配置满足条件，会被实例化。

@ConditionalOnProperty 注解可以通过在 application.properties 文件中配置 key 为 spring.datasource.type，值为 com.zaxxer.hikari.HikariDataSource 的配置项用来明确启动使用 Hikari 数据源。matchIfMissing 为 true，说明如果没有配置则默认操作生效。

Hikari 类内部的 Bean 代码很简单，主要是调用 DataSourceConfiguration 的 createDataSource 方法实例化 HikariDataSource。

在 createDataSource 方法中，使用 DataSourceProperties 的 initializeDataSourceBuilder 来初始化 DataSourceBuilder，源码如下。

```
public DataSourceBuilder<?> initializeDataSourceBuilder() {
```

```
        return DataSourceBuilder.create(getClassLoader()).type(getType()).driver-
ClassName(determineDriverClassName())
                .url(determineUrl()).username(determineUsername()).password(determinePassword());
    }
```

initializeDataSourceBuilder 方法是通过 DataSourceBuilder 的 create 创建了 DataSource-Builder 对象，并依次设置数据源类型、驱动类名、连接 url、用户名和密码等信息。其中上述部分默认参数获取的方法名均为 determine 开头，也就是说在获取的过程中进行了一些推断及默认值的设定，该实现逻辑很简单，读者朋友可以自行查看。

createDataSource 中获得了 DataSourceBuilder 之后，设置其 type 为 HikariDataSource.class 便进行了 HikariDataSource 的初始化。在 dataSource 方法中获得该初始化对象，并设置了连接池的名字，注入容器中。

PooledDataSourceConfiguration 最后导入了 DataSourceJmxConfiguration 配置类，主要用于配置与数据源相关的 MBean，非核心内容就不再展开了。

至此，关于 DataSourceAutoConfiguration 自动配置相关的内容便讲解完了。

8.3 JdbcTemplateAutoConfiguration

在实践过程中，除了数据源的配置外，我们还会经常用到 JdbcTemplate。JdbcTemplate 是 Spring 对数据库的操作在 jdbc 的封装。本节我们简单看一下 JdbcTemplate 实例化操作，不做过多拓展。

JdbcTemplate 的自动配置是通过 JdbcTemplateAutoConfiguration 来完成的，与上面讲到的 DataSourceAutoConfiguration 的自动配置在 spring.factories 中注册位置一样。源代码如下。

```
    @Configuration(proxyBeanMethods = false)
    @ConditionalOnClass({ DataSource.class, JdbcTemplate.class })
    @ConditionalOnSingleCandidate(DataSource.class)
    @AutoConfigureAfter(DataSourceAutoConfiguration.class)
    @EnableConfigurationProperties(JdbcProperties.class)
    @Import({ JdbcTemplateConfiguration.class, NamedParameterJdbcTemplateConfiguration.
class })
    public class JdbcTemplateAutoConfiguration {
    }
```

JdbcTemplateAutoConfiguration 的具体实现为空，注解部分通过 @ConditionalOn-Class 指定必须存在 DataSource 和 JdbcTemplate 类才会进行实例化；@ConditionalOnSingle-Candidate 指定只存在一个候选 DataSource 的 Bean 时才会实例化；@AutoConfigureAfter 指定在初始化 DataSourceAutoConfiguration 之后才会进行实例化；@EnableConfigurationProperties 指定了配置类；

@Import 导入了 JdbcTemplateConfiguration 和 NamedParameterJdbcTemplateConfiguration 两个配置类，其中 JdbcTemplateConfiguration 便是用来实例化 JdbcTemplate 的。

```
@Configuration(proxyBeanMethods = false)
@ConditionalOnMissingBean(JdbcOperations.class)
class JdbcTemplateConfiguration {

    @Bean
    @Primary
    JdbcTemplate jdbcTemplate(DataSource dataSource, JdbcProperties properties) {
        // 根据数据源创建 JdbcTemplate
        JdbcTemplate jdbcTemplate = new JdbcTemplate(dataSource);
        JdbcProperties.Template template = properties.getTemplate();
        // 设置配置文件中的配置项到 JdbcTemplate
jdbcTemplate.setFetchSize(template.getFetchSize());
        jdbcTemplate.setMaxRows(template.getMaxRows());
        if (template.getQueryTimeout() != null) {
            jdbcTemplate.setQueryTimeout((int) template.getQueryTimeout().getSeconds());
        }
        return jdbcTemplate;
    }
}
```

JdbcTemplate 的实例化操作很简单，根据数据源创建一个 JdbcTemplate 对象，并设置 JdbcProperties 中对应的配置，分别设置了获取数据大小、最大行数、查询超时时间等内容。

JdbcTemplate 内部提供了我们操作数据库常见方法，比如 query、queryForObject、update、execute 等，在此就不展开了。

JdbcTemplateAutoConfiguration 导入的 NamedParameterJdbcTemplateConfiguration 主要用来初始化 NamedParameterJdbcTemplate。NamedParameterJdbcTemplate 相当于 JdbcTemplate 的包装类，提供了基于占位符的 SQL 的功能。

```
@Configuration(proxyBeanMethods = false)
@ConditionalOnSingleCandidate(JdbcTemplate.class)
@ConditionalOnMissingBean(NamedParameterJdbcOperations.class)
class NamedParameterJdbcTemplateConfiguration {

    @Bean
    @Primary
    NamedParameterJdbcTemplate namedParameterJdbcTemplate(JdbcTemplate jdbcTemplate) {
        return new NamedParameterJdbcTemplate(jdbcTemplate);
    }
}
```

NamedParameterJdbcTemplate 的实例化操作非常简单，满足自动配置条件时，以 JdbcTemplate 为参数 new 一个 NamedParameterJdbcTemplate 即可。

无论是 JdbcTemplate 还是 NamedParameterJdbcTemplate 的实例化，注解部分都添加了 @Primary，用来表示当存在多个同类型的对象时，当前对象会被优先注入。

关于 JdbcTemplate 的 JdbcTemplateAutoConfiguration 配置类我们就讲这么多。

8.4 异常案例分析

Spring Boot 中大多数自动配置引入之后不需要用户操作什么便可自动生效，但是数据源的配置算是一个例外。如果只是引入了 spring-boot-starter-jdbc 这个 starter，启动的时候是会抛出异常的。

这是为什么呢？这是因为如果引入了该 starter，等于变相引入了 spring-jdbc，而数据源自动化配置类 DataSourceAutoConfiguration 生效的限定条件为 classpath 中同时存在 javax.sql.DataSource 和 org.springframework.jdbc.datasource.embedded.EmbeddedDatabaseType。两个条件都满足，数据源自动配置生效，开始初始化相关信息。而此时，在 application.properties 中如果没有配置连接数据库的相关配置，便会抛出异常。

针对此异常，如果暂时不考虑使用数据库连接，可去掉 spring-boot-starter-jdbc 的依赖，或明确声明排除 DataSourceAutoConfiguration 的自动配置。

可通过注解或配置文件两种形式中的一种来达到目的。在启动类上添加注解排除方式。

```
@EnableAutoConfiguration(exclude = DataSourceAutoConfiguration.class)
```

通过配置文件排除方式。

```
spring.autoconfigure.exclude=org.springframework.boot.autoconfigure.jdbc.
DataSourceAutoConfiguration
```

8.5 小结

本章重点介绍了 DataSourceAutoConfiguration 类和 JdbcTemplateAutoConfiguration 类的自动配置。关于数据库的自动配置还有很多相关配置和功能实现，比如 JndiDataSourceAutoConfiguration、XADataSourceAutoConfiguration、DataSourceTransactionManagerAutoConfiguration 等，感兴趣的朋友可以按照本章介绍的方法和思路进行源码的学习。

Chapter 9 第9章

Spring Boot 消息源码解析

Spring 框架对消息系统的整合提供了广泛的支持：从简单使用 JmsTemplate 的 JMS API，到可接收异步消息的完整基础结构。Spring AMQP 为“高级消息队列协议”提供了类似的功能集。同时，Spring Boot 也为 RabbitTemplate 和 Rabbit MQ 提供了自动配置选项。Spring Boot 通过自动配置对 ActiveMQ、RabbitMQ 和 Apache Kafka 提供了支持。本章重点讲解 Spring Boot 对 JMS 和 ActiveMQ 的自动配置操作。

9.1 JMS 基础自动配置

JMS 的全称是 Java Message Service，即 Java 消息服务。它主要用于在生产者和消费者之间进行消息传递。JMS 只是一个标准，在使用的时候需要有具体实现，比如后面要讲到的 ActiveMQ。

在 Spring Boot 中，通过 JmsAutoConfiguration 自动配置来完成 JMS 的基础组件的初始化。像其他自动配置一样，在 META-INF/spring.factories 中可以找到注册的 JMS 自动配置类。

```
# Auto Configure
org.springframework.boot.autoconfigure.EnableAutoConfiguration=\
org.springframework.boot.autoconfigure.jms.JmsAutoConfiguration
```

9.1.1 JmsAutoConfiguration 的注解

我们先从 JmsAutoConfiguration 的注解部分看起。

```
@Configuration(proxyBeanMethods = false)
@ConditionalOnClass({ Message.class, JmsTemplate.class })
@ConditionalOnBean(ConnectionFactory.class)
@EnableConfigurationProperties(JmsProperties.class)
@Import(JmsAnnotationDrivenConfiguration.class)
public class JmsAutoConfiguration {
}
```

@ConditionalOnClass 注解指定需要满足在 classpath 下存在 javax.jms.Message 类和 org.springframework.jms.core.JmsTemplate 类的条件才会进行初始化。

@ConditionalOnBean 注解指定需要在容器中存在 javax.jms.ConnectionFactory 的 Bean 对象时才会被实例化。ConnectionFactory 接口提供了用于创建与 JMS 代理进行交互的 javax.jms.Connection 的标准方法。Spring 需要 ConnectionFactory 来与 JMS 一起使用，但是通常不需要编程人员直接使用它。

那么，ConnectionFactory 的 Bean 是在什么时候被初始化的呢？以 ActiveMQ 为例，ActiveMQ 的自动配置会在 JmsAutoConfiguration 配置之前执行，并在其内部创建 ConnectionFactory 实现类的 Bean 对象。其他消息框架也与此类似，至于是如何初始化的，后面关于 ActiveMQ 的自动配置的部分我们会进行详解。

@EnableConfigurationProperties 引入了 JMS 的配置属性类，对应的就是在 application.properties 文件中配置的以"spring.jms"为前缀的属性。

@Import 引入了 JmsAnnotationDrivenConfiguration 配置，该配置类主要用于 Spring4.1 注解驱动的 JMS 的自动配置。

下面我们先看 JmsAnnotationDrivenConfiguration 的注解部分和构造方法的源代码。

```
@Configuration(proxyBeanMethods = false)
@ConditionalOnClass(EnableJms.class)
class JmsAnnotationDrivenConfiguration {

    private final ObjectProvider<DestinationResolver> destinationResolver;

    private final ObjectProvider<JtaTransactionManager> transactionManager;

    private final ObjectProvider<MessageConverter> messageConverter;

    private final JmsProperties properties;

    JmsAnnotationDrivenConfiguration(ObjectProvider<DestinationResolver> destination-
Resolver,
            ObjectProvider<JtaTransactionManager> transactionManager, Object-
Provider<MessageConverter> messageConverter,
            JmsProperties properties) {
        this.destinationResolver = destinationResolver;
        this.transactionManager = transactionManager;
        this.messageConverter = messageConverter;
```

```
        this.properties = properties;
    }
}
```

@Configuration 声明该类也是配置类，@ConditionalOnClass 表示类路径下需存在 EnableJms 类。其中 EnableJms 为一个注解类，@EnableJms 用于开启 JMS 注解，使 @JmsListener 注解生效。

在之前章节已经讲过 JmsAnnotationDrivenConfiguration 的构造方法中 ObjectProvider 的作用，这里看其泛型部分类。其中 JmsProperties 参数为 JMS 的配置，前面已经提到过，下面我们重点看其他 3 个参数。

DestinationResolver 用于解决 JMS 目标的策略接口，被 JmsTemplate 用于将目标名称从简单的字符串解析为实际的 Destination 实现实例。JmsTemplate 实例使用的默认 DestinationResolver 实现 DynamicDestinationResolver 类。该接口只有一个方法，通过源代码可以更清晰地看出它的功能。

```
@FunctionalInterface
public interface DestinationResolver {

    // 将给定的目标名称解析为定位资源或作为动态的 Destination（返回 topic 或 queue）
    // Session：为当前 JMS 的 Session
    // destinationName：目标名称
    // pubSubDomain:true 表示 pub-sub 模式，false 表示 P2P 模式
    Destination resolveDestinationName(@Nullable Session session, String destina-
tionName, boolean pubSubDomain) throws JMSException;
}
```

JtaTransactionManager 是 PlatformTransactionManager 的实现类，它提供了 Spring 的 JTA 事务管理，也可用于分布式事务的管理。关于事务相关的内容，在此不进行展开。

MessageConverter 是一个策略接口，用于指定 Java 对象和 JMS 消息之间的转换器。SimpleMessageConverter 作为其简单的默认实现，能够处理 TextMessages、BytesMessages、MapMessages 和 ObjectMessages 之间的消息转换。

```
public interface MessageConverter {
    // 转换 Java 对象到 JMS 消息
     Message toMessage(Object object, Session session) throws JMSException,
MessageConversionException;

    // 转 JMS 消息为 Java 对象
    Object fromMessage(Message message) throws JMSException, MessageConversionException;
}
```

通过 MessageConverter 接口方法的定义也能够看出它的核心功能就是进行 Java 对象与 JMS 消息之间的转换。

了解完构造方法，我们先看 DefaultJmsListenerContainerFactoryConfigurer 的初始化，

代码如下。

```
@Bean
@ConditionalOnMissingBean
DefaultJmsListenerContainerFactoryConfigurer jmsListenerContainerFactoryConfigu-
rer() {
        DefaultJmsListenerContainerFactoryConfigurer configurer = new DefaultJmsLis-
tenerContainerFactoryConfigurer();
        configurer.setDestinationResolver(this.destinationResolver.getIfUnique());
        configurer.setTransactionManager(this.transactionManager.getIfUnique());
        configurer.setMessageConverter(this.messageConverter.getIfUnique());
        configurer.setJmsProperties(this.properties);
        return configurer;
}
```

初始化操作就是创建一个DefaultJmsListenerContainerFactoryConfigurer对象，然后将上面构造方法传入的参数设置到DefaultJmsListenerContainerFactoryConfigurer对象中。该类的作用是配置DefaultJmsListenerContainerFactory，通过DefaultJmsListenerContainerFactoryConfigurer中的configure方法将构造方法中的参数项赋值给DefaultJmsListenerContainerFactory。

而DefaultJmsListenerContainerFactory是一个JmsListenerContainerFactory实现，用于构建常规的DefaultMessageListenerContainer。对于大多数用户，这是默认设置，对于用于手动构建此类容器定义的用户，这应该是一个很好的过渡路径。

接下来便是DefaultJmsListenerContainerFactory的初始化操作，代码如下。

```
@Bean
@ConditionalOnSingleCandidate(ConnectionFactory.class)
@ConditionalOnMissingBean(name = "jmsListenerContainerFactory")
DefaultJmsListenerContainerFactory jmsListenerContainerFactory(
                DefaultJmsListenerContainerFactoryConfigurer configurer, ConnectionFactory
connectionFactory) {
        DefaultJmsListenerContainerFactory factory = new DefaultJmsListenerContai-
nerFactory();
        configurer.configure(factory, connectionFactory);
        return factory;
}
```

当存在唯一候选ConnectionFactory的Bean，并且当name为jmsListenerContainerFactory的DefaultJmsListenerContainerFactory Bean不存在时，会执行创建和初始化操作。其中创建就是直接new一个对象，而关于初始化操作，上面已经提到了，通过DefaultJmsListenerContainerFactoryConfigurer的configure方法来对DefaultJmsListenerContainerFactory对应的各项参数进行赋值。

JmsAnnotationDrivenConfiguration剩余部分代码定义了两个内部类，代码如下。

```
@Configuration(proxyBeanMethods = false)
```

```
    @EnableJms
    @ConditionalOnMissingBean(name = JmsListenerConfigUtils.JMS_LISTENER_ANNOTATION_
PROCESSOR_BEAN_NAME)
    static class EnableJmsConfiguration {
    }

    @Configuration(proxyBeanMethods = false)
    @ConditionalOnJndi
    static class JndiConfiguration {

        @Bean
        @ConditionalOnMissingBean(DestinationResolver.class)
        JndiDestinationResolver destinationResolver() {
            JndiDestinationResolver resolver = new JndiDestinationResolver();
            resolver.setFallbackToDynamicDestination(true);
            return resolver;
        }
    }
```

其中，内部类 EnableJmsConfiguration 的实现为空，主要作用是根据条件来使 @EnableJms 注解生效，生效条件是类 org.springframework.jms.config.internalJmsListenerAnnotation-Processor 对应的 Bean 不存在。

内部类 JndiConfiguration 主要实例化了 JndiDestinationResolver，JndiDestinationResolver 是我们上面讲到的 DestinationResolver 具体实现，用于将目标名称解释为 JNDI 位置。

至此，关于 JmsAutoConfiguration 注解部分，及其注解部分的延伸内容已经讲解完毕。下一节，我们继续学习 JmsAutoConfiguration 内部的自动配置实现。

9.1.2 JmsAutoConfiguration 内部实现

JmsAutoConfiguration 的内部代码部分主要包含两个内部静态类：JmsTemplateConfiguration 和 MessagingTemplateConfiguration。

JmsTemplateConfiguration 主要用来初始化 JmsTemplate 对象。它的构造方法主要设置了 JmsProperties、ObjectProvider<DestinationResolver> 和 ObjectProvider<MessageConverter>，参数的具体功能前面已经讲过，不再赘述。

下面看 JmsTemplateConfiguration 中 JmsTemplate 的初始化。

```
    @Configuration(proxyBeanMethods = false)
    protected static class JmsTemplateConfiguration {
        ...
        @Bean
        @ConditionalOnMissingBean
        @ConditionalOnSingleCandidate(ConnectionFactory.class)
        public JmsTemplate jmsTemplate(ConnectionFactory connectionFactory) {
            PropertyMapper map = PropertyMapper.get();
            // 基于 ConnectionFactory 创建 JmsTemplate 对象
```

```
        JmsTemplate template = new JmsTemplate(connectionFactory);
        // 设置是否为发布订阅模式
        template.setPubSubDomain(this.properties.isPubSubDomain());
        map.from(this.destinationResolver::getIfUnique).whenNonNull()
                .to(template::setDestinationResolver);
        map.from(this.messageConverter::getIfUnique).whenNonNull()
                .to(template::setMessageConverter);
        mapTemplateProperties(this.properties.getTemplate(), template);
        return template;
    }

    private void mapTemplateProperties(Template properties, JmsTemplate template) {
        //... Template 的其他参数设置
    }
}
```

在初始化 JmsTemplate 的过程中，明确要求必须只有一个候选 ConnectionFactory 对象存在，并且不存在 JmsTemplate 对象。

JmsTemplate 是用于简化同步 JMS 访问代码的 Helper 类。以上代码业务比较简单，就是创建了 JmsTemplate 对象，并判断 DestinationResolver、MessageConverter 和 JmsProperties 中的值是否为 null，如果不为 null 则对 JmsTemplate 进行赋值。

其中值得注意的是 JmsTemplate 的 pubSubDomain 的设置，默认情况下为 false，即 P2P 模式（Point-to-Point <Queues>）。如果需要设置为发布 - 订阅模式（Publish/Subscribe <Topics>），则需设置为 true。

另外一个内部类 MessagingTemplateConfiguration 用来创建 JmsMessagingTemplate 对象。

```
@Configuration(proxyBeanMethods = false)
@ConditionalOnClass(JmsMessagingTemplate.class)
@Import(JmsTemplateConfiguration.class)
protected static class MessagingTemplateConfiguration {

    @Bean
    @ConditionalOnMissingBean(JmsMessageOperations.class)
    @ConditionalOnSingleCandidate(JmsTemplate.class)
    public JmsMessagingTemplate jmsMessagingTemplate(JmsProperties properties, JmsTemplate
jmsTemplate) {
        JmsMessagingTemplate messagingTemplate = new JmsMessagingTemplate(jms-
Template);
        // 设置目标名称
        mapTemplateProperties(properties.getTemplate(), messagingTemplate);
        return messagingTemplate;
    }

    private void mapTemplateProperties(Template properties, JmsMessagingTemplate
messagingTemplate) {
        PropertyMapper map = PropertyMapper.get().alwaysApplyingWhenNonNull();
        // 设置目标名称
```

```
    map.from(properties::getDefaultDestination).to(messagingTemplate::setDefault-
DestinationName);
        }
    }
```

当类路径下有 JmsMessagingTemplate 时才会触发 MessagingTemplateConfiguration 的自动配置。通过 @Import 注解引入了上面讲到的 JmsTemplateConfiguration 配置类，为了确保 JmsTemplate 的实例化，创建 JmsMessagingTemplate 时将 JmsTemplate 对象作为参数，然后设置目标名称。

JmsMessagingTemplate 为 JmsMessageOperations 的具体实现，也是提供 Spring 发送消息的工具类。自 Spring 4.1 起，JmsMessagingTemplate 构建于 JmsTemplate 之上，提供了消息抽象的集成，例如 org.springframework.messaging.Message。

至此，JmsAutoConfiguration 相关的自动配置讲解完毕，也完成了 JMS 基础的自动配置。下一节，我们将以 ActiveMQ 为例，讲解其自动配置的实现。

9.2 ActiveMQ 自动配置

ActiveMQ 是 Apache 提供的一个开源的消息系统，很好地支持了 JMS 规范。在使用 ActiveMQ 时需要在 pom 文件中引入 spring-boot-starter-activemq。

ActiveMQ 在 Spring Boot 的自动配置类注册同样在 META-INF/spring.factories 中。

```
# Auto Configure
org.springframework.boot.autoconfigure.EnableAutoConfiguration=\
org.springframework.boot.autoconfigure.jms.activemq.ActiveMQAutoConfiguration,\
```

ActiveMQAutoConfiguration 类没有具体代码实现，主要通过注解完成功能的实现。

```
@Configuration(proxyBeanMethods = false)
@AutoConfigureBefore(JmsAutoConfiguration.class)
@AutoConfigureAfter({ JndiConnectionFactoryAutoConfiguration.class })
@ConditionalOnClass({ ConnectionFactory.class, ActiveMQConnectionFactory.class })
@ConditionalOnMissingBean(ConnectionFactory.class)
@EnableConfigurationProperties({ ActiveMQProperties.class, JmsProperties.class })
@Import({ ActiveMQXAConnectionFactoryConfiguration.class,
      ActiveMQConnectionFactoryConfiguration.class })
public class ActiveMQAutoConfiguration {
}
```

@AutoConfigureBefore 注解指定该类需在 JmsAutoConfiguration 配置之前进行初始化。前面我们已经讲过，JmsAutoConfiguration 初始化时需要用到 ActiveMQAutoConfiguration 初始化的 ConnectionFactory，因此需要在 JmsAutoConfiguration 之前完成初始化。

@AutoConfigureAfter 中指定了在 JndiConnectionFactoryAutoConfiguration 配置完成之后进行初始化。JndiConnectionFactoryAutoConfiguration 中主要通过 JNDI 的方式获得

ConnectionFactory 实例。下面我们先看 JndiConnectionFactoryAutoConfiguration 的初始化 Condition 条件代码。

```
@Configuration(proxyBeanMethods = false)
@AutoConfigureBefore(JmsAutoConfiguration.class)
@ConditionalOnClass(JmsTemplate.class)
@ConditionalOnMissingBean(ConnectionFactory.class)
@Conditional(JndiOrPropertyCondition.class)
@EnableConfigurationProperties(JmsProperties.class)
public class JndiConnectionFactoryAutoConfiguration {

    private static final String[] JNDI_LOCATIONS = { "java:/JmsXA", "java:/XAConne-
ctionFactory" };
    ...
    // JNDI 名称或特定属性的条件
    static class JndiOrPropertyCondition extends AnyNestedCondition {
        JndiOrPropertyCondition() {
            super(ConfigurationPhase.PARSE_CONFIGURATION);
        }

        @ConditionalOnJndi({ "java:/JmsXA", "java:/XAConnectionFactory" })
        static class Jndi {
        }

        @ConditionalOnProperty(prefix = "spring.jms", name = "jndi-name")
        static class Property {
        }
    }
}
```

我们不再赘述 JndiConnectionFactoryAutoConfiguration 初始化条件中的常规项，重点看 @Conditional 指定的 JndiOrPropertyCondition 条件。该类的实现就在 JndiConnectionFactory-AutoConfiguration 内部，通过继承 AnyNestedCondition 来实现判断条件：当指定的 JNDI 生效或 spring.jms.jndi-name 被配置时才会生效。Spring Boot 默认会检查 java:/JmsXA 和 java:/XAConnectionFactory 两个 JNDI 地址。

看完注解部分再来看内部的实现。

```
// 省略注解
public class JndiConnectionFactoryAutoConfiguration {

    // 该地址数组，与下面的条件保持一致
    private static final String[] JNDI_LOCATIONS = { "java:/JmsXA", "java:/XAConnec-
tionFactory" };

    @Bean
    public ConnectionFactory connectionFactory(JmsProperties properties)
throws NamingException {
        JndiLocatorDelegate jndiLocatorDelegate = JndiLocatorDelegate.create-
```

```
DefaultResourceRefLocator();
            // 如果配置文件中配置了 JNDI 名称，则通过指定的 JNDI 名称获取 ConnectionFactory
            if (StringUtils.hasLength(properties.getJndiName())) {
                return jndiLocatorDelegate.lookup(properties.getJndiName(), Conne-
ctionFactory.class);
            }
            // 如果配置文件中未配置 JNDI 名称，则使用默认的名称进行查找
            return findJndiConnectionFactory(jndiLocatorDelegate);
        }

        private ConnectionFactory findJndiConnectionFactory(JndiLocatorDelegate jndiLocator-
Delegate) {
            // 遍历默认值并进行查找
            for (String name : JNDI_LOCATIONS) {
                try {
                    return jndiLocatorDelegate.lookup(name, ConnectionFactory.class);
                } catch (NamingException ex) {
                    // 吞没异常，并继续
                }
            } throw new IllegalStateException(
                    "Unable to find ConnectionFactory in JNDI locations " + Arrays.
asList(JNDI_LOCATIONS));
        }
    ...
    }
```

获得 ConnectionFactory 的过程比较简单，首先判断配置文件中是否配置了指定的 JNDI 名称，如果配置了，便按照配置进行查找；如果未配置，则遍历默认 JNDI 名称数组，进行查找。查找功能由 JndiLocatorDelegate 提供，该类继承自 JndiLocatorSupport，提供了公共的查找（lookup）方法，可以方便地用作委托类。

我们继续看 ActiveMQAutoConfiguration 的注解，@ConditionalOnClass 指定了 classpath 中必须有 ConnectionFactory 类和 ActiveMQConnectionFactory 类存在。同时，@Conditional-OnMissingBean 指定容器中不能存在 ConnectionFactory 的 Bean。

@EnableConfigurationProperties 属性导入了 ActiveMQ 的 ActiveMQProperties 配置和 JMS 的 JmsProperties 配置。

最后，@Import 引入了自动配置 ActiveMQXAConnectionFactoryConfiguration 和自动配置 ActiveMQConnectionFactoryConfiguration。

ActiveMQXAConnectionFactoryConfiguration 主要用来初始化 ConnectionFactory，包含两部分内容：创建 XA 连接工厂和创建普通连接工厂。

```
@Configuration(ConnectionFactory.class)
@ConditionalOnClass(TransactionManager.class)
@ConditionalOnBean(XAConnectionFactoryWrapper.class)
@ConditionalOnMissingBean(ConnectionFactory.class)
class ActiveMQXAConnectionFactoryConfiguration {
```

```
    // 创建 XA 连接工厂
    @Primary
    @Bean(name = { "jmsConnectionFactory", "xaJmsConnectionFactory" })
    public ConnectionFactory jmsConnectionFactory(ActiveMQProperties properties,
            ObjectProvider<ActiveMQConnectionFactoryCustomizer> factoryCustomizers,
            XAConnectionFactoryWrapper wrapper) throws Exception {
        ActiveMQXAConnectionFactory connectionFactory = new ActiveMQConnection-
FactoryFactory(
                properties, factoryCustomizers.orderedStream().collect(Collectors.toList()))
                        .createConnectionFactory(ActiveMQXAConnectionFactory.class);
        return wrapper.wrapConnectionFactory(connectionFactory);
    }

    // 创建普通连接工厂
    @Bean
    @ConditionalOnProperty(prefix = "spring.activemq.pool", name = "enabled",
            havingValue = "false", matchIfMissing = true)
    public ActiveMQConnectionFactory nonXaJmsConnectionFactory(ActiveMQProper-
ties properties,
            ObjectProvider<ActiveMQConnectionFactoryCustomizer> factoryCustomizers) {
        return new ActiveMQConnectionFactoryFactory(properties,
                factoryCustomizers.orderedStream().collect(Collectors.toList()))
                        .createConnectionFactory(ActiveMQConnectionFactory.class);
    }
}
```

如果没有干预，该自动配置类是不会自动生效的，只有当满足 XAConnectionFactory-Wrapper 的 Bean 存在时，才会进行实例化操作，默认状态下是没有对应的 Bean 的。

jmsConnectionFactory 中直接创建了 ActiveMQXAConnectionFactory 类，然后通过 XAConnectionFactoryWrapper 包装类的包装将其注册到 JTA TransactionManager。

nonXaJmsConnectionFactory 方法直接创建 ActiveMQConnectionFactoryFactory 对象，并将配置属性和定制化操作传入。ActiveMQConnectionFactoryFactory 本质上也是一个 ConnectionFactory。

另外一个导入类 ActiveMQConnectionFactoryConfiguration 主要用来配置 ActiveMQ 的 ConnectionFactory，提供了基于池化的 ConnectionFactory、基于缓存的 ConnectionFactory 和普通的 ActiveMQ ConnectionFactory。

ActiveMQConnectionFactoryConfiguration 中关于以上 3 种 ConnectionFactory 的初始化操作都比较简单，我们直接看核心代码。首先看普通的 ActiveMQ 连接工厂的初始化代码。

```
@Bean
@ConditionalOnProperty(prefix = "spring.jms.cache", name = "enabled", having
Value = "false")
ActiveMQConnectionFactory jmsConnectionFactory(ActiveMQProperties properties,
        ObjectProvider<ActiveMQConnectionFactoryCustomizer> factoryCustomizers) {
    return createJmsConnectionFactory(properties, factoryCustomizers);
}
```

```
    private static ActiveMQConnectionFactory createJmsConnectionFactory(ActiveMQ-
Properties properties,
            ObjectProvider<ActiveMQConnectionFactoryCustomizer> factoryCustomizers) {
        return new ActiveMQConnectionFactoryFactory(properties,
                factoryCustomizers.orderedStream().collect(Collectors.toList()))
                    .createConnectionFactory(ActiveMQConnectionFactory.class);
    }
```

该连接工厂的初始化需要指定配置 spring.jms.cache.enabled=false 时才会进行，初始化操作就是创建一个 ActiveMQConnectionFactoryFactory 对象，并将配置属性和定制化操作传入，然后调用其 createConnectionFactory 方法，完成 ActiveMQConnectionFactory 的创建。

这里简单看一下 ActiveMQConnectionFactoryFactory 创建过程中的核心代码。

```
    private <T extends ActiveMQConnectionFactory> T createConnectionFactoryInstan-
ce(Class<T> factoryClass)
            throws InstantiationException, IllegalAccessException, InvocationTarget-
Exception, NoSuchMethodException {
        String brokerUrl = determineBrokerUrl();
        String user = this.properties.getUser();
        String password = this.properties.getPassword();
        if (StringUtils.hasLength(user) && StringUtils.hasLength(password)) {
            return factoryClass.getConstructor(String.class, String.class, String.class).
newInstance(user, password, brokerUrl);
        }
        return factoryClass.getConstructor(String.class).newInstance(brokerUrl);
    }
```

上面代码中获得 brokerUrl、用户名、密码等内容，然后通过 ActiveMQConnection-Factory 的 Class 对象获取构造器并创建对象。

其中关于 brokerUrl 的获取，如果配置文件中指定了 brokerUrl，则使用指定的，如果未指定并且 inMemory 配置项为 true（默认为 true），则 brokerUrl 默认为 “vm://localhost?broker.persistent=false”，其他情况则 brokerUrl 为 “tcp://localhost:61616”，相关代码如下。

```
    class ActiveMQConnectionFactoryFactory {
        private static final String DEFAULT_EMBEDDED_BROKER_URL = "vm://localhost?broker.
persistent=false";
        private static final String DEFAULT_NETWORK_BROKER_URL = "tcp://localhost:61616";
        ...
        String determineBrokerUrl() {
            if (this.properties.getBrokerUrl() != null) {
                return this.properties.getBrokerUrl();
            }
            if (this.properties.isInMemory()) {
                return DEFAULT_EMBEDDED_BROKER_URL;
            }
            return DEFAULT_NETWORK_BROKER_URL;
        }
    }
```

在 ActiveMQConnectionFactoryFactory 中完成 ActiveMQConnectionFactory 对象创建之后，返回之前还进行了一系列的定制化操作，相关代码如下。

```
private <T extends ActiveMQConnectionFactory> T doCreateConnectionFactory(Class-
<T> factoryClass) throws Exception {
        // 获得 ActiveMQConnectionFactory
        T factory = createConnectionFactoryInstance(factoryClass);

        // 设置关闭超时时间
        if (this.properties.getCloseTimeout() != null) {
            factory.setCloseTimeout((int) this.properties.getCloseTimeout().toMillis());
        }
        factory.setNonBlockingRedelivery(this.properties.isNonBlockingRedelivery());
        // 设置发送超时时间
        if (this.properties.getSendTimeout() != null) {
            factory.setSendTimeout((int) this.properties.getSendTimeout().toMillis());
        }
        // 设置信任范围
        Packages packages = this.properties.getPackages();
        if (packages.getTrustAll() != null) {
            factory.setTrustAllPackages(packages.getTrustAll());
        }
        if (!packages.getTrusted().isEmpty()) {
            factory.setTrustedPackages(packages.getTrusted());
        }
        // 定制化
        customize(factory);
        return factory;
    }
```

在上述代码中，主要是设置配置文件中指定的参数值（如：配置关闭超时时间、发送超时时间）和定制化操作（如遍历调用构造对象时传入的参数 List<ActiveMQConnectionFactory-Customizer> 中元素的 customize 方法）。

下面看基于缓存的 CachingConnectionFactory 的创建源码。

```
    @Configuration(proxyBeanMethods = false)
    @ConditionalOnClass(CachingConnectionFactory.class)
    @ConditionalOnProperty(prefix = "spring.jms.cache", name = "enabled", havingValue
= "true",
            matchIfMissing = true)
    static class CachingConnectionFactoryConfiguration {

        @Bean
        CachingConnectionFactory cachingJmsConnectionFactory(JmsProperties jmsProperties,
                ActiveMQProperties properties,
                ObjectProvider<ActiveMQConnectionFactoryCustomizer> factoryCusto-
mizers) {
            JmsProperties.Cache cacheProperties = jmsProperties.getCache();
```

```
        CachingConnectionFactory connectionFactory = new CachingConnectionFactory(
                createJmsConnectionFactory(properties, factoryCustomizers));
        connectionFactory.setCacheConsumers(cacheProperties.isConsumers());
        connectionFactory.setCacheProducers(cacheProperties.isProducers());
        connectionFactory.setSessionCacheSize(cacheProperties.getSessionCacheSize());
        return connectionFactory;
    }
}
```

注解部分表明，如果未配置 spring.jms.cache.enabled 或配置其值为 true，均会使该自动配置生效。创建 CachingConnectionFactory 的过程就是 new 一个 CachingConnectionFactory 对象，其参数包含上面我们讲到的 ActiveMQConnectionFactory 对象（创建步骤完全一样）和配置属性。然后，根据配置参数设置是否缓存消费者、生产者和预期的缓存大小。

CachingConnectionFactory 是 SingleConnectionFactory 的子类，它添加了会话（Session）缓存以及 MessageProducer 缓存。默认情况下，此 ConnectionFactory 还会将“reconnect-OnException”属性切换为“true”，从而允许发生异常时自动恢复重置 Connection。

CachingConnectionFactory 默认情况下，只会缓存一个会话，其他进一步的回话请求会按照需要创建并处理。在高并发环境下，要考虑提高“sessionCacheSize”的值。

最后再看一下基于池化的 ConnectionFactory 的创建。

```
@Configuration(proxyBeanMethods = false)
@ConditionalOnClass({ JmsPoolConnectionFactory.class, PooledObject.class })
static class PooledConnectionFactoryConfiguration {

    @Bean(destroyMethod = "stop")
    @ConditionalOnProperty(prefix = "spring.activemq.pool", name = "enabled",
havingValue = "true")
    JmsPoolConnectionFactory pooledJmsConnectionFactory(ActiveMQProperties properties,
            ObjectProvider<ActiveMQConnectionFactoryCustomizer> factoryCustomizers) {
        ActiveMQConnectionFactory connectionFactory = new ActiveMQConnection-
FactoryFactory(properties,
                factoryCustomizers.orderedStream().collect(Collectors.toList()))
                        .createConnectionFactory(ActiveMQConnectionFactory.class);
        return new JmsPoolConnectionFactoryFactory(properties.getPool())
                .createPooledConnectionFactory(connectionFactory);
    }
}
```

下面讲解 JmsPoolConnectionFactory 的创建步骤：首先，创建一个 ActiveMQConnectionFactory 对象，与上面创建该类的方法完全一样，不再赘述；随后，创建 JmsPoolConnectionFactoryFactory 对象，构造参数为连接池的配置信息，然后调用对象的 createPooledConnectionFactory 方法，将 ActiveMQConnectionFactory 对象传入。

在 createPooledConnectionFactory 方法中主要就是 new 出一个 JmsPoolConnectionFactory

对象，设置 ConnectionFactory 为 ActiveMQConnectionFactory，并进行一些其他配置参数的判断和设置。这里就不再展示相关代码了。

至此，关于 ActiveMQ 自动配置的讲解已经完成。

9.3 @JmsListener 注解解析

JMS 消息分发送消息和接收消息两种功能，发送消息很简单，注入 JmsTemplate 到对应的 Bean 中即可使用。接收消息则需要使用 @JmsListener 注解。

先看一下发送消息的官方示例。

```
@Component
public class MyBean {
    private final JmsTemplate jmsTemplate;
    @Autowired
    public MyBean(JmsTemplate jmsTemplate) {
        this.jmsTemplate = jmsTemplate;
    }
    // ...
}
```

将 JmsTemplate 注入 MyBean 中，便可在该类的其他方法中使用 JmsTemplate 来发送消息了。

接收消息的官方代码示例如下。

```
@Component
public class MyBean {
    @JmsListener(destination = "someQueue")
    public void processMessage(String content) {
        // ...
    }
}
```

当 JMS 的基础构件都完成初始化之后，可以使用 @JmsListener 注释任何 Bean 来创建侦听器端点，就像上面的示例一样。

@JmsListener 注解是由 Spring 提供的，它位于 spring-jms 包下。Spring 会对注解了 @JmsListener 的方法进行处理。在这一过程中主要使用到同一包下的 JmsListenerAnnotationBeanPostProcessor 类。该类中相关解析代码如下。

```
@Override
public Object postProcessAfterInitialization(Object bean, String beanName) throws
BeansException {
        if (bean instanceof AopInfrastructureBean || bean instanceof JmsListener-
ContainerFactory ||
                bean instanceof JmsListenerEndpointRegistry) {
            // 忽略诸如作用域代理之类的 AOP 基础结构
```

```
            return bean;
        }

        // 通过工具类 AopProxyUtils 获取最终的 Class 对象
        Class<?> targetClass = AopProxyUtils.ultimateTargetClass(bean);
        // 如果该目标 Class 不包含在 nonAnnotatedClasses（没有被注解的类）
        // 并且目标 Class 为基于 JmsListener 的候选类
        if (!this.nonAnnotatedClasses.contains(targetClass) &&
                AnnotationUtils.isCandidateClass(targetClass, JmsListener.class)) {
            // 获取该类注解有 JmsListener 的方法集合
            Map<Method, Set<JmsListener>> annotatedMethods = MethodIntrospector.
selectMethods(targetClass,
                    (MethodIntrospector.MetadataLookup<Set<JmsListener>>) method -> {
                        Set<JmsListener> listenerMethods = AnnotatedElementUtils.
getMergedRepeatableAnnotations(
                                method, JmsListener.class, JmsListeners.class);
                        return (!listenerMethods.isEmpty() ? listenerMethods : null);
                    });
            if (annotatedMethods.isEmpty()) {
            // 该类方法为空，则将该类放入 nonAnnotatedClasses 中
                this.nonAnnotatedClasses.add(targetClass);
                ...
            } else {
                // 如果方法集合不为空，则遍历方法集合并调用 processJmsListener 方法进行后续处理
                annotatedMethods.forEach((method, listeners) ->
                        listeners.forEach(listener -> processJmsListener(listener, method,
bean)));
                ...
            }
        }
        return bean;
    }
```

在上述代码中，核心的处理流程就是通过 Bean 获取最终符合条件的 Class 对象，然后获取该 Class 对象中被 @JmsListener 注解的方法集合，遍历调用 processJmsListener 方法进行对应的注册操作。

在 processJmsListener 方法中主要就是创建并初始化 MethodJmsListenerEndpoint 对象，同时创建了 JmsListenerContainerFactory 对象，然后通过 JmsListenerEndpointRegistrar 的 registerEndpoint 方法将其进行注册到 JmsListenerContainerFactory 中。因此，在代码中通过注解 @JmsListener 便可进行消息的接收了。processJmsListener 部分代码如下。

```
    protected void processJmsListener(JmsListener jmsListener, Method mostSpecific-
Method, Object bean) {
        Method invocableMethod = AopUtils.selectInvocableMethod(mostSpecificMethod,
bean.getClass());

        MethodJmsListenerEndpoint endpoint = createMethodJmsListenerEndpoint();
        endpoint.setBean(bean);
```

```
        // ... 省略大量 set 方法

        // 创建 JmsListenerContainerFactory
        JmsListenerContainerFactory<?> factory = null;
        String containerFactoryBeanName = resolve(jmsListener.containerFactory());
        if (StringUtils.hasText(containerFactoryBeanName)) {
            Assert.state(this.beanFactory != null, "BeanFactory must be set to obtain -
container factory by bean name");
            try {
                factory = this.beanFactory.getBean(containerFactoryBeanName, JmsListener-
ContainerFactory.class);
            } catch (NoSuchBeanDefinitionException ex) {
                ...
        }
        // 通过 JmsListenerEndpointRegistrar 进行注册
        this.registrar.registerEndpoint(endpoint, factory);
    }
```

默认情况下，当使用了 @JmsListener 注解，而又没有自定义 JmsListenerContainer-Factory 时，Spring Boot 会自动创建一个默认的对象。如果想创建多个 JmsListenerContainerFactory，可使用 Spring Boot 提供的 DefaultJmsListenerContainerFactoryConfigurer 来创建，示例代码如下。

```
@Configuration
static class JmsConfiguration {
    @Bean
    public DefaultJmsListenerContainerFactory myFactory(
            DefaultJmsListenerContainerFactoryConfigurer configurer) {
        DefaultJmsListenerContainerFactory factory =
                new DefaultJmsListenerContainerFactory();
        configurer.configure(factory, connectionFactory());
        factory.setMessageConverter(myMessageConverter());
        return factory;
    }
}
```

上面代码定义完 JmsListenerContainerFactory 之后，在 @JmsListener 注解中指定 containerFactory 为对应的 Factory 名字（myFactory）即可。

关于 @JmsListener 的使用及原理，我们就讲到这里。

9.4 小结

本章重点分析了 Spring Boot 中 JMS 和 ActiveMQ 的自动配置。ActiveMQ 很好地实现了 JMS 协议，同时又可以很方便地进行定制化实现。针对 JMS 的注解部分，Spring Boot 也提供了专门的自动配置类 JmsAnnotationDrivenConfiguration 进行一系列的默认配置，本章并未进行讲解，读者朋友可自行阅读。而关于其他协议的自动配置实现基本相似，大家可进一步查看相关源代码。

Chapter 10 第 10 章

Spring Boot Cache 源码解析

Spring Boot 支持了多种缓存的自动配置，其中包括 Generic、JCache、EhCache 2.*x*、Hazelcast、Infinispan、Couchbase、Redis、Caffeine 和 Simple。早期版本还支持 Guava 的缓存，但目前已经废弃。本章将重点讲解缓存的自动配置 CacheAutoConfiguration 和默认的 SimpleCacheConfiguration 自动配置及相关内容。

10.1 Cache 简介

随着项目的发展，往往会出现一些瓶颈，比如与数据库的交互、与远程服务器的交互等。此时，缓存便派上了用场。而在 Spring 3.1 中引入了基于注解的 Cache 的支持，在 spring-context 包中定义了 org.springframework.cache.CacheManager 和 org.springframework.cache.Cache 接口，用来统一不同的缓存的技术。

CacheManager 是 Spring 提供的各种缓存技术管理的抽象接口，而 Cache 接口包含缓存的增加、删除、读取等常用操作。针对 CacheManager，Spring 又提供了多种实现，比如基于 Collection 来实现的 SimpleCacheManager、基于 ConcurrentHashMap 实现的 ConcurrentMapCacheManager、基于 EhCache 实现的 EhCacheCacheManager 和基于 JCache 标准实现的 JCacheCacheManager 等。

Spring Cache 的实现与 Spring 事务管理类似，都是基于 AOP 的方式。其核心思想是：第一次调用缓存方法时，会把该方法参数和返回结果作为键值存放在缓存中，当同样的参数再次请求方法时不再执行该方法内部业务逻辑，而是直接从缓存中获取结果并返回。

Spring Cache 提供了 @CacheConfig、@Cacheable、@CachePut、@CacheEvict 等注解

来完成缓存的透明化操作，相关功能如下。

- @CacheConfig：用于类上，缓存一些公共设置。
- @Cacheable：用于方法上，根据方法的请求参数对结果进行缓存，下次读取时直接读取缓存内容。
- @CachePut：用于方法上，能够根据方法的请求参数对其结果进行缓存，和 @Cacheable 不同的是，它每次都会触发真实方法的调用。
- @CacheEvict：用于方法上，清除该方法的缓存，用在类上清除整个类的方法的缓存。

在了解了 Spring Cache 的基本作用的和定义之后，下面来看在 Spring Boot 中是如何对 Cache 进行自动配置的。

10.2 Cache 自动配置

在 Spring Boot 中，关于 Cache 的默认自动配置类只有 CacheAutoConfiguration，主要用于缓存抽象的自动配置，当通过 @EnableCaching 启用缓存机制时，根据情况可创建 CacheManager。对于缓存存储可以通过配置自动检测或明确指定。

CacheAutoConfiguration 同样在 META-INF/spring.factories 文件中配置注册。

```
# Auto Configure
org.springframework.boot.autoconfigure.EnableAutoConfiguration=\
org.springframework.boot.autoconfigure.cache.CacheAutoConfiguration,\
```

下面先来看 CacheAutoConfiguration 类的注解部分代码实现。

```
@Configuration(proxyBeanMethods = false)
@ConditionalOnClass(CacheManager.class)
@ConditionalOnBean(CacheAspectSupport.class)
@ConditionalOnMissingBean(value = CacheManager.class, name = "cacheResolver")
@EnableConfigurationProperties(CacheProperties.class)
@AutoConfigureAfter({ CouchbaseAutoConfiguration.class, HazelcastAutoConfiguration.class,
    HibernateJpaAutoConfiguration.class, RedisAutoConfiguration.class })
@Import(CacheConfigurationImportSelector.class)
public class CacheAutoConfiguration {
...
}
```

@ConditionalOnClass 指定需要在 classpath 下存在 CacheManager 类。关于 CacheManager 类是一个缓存管理器的接口，管理各种缓存（Cache）组件。针对不同的缓存技术，会有不同的实现类。比如，在 Spring 中提供了 SimpleCacheManager（测试）、ConcurrentMapCacheManager（默认）、NoOpCacheManager（测试）、EhCacheCacheManager（基于 EhCache）、RedisCacheManager（基于 Redis）等实现类。

CacheManager 接口提供了两个方法：根据名称获取缓存和获取缓存名称集合，相关代码如下。

```
public interface CacheManager {

    // 根据名称获取缓存
    @Nullable
    Cache getCache(String name);

    // 获取缓存名称集合
    Collection<String> getCacheNames();
}
```

在 CacheManager 接口中只定义了上面两个方法，但在其抽象实现类 AbstractCacheManager 中便扩展了新增 Cache、更新 Cache 等方法。

@ConditionalOnBean 指定需要存在 CacheAspectSupport 的 Bean 时才生效，换句话说，就是需要在使用了 @EnableCaching 时才有效。这是因为该注解隐式的导致了 CacheInterceptor 对应的 Bean 的初始化，而 CacheInterceptor 为 CacheAspectSupport 的子类。

@ConditionalOnMissingBean 指定名称为 cacheResolver 的 CacheManager 对象不存在时生效。

@EnableConfigurationProperties 加载缓存的 CacheProperties 配置项，配置前缀为 spring.cache。

@AutoConfigureAfter 指定该自动配置必须在缓存数据基础组件自动配置之后进行，这里包括 Couchbase、Hazelcast、HibernateJpa 和 Redis 的自动配置。

想要实现缓存，需要先集成对应的缓存框架或组件。这里以 Redis 为例，它的自动配置类 RedisAutoConfiguration 中便完成了 Redis 相关的 RedisTemplate 和 StringRedisTemplate 的实例化。而 RedisAutoConfiguration 中导入类 JedisConnectionConfiguration 又完成了 Redis 使用 Jedis 连接的配置。

@Import 导入 CacheConfigurationImportSelector，其实是导入符合条件的 Spring Cache 使用的各类基础缓存框架（或组件）的配置。该类的实现就位于 CacheAutoConfiguration 中，代码如下。

```
static class CacheConfigurationImportSelector implements ImportSelector {
    @Override
    public String[] selectImports(AnnotationMetadata importingClassMetadata) {
        CacheType[] types = CacheType.values();
        String[] imports = new String[types.length];
        for (int i = 0; i < types.length; i++) {
            imports[i] = CacheConfigurations.getConfigurationClass(types[i]);
        }
        return imports;
    }
}
```

导入类的获取是通过实现 ImportSelector 接口来完成的，具体获取步骤位于 selectImports

方法中。该方法中，首先获取枚举类 CacheType 中定义的缓存类型数据，CacheType 中定义支持的缓存类型如下。

```
// 支持的缓存类型 (按照优先级定义)
public enum CacheType {

    // 使用上下文中的 Cache Bean 进行通用缓存
    GENERIC,

    // JCache (JSR-107) 支持的缓存
    JCACHE,

    // EhCache 支持的缓存
    EHCACHE,

    // Hazelcast 支持的缓存
    HAZELCAST,

    // Infinispan 支持的缓存
    INFINISPAN,

    // Couchbase 支持的缓存
    COUCHBASE,

    // Redis 支持的缓存
    REDIS,

    // Caffeine 支持的缓存
    CAFFEINE,

    // 内存基本的简单缓存
    SIMPLE,

    // 不支持缓存
    NONE
}
```

枚举类 CacheType 中定义了以上支持的缓存类型，而且上面的缓存类型默认是按照优先级从前到后的顺序排列的。

selectImports 方法中，当获取 CacheType 中定义的缓存类型数组之后，遍历该数组并通过 CacheConfigurations 的 getConfigurationClass 方法获得每种类型缓存对应的自动配置类（注解 @Configuration 的类）。CacheConfigurations 相关代码如下。

```
final class CacheConfigurations {

    private static final Map<CacheType, Class<?>> MAPPINGS;

    // 定义 CacheType 与 @Configuration 之间的对应关系
    static {
```

```
        Map<CacheType, Class<?>> mappings = new EnumMap<>(CacheType.class);
        mappings.put(CacheType.GENERIC, GenericCacheConfiguration.class);
        mappings.put(CacheType.EHCACHE, EhCacheCacheConfiguration.class);
        mappings.put(CacheType.HAZELCAST, HazelcastCacheConfiguration.class);
        mappings.put(CacheType.INFINISPAN, InfinispanCacheConfiguration.class);
        mappings.put(CacheType.JCACHE, JCacheCacheConfiguration.class);
        mappings.put(CacheType.COUCHBASE, CouchbaseCacheConfiguration.class);
        mappings.put(CacheType.REDIS, RedisCacheConfiguration.class);
        mappings.put(CacheType.CAFFEINE, CaffeineCacheConfiguration.class);
        mappings.put(CacheType.SIMPLE, SimpleCacheConfiguration.class);
        mappings.put(CacheType.NONE, NoOpCacheConfiguration.class);
        MAPPINGS = Collections.unmodifiableMap(mappings);
    }

    // 根据 CacheType 类型获得对应的 @Configuration 类
    static String getConfigurationClass(CacheType cacheType) {
        Class<?> configurationClass = MAPPINGS.get(cacheType);
        Assert.state(configurationClass != null, () -> "Unknown cache type " + cacheType);
        return configurationClass.getName();
    }
    ...
}
```

经过以上步骤，我们会发现通过 @Import 注解，CacheAutoConfiguration 导入了 CacheType 中定义的所有类型的自动配置，也就是 Spring Boot 目前支持的缓存类型。而具体会自动配置哪种类型的缓存，还需要看导入的自动配置类里面的生效条件。

我们以 GenericCacheConfiguration 为例进行了解，源代码如下。

```
@Configuration(proxyBeanMethods = false)
@ConditionalOnBean(Cache.class)
@ConditionalOnMissingBean(CacheManager.class)
@Conditional(CacheCondition.class)
class GenericCacheConfiguration {

    @Bean
    SimpleCacheManager cacheManager(CacheManagerCustomizers customizers, Collection
<Cache> caches) {
        SimpleCacheManager cacheManager = new SimpleCacheManager();
        cacheManager.setCaches(caches);
        return customizers.customize(cacheManager);
    }
}
```

在 GenericCacheConfiguration 的注解部分，@ConditionalOnBean 指定当 Cache 的 Bean 存在时进行实例化操作，@ConditionalOnMissingBean 指定当 CacheManager 的 Bean 不存在时进行实例化操作，@Conditional 指定当满足 CacheCondition 指定的条件时进行实例化操作。

CacheManager 我们前面已经介绍过，不再赘述。Cache 是一个定义了缓存通用操作的接口，其中定义了缓存名称获取、缓存值获取、清除缓存、添加缓存值等操作。对应的缓存组件或框架实现该接口，并根据组件自身的情况提供对应的操作方法实现。

下面看 CacheCondition 类中定义的条件。

```
class CacheCondition extends SpringBootCondition {

    @Override
    public ConditionOutcome getMatchOutcome(ConditionContext context, Annotated-
TypeMetadata metadata) {
        String sourceClass = "";
        if (metadata instanceof ClassMetadata) {
            sourceClass = ((ClassMetadata) metadata).getClassName();
        }
        ConditionMessage.Builder message = ConditionMessage.forCondition("Cache",
sourceClass);
        Environment environment = context.getEnvironment();
        try {
            // 创建指定环境的 Binder，然后绑定属性到对象上
            BindResult<CacheType> specified = Binder.get(environment).bind("spring.
cache.type", CacheType.class);
            // 如果未绑定，则返回匹配
            if (!specified.isBound()) {
                return ConditionOutcome.match(message.because("automatic cache
type"));
            }
            // 获取所需的缓存类型
            CacheType required = CacheConfigurations.getType(((AnnotationMetadata)
metadata).getClassName());
            // 如果已绑定，并且绑定的类型与所需的缓存类型相同，则返回匹配
            if (specified.get() == required) {
                return ConditionOutcome.match(message.because(specified.get() +
" cache type"));
            }
        } catch (BindException ex) {
        }
        // 其他情况则返回不匹配
        return ConditionOutcome.noMatch(message.because("unknown cache type"));
    }
}
```

CacheCondition 的核心逻辑就是首先通过 Binder 进行指定属性和类的绑定，然后通过绑定结果（BindResult）进行判断：如果判断结果是未绑定，则直接返回条件匹配；否则，判断绑定的缓存类型与所需的缓存类型是否相等，如果相等则返回条件匹配；其他情况则返回条件不匹配。

当 GenericCacheConfiguration 满足注解指定的条件后，便会通过 cacheManager 方法进行 SimpleCacheManager 类的实例化操作。首先创建 SimpleCacheManager 对象，然后将缓存集合设置到对象中，最后通过 CacheManagerCustomizers 的 customize 方法对 SimpleCacheManager 进行定制化处理。

SimpleCacheManager 类是接口 CacheManager 的一个实现类，通过集合来实现缓存功

能，源代码如下。

```
public class SimpleCacheManager extends AbstractCacheManager {

    private Collection<? extends Cache> caches = Collections.emptySet();

    // 设置缓存集合
    public void setCaches(Collection<? extends Cache> caches) {
        this.caches = caches;
    }

    // 获取缓存集合
    @Override
    protected Collection<? extends Cache> loadCaches() {
        return this.caches;
    }
}
```

通过以上代码可以看出，SimpleCacheManager 的实现极其简单，就是基于 Cache 的集合来实现的，它提供了设置缓存集合和获取缓存集合的方法。同样，由于实现比较简单，它往往被用于测试环境和简单缓存场景中。

上面我们以 GenericCacheConfiguration 为例讲解了 @Import 引入的缓存组件配置，关于其他的类型缓存注解的配置就不再一一讲解了。

下面我们继续看 @Import 的 CacheManagerEntityManagerFactoryDependsOnPostProcessor 类。该类同样为 CacheAutoConfiguration 的内部类。

```
@ConditionalOnClass(LocalContainerEntityManagerFactoryBean.class)
@ConditionalOnBean(AbstractEntityManagerFactoryBean.class)
static class CacheManagerEntityManagerFactoryDependsOnPostProcessor
        extends EntityManagerFactoryDependsOnPostProcessor {

    CacheManagerEntityManagerFactoryDependsOnPostProcessor() {
        super("cacheManager");
    }
}
```

该类实现了 EntityManagerFactoryDependsOnPostProcessor，本质上是 BeanFactoryPostProcessor 的一个实现类。当 classpath 中存在 LocalContainerEntityManagerFactoryBean 类和实现了抽象类 AbstractEntityManagerFactoryBean 的类的 Bean 时，才会进行实例化操作。在该类的构造方法中调用父类构造方法并传递值“cacheManager”。因此，动态声明了所有类型为 EntityManagerFactory 的 Bean 都必须依赖于名称为 cacheManager 的 Bean。

最后，我们看一下 CacheAutoConfiguration 中其余的代码。

```
// 实例化 CacheManagerCustomizers
@Bean
@ConditionalOnMissingBean
```

```
    public CacheManagerCustomizers cacheManagerCustomizers(
            ObjectProvider<CacheManagerCustomizer<?>> customizers) {
        return new CacheManagerCustomizers(
                customizers.orderedStream().collect(Collectors.toList()));
    }
```

cacheManagerCustomizers 方法初始化了 CacheManagerCustomizers 对象的 Bean，主要是将容器中存在的一个或多个 CacheManagerCustomizer 的 Bean 组件包装为 CacheManager-Customizers，并将 Bean 注入容器。

```
    // 实例化 CacheManagerValidator
    @Bean
    public CacheManagerValidator cacheAutoConfigurationValidator(CacheProperties-
cacheProperties,
            ObjectProvider<CacheManager> cacheManager) {
        return new CacheManagerValidator(cacheProperties, cacheManager);
    }

    // CacheManagerValidator 的具体定义，用于检查并抛出有意义的异常
    static class CacheManagerValidator implements InitializingBean {
        private final CacheProperties cacheProperties;
        private final ObjectProvider<CacheManager> cacheManager;

        CacheManagerValidator(CacheProperties cacheProperties, ObjectProvider<Cache-
Manager> cacheManager) {
            this.cacheProperties = cacheProperties;
            this.cacheManager = cacheManager;
        }

        @Override
        public void afterPropertiesSet() {
            Assert.notNull(this.cacheManager.getIfAvailable(),
                    () -> "No cache manager could be auto-configured, check your
configuration (caching " + "type is '"  + this.cacheProperties.getType() + "')");
        }
    }
```

cacheAutoConfigurationValidator 方法初始化了 CacheManagerValidator 的 Bean，该 Bean 用于确保容器中存在一个 CacheManager 对象，以达到缓存机制可以继续被配置和使用的目的，同时该 Bean 也用来提供有意义的异常声明。

至此关于 Spring Boot 中 cache 的 CacheAutoConfiguration 自动配置讲解完毕，随后我们会继续讲一下 Spring Boot 中默认的自动配置。

10.3 默认 Cache 配置

当使用 @EnableCaching 启动 Spring Boot 的缓存机制但又未添加其他缓存类库时，

Spring Boot 会默认提供一个基于 ConcurrentHashMap 实现的缓存组件——ConcurrentMap-CacheManager。但官方文档已经明确提示，不建议在生产环境中使用该缓存组件。但它却是一个很好的学习缓存特性的工具。

这个默认的缓存组件是通过 SimpleCacheConfiguration 来完成自动配置的。下面，我们简单了解一下它的自动配置以及 ConcurrentMapCacheManager 的实现。

```
@Configuration(proxyBeanMethods = false)
@ConditionalOnMissingBean(CacheManager.class)
@Conditional(CacheCondition.class)
class SimpleCacheConfiguration {

    @Bean
    ConcurrentMapCacheManager cacheManager(CacheProperties cacheProperties,
            CacheManagerCustomizers cacheManagerCustomizers) {
        ConcurrentMapCacheManager cacheManager = new ConcurrentMapCacheManager();
        List<String> cacheNames = cacheProperties.getCacheNames();
        if (!cacheNames.isEmpty()) {
            cacheManager.setCacheNames(cacheNames);
        }
        return cacheManagerCustomizers.customize(cacheManager);
    }
}
```

该自动配置文件很简单，当容器中不存在 CacheManager 的 Bean，同时满足 CacheCondition 中指定的条件时，则进行自动配置。关于 CacheCondition 中的业务逻辑实现已经在上一节进行了详细地讲解，不再赘述。

在 cacheManager 方法中首先创建了一个 ConcurrentMapCacheManager 对象，然后通过配置属性类获得缓存名称列表，如果列表内容不为空，则赋值给上述对象 cacheManager。最后调用 CacheManagerCustomizers 的 customize 方法对 cacheManager 进行定制化处理并返回。

下面我们重点看 cacheManager 方法中 ConcurrentMapCacheManager 类的内部实现。通过名字就可以看出它是基于 ConcurrentHashMap 来实现的，它是接口 CacheManager 的实现类，同时也实现了 BeanClassLoaderAware 接口用来获取 SerializationDelegate 及进行一些初始化操作。

首先看 ConcurrentMapCacheManager 的成员变量部分源代码。

```
public class ConcurrentMapCacheManager implements CacheManager, BeanClassLoaderAware {
    // ConcurrentMapCacheManager 缓存的基础数据结构，用于存储缓存数据
    private final ConcurrentMap<String, Cache> cacheMap = new ConcurrentHashMap<>(16);
    // 是否为动态创建缓存
    private boolean dynamic = true;
    // 是否允许 null 值
    private boolean allowNullValues = true;
    // 是否存储 value 值
    private boolean storeByValue = false;
```

```
    // 用于序列化的委托类，通过实现 BeanClassLoaderAware 接口注入，用于值的序列化和反序列号
    @Nullable
    private SerializationDelegate serialization;
}
```

在 ConcurrentMapCacheManager 中定义了 ConcurrentMap<String, Cache> 的成员变量，用于存储 Cache，无论后面是获取还是存储缓存类（Cache），都围绕该成员变量来进行操作。这里采用的 ConcurrentHashMap 是 Java 中的一个线程安全且高效的 HashMap 实现。

dynamic 属性定义了缓存是动态创建还是静态创建，true 表示动态创建，false 表示静态创建，后面在涉及具体的方法功能时会用到；allowNullValues 用来表示是否允许 null 值；storeByValue 表示是否需要存储值，如果需要存储值则需配合 serialization 顺序性进行序列化和反序列号操作。这里的存储值指的是复制的 value 值，与存储引用相对，存储值（复制的 value 值）时才会进行序列化和反序列化。

下面从 ConcurrentMapCacheManager 的构造方法开始来进行相关方法的讲解。

```
public class ConcurrentMapCacheManager implements CacheManager, BeanClassLoaderAware {

    // 实现为空的构造方法，用于构建一个动态的 ConcurrentMapCacheManager，
    // 当缓存实例被请求时进行懒加载
    public ConcurrentMapCacheManager() {
    }

    // 构建一个静态的 ConcurrentMapCacheManager，仅管理指定缓存名称的缓存
    public ConcurrentMapCacheManager(String... cacheNames) {
        setCacheNames(Arrays.asList(cacheNames));
    }


    //  设置缓存名称或重置缓存模式
    public void setCacheNames(@Nullable Collection<String> cacheNames) {
        if (cacheNames != null) {
            for (String name : cacheNames) {
                this.cacheMap.put(name, createConcurrentMapCache(name));
            }
            this.dynamic = false;
        } else {
            this.dynamic = true;
        }
    }
...
}
```

ConcurrentMapCacheManager 提供了两个构造方法，第一个构造方法用于构建一个动态的 ConcurrentMapCacheManager，构造方法实现为空。在自动配置中便是采用的该构造方法，默认情况下，dynamic 属性的为 true，即动态构建，当缓存实例被请求时进行懒加载。

另外一个构造方法的参数为不定参数，构造方法内的核心操作就是调用 setCacheNames

方法。在 setCacheNames 方法内部，如果 cacheNames 不为 null，也就是采用“静态”模式，会遍历缓存名称，并初始化 cacheMap 中的值。这里需要注意的是，一旦进入该业务逻辑操作，也就意味着缓存的属性及名称将被固定，运行时不会再创建其他缓存区域。

那么，如果想改变这种“不变”的情况该如何处理？还是调用该方法，设置参数 cacheNames 为 null，此时执行 else 中的逻辑，将 dynamic 设置为 true，即静态模式重置为动态模式，从而允许再次创建缓存区域。setCacheNames 方法为 public，因此不仅构造方法可以调用，其实例化对象也可以直接调用进行设置。

在第二个构造方法中调用了当前类的 createConcurrentMapCache 方法，代码如下。

```
protected Cache createConcurrentMapCache(String name) {
    SerializationDelegate actualSerialization = (isStoreByValue() ? this.serialization : null);
    return new ConcurrentMapCache(name, new ConcurrentHashMap<>(256),
        isAllowNullValues(), actualSerialization);
}
```

createConcurrentMapCache 方法的主要作用就是创建一个 ConcurrentMapCache，它是 Cache 接口的简单实现。该方法内，首先根据属性 storeByValue 的值判断是否需要 SerializationDelegate 来进行序列化操作，如果不需要则将 SerializationDelegate 设置为 null。然后，将缓存名称、缓存值、是否允许 Null 值和序列化委托类当作构造参数创建 ConcurrentMapCache 类并返回。

在 ConcurrentMapCacheManager 中有一个私有的 recreateCaches 方法，在满足条件的情况下会遍历 cacheMap 并调用上面 createConcurrentMapCache 方法进行缓存的重置操作。

```
private void recreateCaches() {
    for (Map.Entry<String, Cache> entry : this.cacheMap.entrySet()) {
        entry.setValue(createConcurrentMapCache(entry.getKey()));
    }
}
```

当 allowNullValues 或 storeByValue 的值通过 set 方法改变时，均会调用 recreateCaches 方法进行缓存的重置。

最后看 ConcurrentMapCacheManager 对 getCacheNames 和 getCache 方法的实现。

```
@Override
public Collection<String> getCacheNames() {
    return Collections.unmodifiableSet(this.cacheMap.keySet());
}

@Override
@Nullable
public Cache getCache(String name) {
    Cache cache = this.cacheMap.get(name);
    if (cache == null && this.dynamic) {
        synchronized (this.cacheMap) {
```

```
                cache = this.cacheMap.get(name);
                if (cache == null) {
                    cache = createConcurrentMapCache(name);
                    this.cacheMap.put(name, cache);
                }
            }
        }
        return cache;
    }
```

getCacheNames 方法直接获取 cacheMap 中 name 的 Set，并通过 Collections 类将其设置为不可变的集合并返回。

getCache 方法首先根据 name 从 cacheMap 中获取 Cache 值，如果值为 null 并且是动态模式，则对 cacheMap 加锁同步，重新获取判断，如果 cache 依旧为 null，则调用 createConcurrentMapCache 方法创建并给 cacheMap 赋值。否则，直接返回 cache 值。

至此，关于 ConcurrentMapCacheManager 的基本功能也讲解完毕。在此提醒一下，这只是一个简单的 CacheManager，并没有缓存配置项，仅可用于测试环境和简单的缓存场景。对于高级的本地缓存需求建议使用 JCacheCacheManager、EhCacheCacheManager、CaffeineCacheManager 等方法。

最后，我们再稍微拓展一下上面提到的 ConcurrentMapCache 类，该类实现了 Cache 接口，提供了缓存值的存储和获取等实现。而这些功能的实现就是围绕上面提到构造该类时传入的参数展开的。

以 ConcurrentMapCache 的 put 方法及相关方法为例，我们简单说一下它的实现过程。

```
    @Override
    public void put(Object key, @Nullable Object value) {
        this.store.put(key, toStoreValue(value));
    }

    @Override
    protected Object toStoreValue(@Nullable Object userValue) {
        // 父类的 toStoreValue 方法实现，用于检查是否允许 null。如果值为 null 且允许为 null，则返回 NullValue.
INSTANCE
        Object storeValue = super.toStoreValue(userValue);
        if (this.serialization != null) {
            try {
        // 对质进行序列化
                return serializeValue(this.serialization, storeValue);
            } catch (Throwable ex) {
                throw new IllegalArgumentException("Failed to serialize cache value '" +
userValue +
                        "'. Does it implement Serializable?", ex);
            }
        } else {
            return storeValue;
```

```
        }
    }

    // 通过传入的SerializationDelegate序列化缓存值为byte数组
    private Object serializeValue(SerializationDelegate serialization, Object
storeValue) throws IOException {
        ByteArrayOutputStream out = new ByteArrayOutputStream();
        try {
            serialization.serialize(storeValue, out);
            return out.toByteArray();
        } finally {
            out.close();
        }
    }
```

上面为put方法涉及的操作，基本步骤是如下。

- 判断待设置的userValue的值是否为null，如果为null且允许存储null值，则返回NullValue.INSTANCE。否则，直接返回userValue值。以上值均赋值给storeValue。
- 如果序列化委托类（serialization）不为null，则通过SerializationDelegate对storeValue值进行序列化操作。如果为null，则直接返回storeValue。
- 无论经过以上步骤获得的是原始传入值、NullValue.INSTANCE或是经过序列化的字节数组，都通过store的put方法将其存储。store的数据结构为ConcurrentMap<Object, Object>，就是我们创建ConcurrentMapCache时传入的参数之一。其中第一个Object为缓存的key，第二个Object为缓存的具体数据。

至此，Spring Boot默认的Cache配置就讲解完毕了，关于ConcurrentMapCache类的其他方法实现，读者朋友可自行阅读相关源码，不过基本上都是围绕上面提到的一些属性和数据结构展开的。

10.4 小结

本章重点介绍了Spring Boot中缓存的自动配置以及基于ConcurrentHashMap实现的最简单的缓存功能。涉及的缓存实现都只是基于Java提供的数据结构（Collection、ConcurrentHashMap）存储来实现的。而在实战过程中，根据不同的场景会使用不同的三方缓存组件，比如JCache、EhCache、Caffeine、Redis等。但基本的实现原理一致，读者朋友可参照本章内容进行具体的分析学习。

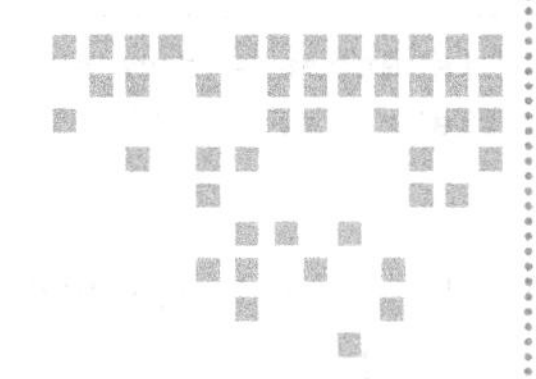

第 11 章 Chapter 11

Spring Boot 日志源码解析

Spring Boot 使用 Commons Logging 进行所有内部日志的记录。Spring Boot 同时提供了 Java Util Logging、Log4J2 和 Logback 的默认配置，都可以通过预置的配置来设置控制台和文件格式的日志输出。本章重点介绍如何触发 Spring Boot 日志及相关初始化处理机制。

11.1 LoggingApplicationListener 的触发

讲到日志的触发过程，我们首先看一下日志监听器 LoggingApplicationListener 的注册方法，在之前章节中我们已经讲到，在 Spring Boot 启动的过程中会获得 META-INF/spring.factories 配置文件中的 Application 注册监听器，其中就包含日志的监听器 LoggingApplicationListener，相关代码如下。

```
# Application Listeners
org.springframework.context.ApplicationListener=\
org.springframework.boot.context.logging.LoggingApplicationListener,\
```

当在此注册之后，在 SpringApplication 的构造方法中会获得实现 ApplicationListener 接口的注册监听器，这个监听器会被设置到 SpringApplication 的 listeners 属性当中，我们回顾一下之前的代码。

```
public SpringApplication(ResourceLoader resourceLoader, Class<?>... primarySources) {
    ...
    setListeners((Collection) getSpringFactoriesInstances(ApplicationListener.class));
    ...
}
```

```
public void setListeners(Collection<? extends ApplicationListener<?>> listeners) {
    this.listeners = new ArrayList<>();
    this.listeners.addAll(listeners);
}
```

在启动过程中，SpringApplication 的 run 方法会获得 spring-boot 项目中在 META-INF/spring.factories 配置文件中的 Run Listeners，配置如下。

```
# Run Listeners
org.springframework.boot.SpringApplicationRunListener=\
org.springframework.boot.context.event.EventPublishingRunListener
```

SpringApplication 的 run 方法中会获取 SpringApplicationRunListener 接口的监听注册类，相关代码如下。

```
public ConfigurableApplicationContext run(String... args) {
    ...
    SpringApplicationRunListeners listeners = getRunListeners(args);
    listeners.starting();
    try {
        ...
        listeners.started(context);
        ...
     } catch (Throwable ex) {
       ...
    }

    try {
        // 通知监听器：容器正在运行
        listeners.running(context);
    } catch (Throwable ex) {
        ...
    }
    return context;
}
private SpringApplicationRunListeners getRunListeners(String[] args) {
    Class<?>[] types = new Class<?>[] { SpringApplication.class, String[].class };
    return new SpringApplicationRunListeners(logger, getSpringFactoriesInstances(
            SpringApplicationRunListener.class, types, this, args));
}
```

在 getRunListeners 方法中，通过 getSpringFactoriesInstances 方法（之前章节讲到过，不再赘述），获得 spring.factories 中注册的 SpringApplicationRunListener 接口的实现类集合，默认情况下集合中只有一个 EventPublishingRunListener 类。

然后，将包含 EventPublishingRunListener 的集合封装到 SpringApplicationRunListeners 中，在 Spring Boot 启动过程的不同阶段会触发不同的事件，比如上面代码中的 listeners.starting() 等方法。

关于 SpringApplicationRunListeners 的功能我们已经学习过，当触发事件的方法被调用时，会遍历监听器并调用对应的方法。比如，上面调用的 listeners.starting() 方法，会通过其内部的遍历方法，最终调用到 EventPublishingRunListener 的 starting 方法，相关源代码如下。

```
class SpringApplicationRunListeners {
    ...
    public void starting() {
        for (SpringApplicationRunListener listener : this.listeners) {
            listener.starting();
        }
    }
...
}
```

EventPublishingRunListener 类是 SpringApplicationRunListener 的实现类，因此当上面遍历调用 SpringApplicationRunListener 的 starting 方法时，最终调用了 EventPublishing-RunListener 实现的 starting 方法，相关代码如下。

```
public class EventPublishingRunListener implements SpringApplicationRunListener,
Ordered {
...
    @Override
    public void starting() {
        this.initialMulticaster.multicastEvent(
                new ApplicationStartingEvent(this.application, this.args));
    }
...
}
```

EventPublishingRunListener 的 starting 方法会通过 SimpleApplicationEventMult-icaster 广播一个 ApplicationStartingEvent 事件。该事件会触发在构造方法中注册的 LoggingApplicationListener 监听器，进行日志相关的逻辑处理，下面章节会对关于触发的事件进行详细讲解。

11.2　LoggingApplicationListener 的执行

LoggingApplicationListener 的主要作用是配置 LoggingSystem，如果环境包含 logging.config 属性，LoggingApplicationListener 将用于引导日志记录系统，否则使用默认配置。如果环境包含 logging.level.* 和日志记录组，则可以使用 logging.group 定义日志记录级别。关于 LoggingApplicationListener 的重点功能我们后面章节再进行讲解。

LoggingApplicationListener 实现自 GenericApplicationListener 接口，具有监听器的特性。因此，执行 EventPublishingRunListener 广播事件之后，LoggingApplicationListener 便会监听到对应的事件并执行 onApplicationEvent 方法中的逻辑判断，有针对性地处理不同的

事件，相关代码如下。

```
@Override
public void onApplicationEvent(ApplicationEvent event) {

    if (event instanceof ApplicationStartingEvent) {
        // springboot 启动时触发
        onApplicationStartingEvent((ApplicationStartingEvent) event);
    } else if (event instanceof ApplicationEnvironmentPreparedEvent) {
        // Environment 环境准备初级阶段触发
        onApplicationEnvironmentPreparedEvent((ApplicationEnvironmentPrepared-
Event) event);
    } else if (event instanceof ApplicationPreparedEvent) {
        // 应用上下文准备完成，但未刷新时触发
        onApplicationPreparedEvent((ApplicationPreparedEvent) event);
    } else if (event instanceof ContextClosedEvent
            && ((ContextClosedEvent) event).getApplicationContext().getParent() == null) {
        // 容器关闭时处理
        onContextClosedEvent();
    } else if (event instanceof ApplicationFailedEvent) {
        // 启动失败时处理
        onApplicationFailedEvent();
    }
}
```

以上代码中的事件处理基本涵盖了 Spring Boot 启动的不同阶段和不同状况，比如 Spring Boot 刚刚启动阶段、环境准备初级阶段、应用上下文准备完成阶段、容器关闭阶段、应用程序启动失败等。后面章节我们会对这些过程中日志系统是如何处理的进行详解介绍。

11.2.1 ApplicationStartingEvent 事件处理

在 Spring Boot 的启动过程中，通过 SpringApplicationRunListeners 类间接的调用了 EventPublishingRunListener 中的各类事件的发布方法，最终被 LoggingApplicationListener 监听并进行处理。在后续的讲解中，我们省略这个中间调用过程，直接讲解 Logging-ApplicationListener 接收到事件后的处理。

Spring Boot 刚刚启动时发布了 ApplicationStartingEvent 事件，LoggingApplication-Listener 中的 onApplicationStartingEvent 方法便被调用了，该方法源码如下。

```
private void onApplicationStartingEvent(ApplicationStartingEvent event) {
    this.loggingSystem = LoggingSystem.get(event.getSpringApplication().getClassLoader());
    this.loggingSystem.beforeInitialize();
}
```

在 onApplicationStartingEvent 方法中，首先获得一个 LoggingSystem 对象，然后调用对象的 beforeInitialize 方法进行预初始化操作。也就是说在 Spring Boot 开始启动时，日志系统做了两件事：创建 LoggingSystem 对象和预初始化操作。

LoggingSystem 为日志系统的通用抽象类，其中也提供了获取 LoggingSystem 对象的静态方法。上面 LoggingSystem 的创建便是调用其 get 方法获得，相关代码如下。

```
public static LoggingSystem get(ClassLoader classLoader) {
    // 从系统变量中获得 LoggingSystem 的类名
    String loggingSystem = System.getProperty(SYSTEM_PROPERTY);
    if (StringUtils.hasLength(loggingSystem)) {
        if (NONE.equals(loggingSystem)) {
            return new NoOpLoggingSystem();
        }
    // 如果存在，则通过反射进行对象的初始化
        return get(classLoader, loggingSystem);
    }
    // 从 SYSTEMS 筛选并初始化 LoggingSystem 对象
    return SYSTEMS.entrySet().stream()
            .filter((entry) -> ClassUtils.isPresent(entry.getKey(), classLoader))
            .map((entry) -> get(classLoader, entry.getValue())).findFirst()
            .orElseThrow(() -> new IllegalStateException(
                    "No suitable logging system located"));
}
```

该方法首先判断系统中是否配置了 LoggingSystem 的配置，存在且不为“none”时，则利用反射机制进行初始化；如果明确配置为“none”，则返回 NoOpLoggingSystem 对象。实例化配置的 LoggingSystem 相关代码如下。

```
private static LoggingSystem get(ClassLoader classLoader, String loggingSystemClass) {
    try {
        Class<?> systemClass = ClassUtils.forName(loggingSystemClass, classLoader);
        Constructor<?> constructor = systemClass.getDeclaredConstructor(Class-
Loader.class);
        constructor.setAccessible(true);
        return (LoggingSystem) constructor.newInstance(classLoader);
    } catch (Exception ex) {
        throw new IllegalStateException(ex);
    }
}
```

以上代码就是通过获取指定类的构造器，调用其 newInstance 方法来创建 LoggingSystem 对象的。

如果系统中不存在该对象的配置，则从 SYSTEMS 筛选获取第一个符合条件的值，然后进行初始化。SYSTEMS 为 LoggingSystem 的静态变量，通过静态代码块进行初始化，相关代码如下。

```
private static final Map<String, String> SYSTEMS;

static {
    Map<String, String> systems = new LinkedHashMap<>();
    systems.put("ch.qos.logback.core.Appender",
```

```
            "org.springframework.boot.logging.logback.LogbackLoggingSystem");
    systems.put("org.apache.logging.log4j.core.impl.Log4jContextFactory",
            "org.springframework.boot.logging.log4j2.Log4J2LoggingSystem");
    systems.put("java.util.logging.LogManager",
            "org.springframework.boot.logging.java.JavaLoggingSystem");
    SYSTEMS = Collections.unmodifiableMap(systems);
}
```

常量SYSTEMS是Map结构，其中key为对应日志系统的核心类（类似@ConditionalOnClass注解中指定的类），value的值是LoggingSystem的具体实现类。在静态代码块中，初始化分别添加了LogbackLoggingSystem、Log4J2LoggingSystem和JavaLoggingSystem，这也是Spring Boot默认内置的3个日志实现类。而且SYSTEMS被初始化之后便不可被修改了。

其中从SYSTEMS中筛选出符合条件的LoggingSystem实现类，这里采用了Java 8新增的Stream语法来实现，基本处理过程是这样的：遍历SYSTEMS中的值，通过ClassUtils的isPresent方法过滤符合条件的值（key对应的类存在于classpath中）；然后通过上面提到的反射方法创建筛选过后的值的对象；最后获取第一个对象并返回。如果未获取到则抛出异常。

由于SYSTEMS是基于LinkedHashMap实现的，因此，这里可以看出默认情况下Spring Boot优先采用org.springframework.boot.logging.logback.LogbackLoggingSystem实现类。也就是说，默认情况下使用Logback进行日志配置。

完成LoggingSystem初始化之后，程序便调用其beforeInitialize方法进行初始化前的准备工作。在LoggingSystem中beforeInitialize为抽象方法，由子类实现。该方法在LogbackLoggingSystem中的源码实现如下。

```
public void beforeInitialize() {
    // 获得 LoggerContext
    LoggerContext loggerContext = getLoggerContext();
    // 如果 LoggerContext 中已经配置有 LoggingSystem 对应的 logger，则直接返回
    if (isAlreadyInitialized(loggerContext)) {
        return;
    }
    // 调用父类的初始化方法
    super.beforeInitialize();
    // 向 LoggerContext 中的 TurboFilterList 添加 1 个 TurboFilter
    // 目的是在 LoggerContext 没有初始化之前对应打印的日志的请求全部拒绝
    loggerContext.getTurboFilterList().add(FILTER);
}
```

该方法的主要功能是获得LoggerContext并校验是否存在对应的logger，如果不存在则调用父类的初始化方法，并拒绝在LoggerContext没有初始化之前对应打印的日志的全部请求。

LogbackLoggingSystem的父类为Slf4JLoggingSystem，因此方法中调用了Slf4JLoggingSystem的beforeInitialize方法，相关源码如下。

```
public abstract class Slf4JLoggingSystem extends AbstractLoggingSystem {
```

```java
    private static final String BRIDGE_HANDLER = "org.slf4j.bridge.SLF4JBridgeHandler";
    ...

    @Override
    public void beforeInitialize() {
        // 调用父类的 beforeInitialize，默认父类实现为空
        super.beforeInitialize();
        // 配置 jdk 内置日志与 SLF4J 直接的桥接 Handler
        configureJdkLoggingBridgeHandler();
    }

    private void configureJdkLoggingBridgeHandler() {
        try {
            // 判断是否需要将 JUL 桥接为 Slf4j
            if (isBridgeJulIntoSlf4j()) {
                // 删除 jdk 内置日志的 Handler
                removeJdkLoggingBridgeHandler();
                // 添加 SLF4J 的 Handler
                SLF4JBridgeHandler.install();
            }
        } catch (Throwable ex) {
            // 忽略异常。没有 java.util.logging 桥接被安装
        }
    }

    // 根据两个条件判断是否将 JUL 桥接为 SLF4J
    protected final boolean isBridgeJulIntoSlf4j() {
        return isBridgeHandlerAvailable() && isJulUsingASingleConsoleHandler-
AtMost();
    }

    // 判断 org.slf4j.bridge.SLF4JBridgeHandler 是否存在于类路径下
    protected final boolean isBridgeHandlerAvailable() {
        return ClassUtils.isPresent(BRIDGE_HANDLER, getClassLoader());
    }

    // 判断是否不存在 Handler 或只存在一个 ConsoleHandler
    private boolean isJulUsingASingleConsoleHandlerAtMost() {
        Logger rootLogger = LogManager.getLogManager().getLogger("");
        Handler[] handlers = rootLogger.getHandlers();
        return handlers.length == 0 || (handlers.length == 1 && handlers[0] instanceof-
ConsoleHandler);
    }
    // 移除 Handler
    private void removeJdkLoggingBridgeHandler() {
        try {
            removeDefaultRootHandler();
            // 移除 SLF4J 相关 Handler
            SLF4JBridgeHandler.uninstall();
        } catch (Throwable ex) {
```

```
                // 忽略并继续
            }
        }
        // 移除 ConsoleHandler
        private void removeDefaultRootHandler() {
            try {
                Logger rootLogger = LogManager.getLogManager().getLogger("");
                Handler[] handlers = rootLogger.getHandlers();
                if (handlers.length == 1 && handlers[0] instanceof ConsoleHandler) {
                    rootLogger.removeHandler(handlers[0]);
                }
            } catch (Throwable ex) {
                // 忽略并继续
            }
        }
    }
```

上述代码涵盖了 Slf4JLoggingSystem 中大多数的功能，其主要目的就是处理内置日志（JUL）与 SLF4J 的 Handler 的桥接转换操作。

基本判断逻辑如下：如果类路径下存在 SLF4JBridgeHandler 类，并且根 Logger 中不包含或仅包含 ConsoleHandler 时，说明需要将内置日志转换为 SLF4J。

基本转换过程分两步：删除原有 Handler、新增指定的 Handler；如果满足条件，先删除内置日志的 Handler，然后再删除 SLF4J 的 Handler，最后再将 SLF4J 对应的 SLF4JBridgeHandler 添加到根 Logger 中。

具体的方法实现参考上述代码中的注解，关于 SLF4J 的 uninstall 方法和 install 方法均在 SLF4JBridgeHandler 类中，实现比较简单，在此不再进行拓展。不过建议读者朋友阅读一下 SLF4JBridgeHandler 中的源代码，其内部还提供了转换过程中各层级日志级别对应等处理。

至此，针对 Spring Boot 启动阶段发出的 ApplicationStartingEvent 事件及日志系统所做的相应操作已经讲解完毕。

11.2.2 ApplicationEnvironmentPreparedEvent 事件处理

当 Spring Boot 继续启动操作，便会广播 ApplicationEnvironmentPreparedEvent 事件，此时便会调用 LoggingApplicationListener 的 onApplicationEnvironmentPreparedEvent 方法，该方法源码如下。

```
private void onApplicationEnvironmentPreparedEvent(
        ApplicationEnvironmentPreparedEvent event) {
    if (this.loggingSystem == null) {
        this.loggingSystem = LoggingSystem
                .get(event.getSpringApplication().getClassLoader());
    }
    initialize(event.getEnvironment(), event.getSpringApplication().getClassLoader());
}
```

在上一节中，ApplicationStartingEvent 事件触发时，loggingSystem 已经初始化赋值了，在该方法中会再次判断 loggingSystem 是否为 null，如果为 null，则通过 LoggingSystem 的 get 方法进行对象创建。

完成 loggingSystem 的再次判断并创建之后，调用 initialize 方法进行初始化操作，主要完成了初始参数的设置、日志文件、日志级别设置以及注册 ShutdownHook 等操作，相关代码如下。

```
protected void initialize(ConfigurableEnvironment environment, ClassLoader classLoader) {
    // 创建 LoggingSystemProperties 对象，并设置默认属性
    new LoggingSystemProperties(environment).apply();
    // 获取 LogFile，如果 LogFile 存在，则向系统属性写入 LogFile 配置的文件路径
    this.logFile = LogFile.get(environment);
    if (this.logFile != null) {
        this.logFile.applyToSystemProperties();
    }
    this.loggerGroups = new LoggerGroups(DEFAULT_GROUP_LOGGERS);
    // 早期设置 springBootLogging
    initializeEarlyLoggingLevel(environment);
    // 初始化 LoggingSystem
    initializeSystem(environment, this.loggingSystem, this.logFile);
    // 最终设置日志级别
    initializeFinalLoggingLevels(environment, this.loggingSystem);
    // 注册 ShutdownHook
    registerShutdownHookIfNecessary(environment, this.loggingSystem);
}
```

上述代码中，创建 LoggingSystemProperties 对象之后主要是通过调用其 apply 方法来获取默认的日志配置参数（在配置文件中以“logging.”开头的属性），并设置到系统属性中。

LogFile 的 get 方法主要是获取日志文件的路径和名称，并作为参数创建 Logfile 对象。LogFile 中 get 方法相关代码如下。

```
public static LogFile get(PropertyResolver propertyResolver) {
    String file = getLogFileProperty(propertyResolver, FILE_NAME_PROPERTY, FILE_PROPERTY);
    String path = getLogFileProperty(propertyResolver, FILE_PATH_PROPERTY, PATH_PROPERTY);
    if (StringUtils.hasLength(file) || StringUtils.hasLength(path)) {
        return new LogFile(file, path);
    }
    return null;
}
```

从上述代码可以看出，通过获取属性名为“ logging.file.path”的值得到了日志的路径，通过获取属性名为“logging.file.name”的值得到了日志文件名。其中 getLogFileProperty 的第 3 个参数为兼容历史版本中的配置属性名。当然，程序会优先获取当前版本的属性配置，当查找不到值时才会获取历史版本的值。

紧接着，initialize 方法中判断当 LogFile 不为 null 时，调用它的 applyToSystemProperties

方法，也就是将上述获得的日志文件路径和名称存入系统属性当中。

initializeEarlyLoggingLevel 方法用于早期设置 springBootLogging 的值和 LoggingSystem 的初始化，代码如下。

```
private void initializeEarlyLoggingLevel(ConfigurableEnvironment environment) {
    if (this.parseArgs && this.springBootLogging == null) {
        if (isSet(environment, "debug")) {
            this.springBootLogging = LogLevel.DEBUG;
        }
        if (isSet(environment, "trace")) {
            this.springBootLogging = LogLevel.TRACE;
        }
    }
}
```

上述代码主要根据 parseArgs 参数（默认为 true）和 springBootLogging 是否为 null，在早期阶段中设置 springBootLogging 的值，也就是日志级别。

在 parseArgs 为 true，并且 springBootLogging 值为 null 的情况下，如果 ConfigurableEnvironment 中 debug 的值存在且为 true，则设置 springBootLogging 为 DEBUG。同样，如果 trace 的值存在且为 true，则设置 springBootLogging 为 TRACE。

初始化 LoggingSystem 的代码如下。

```
private void initializeSystem(ConfigurableEnvironment environment,
        LoggingSystem system, LogFile logFile) {
    // 实例化 LoggingInitializationContext
    LoggingInitializationContext initializationContext = new LoggingInitializationContext(
            environment);
    // 获取 logging.config 的值
    String logConfig = environment.getProperty(CONFIG_PROPERTY);
    if (ignoreLogConfig(logConfig)) {
        // 如果 logging.config 没有配置或者配置的值是 -D 开头的，则调用 LoggingSystem 的方法
进行初始化
        system.initialize(initializationContext, null, logFile);
    } else {
        try {
            // 通过 ResourceUtils 进行加载判断其文件是否存在，如果不存在，则抛出 IllegalStateException
            ResourceUtils.getURL(logConfig).openStream().close();
            // 存在则调用 LoggingSystem 的方法进行实例化
            system.initialize(initializationContext, logConfig, logFile);
        } catch (Exception ex) {
            ...
        }
    }
}

private boolean ignoreLogConfig(String logConfig) {
    return !StringUtils.hasLength(logConfig) || logConfig.startsWith("-D");
}
```

initializeSystem 方法中代码的逻辑主要是围绕 LoggingSystem 的初始化来进行的，首先为其初始化准备了 LoggingInitializationContext 对象。然后获取 logging.config 的参数并赋值给 logConfig，如果 logConfig 未配置或者配置的值以 -D 开头，则调用 LoggingSystem 的 initialize 方法进行初始化；其他情况则通过 ResourceUtil 加载判断对应配置文件是否存在，如果不存在，则抛出 IllegalStateException；如果存在，则同样调用 LoggingSystem 的 initialize 方法进行初始化。

下面我们来看 LoggingSystem 的 initialize 方法的源代码。该方法在 LoggingSystem 类中的实现为空，而在其子类 AbstractLoggingSystem 中提供了如下的实现。

```
@Override
public void initialize(LoggingInitializationContext initializationContext,
        String configLocation, LogFile logFile) {
    if (StringUtils.hasLength(configLocation)) {
        initializeWithSpecificConfig(initializationContext, configLocation, logFile);
        return;
    }
    initializeWithConventions(initializationContext, logFile);
}
```

上述代码中，如果用户指定了配置文件，则加载指定配置文件中的属性进行初始化操作；如果未指定配置，则加载默认的配置，比如 log4j2 的 log4j2.properties 或 log4j2.xml。其中默认加载日志配置文件名称及文件格式由具体的子类实现。

下面重点讲解 Spring Boot 中默认查找配置文件路径的实现，该部分在 LoggingSystem 的抽象子类 AbstractLoggingSystem 的 initializeWithConventions 中实现。

```
private void initializeWithConventions(
        LoggingInitializationContext initializationContext, LogFile logFile) {
    String config = getSelfInitializationConfig();
    if (config != null && logFile == null) {
        // 自我初始化操作，属性变更时会重新初始化
        reinitialize(initializationContext);
        return;
    }
    if (config == null) {
        config = getSpringInitializationConfig();
    }
    if (config != null) {
        loadConfiguration(initializationContext, config, logFile);
        return;
    }
    loadDefaults(initializationContext, logFile);
}
```

该方法的基本流程是：首先，获得默认的日志配置文件（比如 logback.xml 等），当配置文件不为 null，且 logFile 为 null 时，进行自我初始化，具体实现由不同的日志框架来执

行，主要就是重置数据并加载初始化；然后，如果默认的配置文件不存在，则尝试获取包含“-spring”的名称的配置文件（比如 logback-spring.xml 等），如果获得对应的配置文件，则直接加载初始化；最后，如果上述两种类型的配置文件均未找到，则调用 loadDefaults 方法采用默认值进行加载配置。

getSelfInitializationConfig 方法和 getSpringInitializationConfig 都是用来获取默认配置文件名称的，不同之处在于获得的配置文件的名称中是否多了“-spring”。这两个方法都是先调用 getStandardConfigLocations 方法获得默认的配置文件名称数组，然后再调用 findConfig 来验证获取符合条件的值。

我们先看不同之处，getSpringInitializationConfig 方法通过 getSpringConfigLocations 来获得配置文件名称数组。

```
protected String[] getSpringConfigLocations() {
    // 获得默认配置文件的路径
    String[] locations = getStandardConfigLocations();
    for (int i = 0; i < locations.length; i++) {
        String extension = StringUtils.getFilenameExtension(locations[i]);
        locations[i] = locations[i].substring(0,
                locations[i].length() - extension.length() - 1) + "-spring."
                + extension;
    }
    return locations;
}
```

上述代码中，通过 getStandardConfigLocations 获得了默认配置文件名称数组，然后对路径中的文件名进行兼容处理，比如默认配置文件名称为 logback.xml，当我们配置为 logback-spring.xml 时，通过 getSelfInitializationConfig 方法无法加载到，但通过 getStandard-ConfigLocations 方法则可以加载到。上述方法核心处理就是将默认的配置文件名截取之后拼接上了“-spring”。

其中两个方法都调用了 getStandardConfigLocations 方法为 AbstractLoggingSystem 的抽象方法，具体实现由具体日志框架的子类来完成，比如在 LogbackLoggingSystem 中，该方法的实现如下。

```
protected String[] getStandardConfigLocations() {
    return new String[] { "logback-test.groovy", "logback-test.xml", "logback.groovy",
        "logback.xml" };
}
```

也就是说，LogbackLoggingSystem 默认支持以 logback-test.groovy、logback-test.xml、logback.groovy、logback.xml 以及上述名称扩展了“-spring”（比如 logback-spring.xml）的配置文件。

无论是通过配置指定配置文件名称，还是通过上述默认方式获得配置文件名称，当获得之后，都会调用 loadConfiguration 方法进行配置的加载。loadConfiguration 方法由子类来实现，比如，LogbackLoggingSystem中实现的源码如下。

```
@Override
protected void loadConfiguration(LoggingInitializationContext initializationContext,
        String location, LogFile logFile) {
    super.loadConfiguration(initializationContext, location, logFile);
    // 获得LoggerContext，这里实际上是ILoggerFactory的具体实现
    LoggerContext loggerContext = getLoggerContext();
    stopAndReset(loggerContext);
    try {
        configureByResourceUrl(initializationContext, loggerContext,
                ResourceUtils.getURL(location));
    } catch (Exception ex) {
        ...
    }
    ...
}
```

上述代码中首先会调用父类的loadConfiguration方法，该方法的最终操作还是调用了前面讲到的LoggingSystemProperties#apply方法进行参数的获取，并设置到系统属性中。

getLoggerContext获得了LoggerContext对象，本质上LoggerContext是ILoggerFactory的具体实现类。随后通过stopAndReset方法对日志相关的参数、监听器等进行停止和重置。

configureByResourceUrl方法重点实现了针对xml格式的配置文件和其他格式（比如groovy后缀）的配置文件的解析和具体配置，相关操作由对应的日志框架内部提供的类来实现。

最后，再回到AbstractLoggingSystem#initializeWithConventions方法中调用的loadDefaults方法，看看当未查找到配置文件时是如何处理的。

loadDefaults方法同样是抽象方法，在LogbackLoggingSystem中的具体实现如下。

```
@Override
protected void loadDefaults(LoggingInitializationContext initializationContext, LogFile
logFile) {
    // 获得LoggerContext (ILoggerFactory) 并进行重置操作
    LoggerContext context = getLoggerContext();
    stopAndReset(context);
    // 获得是否为debug模式
    boolean debug = Boolean.getBoolean("logback.debug");
    if (debug) {
        // 如果为debug模式则添加控制台监听器
        StatusListenerConfigHelper.addOnConsoleListenerInstance(context, new OnConsole
StatusListener());
    }
    // 根据是否为debug模式创建不同的LogbackConfigurator
    LogbackConfigurator configurator = debug ? new DebugLogbackConfigurator(context)
            : new LogbackConfigurator(context);
    Environment environment = initializationContext.getEnvironment();
    // 配置日志级别格式 (LOG_LEVEL_PATTERN)，默认为%5p
    context.putProperty(LoggingSystemProperties.LOG_LEVEL_PATTERN,
```

```
            environment.resolvePlaceholders("${logging.pattern.level:${LOG_LEVEL_
PATTERN:%5p}}"));
        // 配置日志中时间格式(LOG_DATEFORMAT_PATTERN)，默认为 yyyy-MM-dd HH:mm:ss.SSS
        context.putProperty(LoggingSystemProperties.LOG_DATEFORMAT_PATTERN, environment.
resolvePlaceholders(
            "${logging.pattern.dateformat:${LOG_DATEFORMAT_PATTERN:yyyy-MM-dd HH:
mm:ss.SSS}}"));
        // 配置文件名称格式(ROLLING_FILE_NAME_PATTERN)，默认为 ${LOG_FILE}.%d{yyyy-MM-dd}.%i.gz}
        context.putProperty(LoggingSystemProperties.ROLLING_FILE_NAME_PATTERN, environment
            .resolvePlaceholders("${logging.pattern.rolling-file-name:${LOG_FILE}.
%d{yyyy-MM-dd}.%i.gz}"));
        new DefaultLogbackConfiguration(initializationContext, logFile).apply(configurator);
        context.setPackagingDataEnabled(true);
    }
```

以上代码主要进行了 LoggerContext 重置、日志输出格式、日志文件名、LogbackConfigurator（编程风格配置 logback）等设置，具体操作的作用可对照上述代码中的注解进行了解。

回到最初 LoggingApplicationListener 的 initializeSystem 方法，值得注意的是，在通常情况下，该方法中往往不是直接采用 LoggingSystem 的抽象类 AbstractLoggingSystem 中的 initialize 方法实现，而是通过不同日志框架重新实现，在恰当的时机会调用 AbstractLoggingSystem 的 initialize 方法。这样做的好处是可以根据不同的日志框架进行定制化的扩展。比如 LogbackLoggingSystem 中 initialize 方法的实现如下。

```
@Override
public void initialize(LoggingInitializationContext initializationContext,
        String configLocation, LogFile logFile) {
    LoggerContext loggerContext = getLoggerContext();
    if (isAlreadyInitialized(loggerContext)) {
        return;
    }
    super.initialize(initializationContext, configLocation, logFile);
    loggerContext.getTurboFilterList().remove(FILTER);
    markAsInitialized(loggerContext);
    if (StringUtils.hasText(System.getProperty(CONFIGURATION_FILE_PROPERTY))) {
        getLogger(LogbackLoggingSystem.class.getName()).warn(
                "Ignoring '" + CONFIGURATION_FILE_PROPERTY + "' system property. "
                        + "Please use 'logging.config' instead.");
    }
}
```

我们可以看到，在 LogbackLoggingSystem 的实现类中不仅在调用父类的 initialize 方法之前进行了是否已经初始化的判断，还在调用父类 initialize 方法之后，实现了它自己的一些业务逻辑，比如移除 LoggerContext 的 TurboFilterList 中添加的 TurboFilter、标记初始化状态。

在完成了以上步骤之后，日志系统已经正式启动，可以进行正常的日志输出了。至此，针对 LoggingApplicationListener 中 ApplicationEnvironmentPreparedEvent 事件的处理已经讲解完毕。

11.3　小结

本章详细介绍了 Spring Boot 启动过程中日志事件的触发，以及事件发布之后，日志系统所对应的处理。在 LoggingApplicationListener 的 onApplicationEvent 方法中还有其他事件的处理，比如：ApplicationPreparedEvent、ContextClosedEvent、ApplicationFailedEvent 等，但相对于上述过程，这些事件的日志处理比较简单，读者可自行阅读。当然，如果对日志系统感兴趣，可针对具体的技术框架进行更加深入地学习。

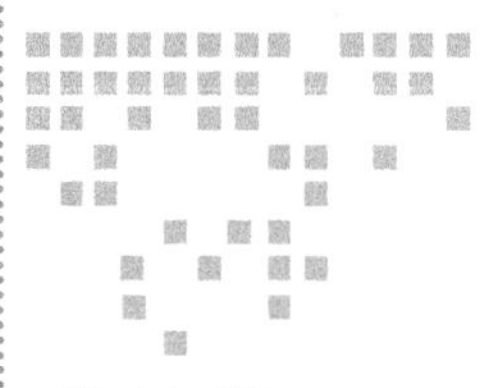

Chapter 12 第 12 章

实战：创建 Spring Boot 自动配置项目

经过前面章节的学习，我们已经了解了 Spring Boot 的核心运作原理，同时也学习了几个常用框架的自动配置机制及源代码解析。Spring Boot 默认实现了许多的 starter，可以在项目中快速集成。但如果我们所需的 starter 并不在其中，又想借鉴 Spring Boot 的 starter 的创建机制来创建自己框架 starter，该怎么办呢？本章将带领大家创建一个自定义的 starter 项目。

在具体实践的过程中我们会经常遇到这样的情况，比如几个项目都需要发送短信验证码的子项目（针对大多数没有采用服务化的场景）。那么，最笨的方法就是每个项目中都重新写一份执行程序，或者更进一步是创建一个单独的子项目，然后每个项目都依赖 jar 包。如果项目采用的是 Spring Boot 的项目框架，那事情就会变得更加简单，这时候 Spring Boot 的自动配置便派上用场了。

下面，我们就以发送短信验证码这样的场景来自定义一个 starter。在此之前，我们先总结一下之前讲解的自动配置 starter 的基本条件。

首先，需要在 classpath 中存在用于判断是否进行自动配置的类；然后，当满足这些条件之后，需要通过自定义的 Bean 将其实例化并注册到容器中；最后，这一过程通过 Spring Boot 自动配置的机制自动完成。关于自动配置机制的实现，我们已经在前面章节中详细讲述过了。

12.1 自定义 Spring Boot Starter 项目

这里通过 maven 项目管理工具进行 starter 的创建。首先创建一个简单的 maven 项目，该项目可通过 Intellj idea 等 IDE 进行创建，也可通过 maven 命令进行创建。创建之后项目的目录结构如下。

```
.
├── pom.xml
├── spring-boot-starter-msg.iml
└── src
    ├── main
    └── test
```

在 pom.xml 中引入 Spring Boot 自动化配置依赖 spring-boot-autoconfigure。

```
<dependency>
    <groupId>org.springframework.boot</groupId>
    <artifactId>spring-boot-autoconfigure</artifactId>
    <version>2.2.1.RELEASE</version>
</dependency>
```

在完成了项目的创建和基础依赖的添加之后，便开始相应功能的实现。首先，创建一个 MsgService 类。该类不仅提供了短信发送的功能实现，也会被用于 Spring Boot 判断是否进行自动配置的核心类。而后者的场景就是 Spring Boot 用于检查 classpath 中是否存在该类。

```
package com.secbro2.msg;

import com.secbro2.utils.HttpClientUtils;

public class MsgService {

    /**
     * 访问发送短信的 url 地址
     */
    private String url;

    /**
     * 短信服务商提供的请求 keyId
     */
    private String accessKeyId;

    /**
     * 短信服务商提供的 KeySecret
     */
    private String accessKeySecret;

    public MsgService(String url, String accessKeyId, String accessKeySecret) {
        this.url = url;
        this.accessKeyId = accessKeyId;
        this.accessKeySecret = accessKeySecret;
    }

    public int sendMsg(String msg) {
        // 调用 http 服务并发送消息，返回结果
        return HttpClientUtils.sendMsg(url, accessKeyId, accessKeySecret, msg);
    }
```

```
    // 省略 getter/setter 方法
}
```

在 MsgService 中用到了一个工具类 HttpClientUtils。在 HttpClientUtils 这里仅以打印请求的参数信息用作示例，生产环境中根据具体场景进行实现。

```
public class HttpClientUtils {

    public static int sendMsg(String url, String accessKeyId, String accessKey-
Secret, String msg) {
        // TODO 调用指定 url 进行请求的业务逻辑
        System.out.println("Http 请求，url=" + url + ";accessKeyId=" + accessKeyId +
";accessKeySecret=" + accessKeySecret + ";msg=" + msg);
        return 0;
    }
}
```

完成了基础的功能类实现之后，下一步提供自动配置的属性配置类 MsgProperties，它的作用是封装 application.properties 或 application.yml 中的基础配置。在这里就是关于短信发送的基础参数，前缀统一采用 msg，通过 @ConfigurationProperties 注解来进行对应属性的装配。

```
@ConfigurationProperties(prefix = "msg")
public class MsgProperties {

    /**
    * 访问发送短信的 url 地址
    */
    private String url;

    /**
    * 短信服务商提供的请求 keyId
    */
    private String accessKeyId;

    /**
    * 短信服务商提供的 KeySecret
    */
    private String accessKeySecret;

    // 省略 getter/setter 方法
}
```

有了属性配置类和服务类，下面就是通过自动配置类将其整合，并在特定条件下进行实例化操作。自动配置类本质上就是一个普通的 Java 类，通过不同的注解来对其赋予不同的功能。

```
@Configuration
@ConditionalOnClass(MsgService.class)
@EnableConfigurationProperties(MsgProperties.class)
public class MsgAutoConfiguration {

    /**
```

```
     * 注入属性配置类
     */
    @Resource
    private MsgProperties msgProperties;

    @Bean
    @ConditionalOnMissingBean(MsgService.class)
    @ConditionalOnProperty(prefix = "msg", value = "enabled", havingValue = "true")
    public MsgService msgService() {
        MsgService msgService = new MsgService(msgProperties.getUrl(), msgProperties.
getAccessKeyId(),
                msgProperties.getAccessKeySecret());
        // 如果提供了其他 set 方法，在此也可以调用对应方法对其进行相应的设置或初始化
        return msgService;
    }

}
```

MsgAutoConfiguration 类上的注解，@Configuration 用来声明该类为一个配置类；@ConditionalOnClass 注解表示只有当 MsgService 类存在于 classpath 中，该类才会进行相应的实例化；@EnableConfigurationProperties 会将 application.properties 中对应的属性配置设置于 MsgProperties 对象中。

MsgAutoConfiguration 的 msgService 方法上的注解，@Bean 表明该方法实例化的对象会被加载到容器中；@ConditionalOnMissingBean 表示当容器中不存在 MsgService 的对象时，才会进行实例化操作；@ConditionalOnProperty 表示当配置文件中 msg.enabled=true 时才进行相应的实例化操作，默认情况下不会进行实例化操作。

基本功能已经完成，我们只需要将 MsgAutoConfiguration 类进行自动配置注册即可。在前面的章节中我们已经了解到，凡是 classpath 下 jar 包中 META-INF/spring.factories 中的配置，在 Spring Boot 启动时都会进行相应的扫描加载。因此，我们无须直接修改 Spring Boot 的 spring.factories 文件，只需在新建的 starter 项目中添加对应目录和文件即可。

在当前项目的 resources 目录下创建 META-INF/spring.factories 文件，并对自动配置类进行注册。如果有多个自动配置类，用逗号分隔换行即可。

```
org.springframework.boot.autoconfigure.EnableAutoConfiguration=\
com.secbro2.msg.MsgAutoConfiguration
```

至此，一个基于 Spring Boot 的自动配置 starter 便完成了。使用 maven 将其打包到本地仓库或上传至私服，其他项目便可以通过 maven 依赖进行使用。

12.2　Starter 测试使用

完成了 starter 项目的创建、发布之后，在 Spring Boot 项目中便可以直接使用了，下面简单介绍一下 Starter 测试使用步骤，其中省略掉了 Spring Boot 基础项目搭建的部分。

首先，通过 maven 依赖引入 starter，在 pom.xml 文件中添加如下配置。

```
<dependency>
    <groupId>com.secbro2</groupId>
    <artifactId>spring-boot-starter-msg</artifactId>
    <version>1.0-SNAPSHOT</version>
</dependency>
```

然后在当前项目的 application.properties 中配置对应的参数，也就是 MsgProperties 中对应的参数。

```
msg.enabled=true
msg.url=127.0.0.1
msg.accessKeyId=10001
msg.accessKeySecret=afelwjfwfwef
```

写一个简单的 Controller 用来测试访问用。

```
@RestController
public class HelloWorldController {

    @Resource
    private MsgService msgService;

    @RequestMapping("/sendMsg")
    public String sendMsg(){
        msgService.sendMsg("测试消息");
        return "";
    }
}
```

当通过浏览器访问：http://localhost:8080/sendMsg 时，便会打印出如下日志。

```
Http 请求，url=127.0.0.1;accessKeyId=10001;accessKeySecret=afelwjfwfwef;msg=测试消息
```

日志说明 MsgService 对象被自动配置，并且通过测试。

此处需注意的是，如果直接在 Controller 中使用 MsgService 而没有在配置文件中指定 enabled 的参数值为 true，在启动时会抛出异常。这是因为默认情况下 enabled 为 false，不会实例化 MsgService 对象，而 Controller 依赖注入了该类的对象，当然会抛异常了。

12.3 小结

总结一下 starter 的工作流程：Spring Boot 在启动时扫描项目所依赖的 jar 包，寻找包含 spring.factories 文件的 jar 包；根据 spring.factories 配置加载自动配置的 Configuration 类；根据 @Conditional 注解的条件，进行自动配置并将 Bean 注入 Spring 容器。

在具体实践中，针对发送短信验证码这样的 starter，可以进行深层次的拓展，实现发送短信验证码的各种基础功能，而当其他项目需要对应功能时只用引入对应的依赖，按照约定配置具体的参数即可马上使用。

第四部分 Part 4

外置组件篇

Chapter 13 第 13 章

Spring Boot 单元测试

Spring Boot 提供了许多注解和工具帮助开发人员测试应用，在其官方文档中也用了大量篇幅介绍单元测试的使用。在谷歌每周的 TGIF（Thanks God，it's Friday）员工大会中有一项就是宣布一周单元测试竞赛获胜的工程师。谷歌之所以这么重视单元测试，就是为了保证程序质量，鼓励大家多写测试代码。国内大多数开发人员对单元测试有所忽视，这也是我写本章内容的原因所在。

本章会围绕 Spring Boot 对单元测试的支持、常用单元测试功能的使用实例以及 MockMvc 的自动配置机制展开。

13.1 Spring Boot 对单元测试的支持

Spring Boot 对单元测试的支持重点在于提供了一系列注解和工具的集成，它们是通过两个项目提供的：包含核心功能的 spring-boot-test 项目和支持自动配置的 spring-boot-test-autoconfigure。

通常情况下，我们通过 spring-boot-starter-test 的 Starter 来引入 Spring Boot 的核心支持项目以及单元测试库。spring-boot-starter-test 包含的类库如下。

- JUnit：一个 Java 语言的单元测试框架。
- Spring Test & Spring Boot Test：为 Spring Boot 应用提供集成测试和工具支持。
- AssertJ：支持流式断言的 Java 测试框架。
- Hamcrest：一个匹配器库。
- Mockito：一个 Java Mock 框架。

- JSONassert：一个针对 JSON 的断言库。
- JsonPath：一个 JSON XPath 库。

如果 Spring Boot 提供的基础类库无法满足业务需求，我们也可以自行添加依赖。依赖注入的优点之一就是可以轻松使用单元测试。这种方式可以直接通过 new 来创建对象，而不需要涉及 Spring。当然，也可以通过模拟对象来替换真实依赖。

如果需要集成测试，比如使用 Spring 的 ApplicationContext，Spring 同样能够提供无须部署应用程序或连接到其他基础环境的集成测试。而 Spring Boot 应用本身就是一个 ApplicationContext，因此除了正常使用 Spring 上下文进行测试，无须执行其他操作。

13.2　常用单元测试注解

以 Junit 为例，在单元测试中会常用到一些注解，比如 Spring Boot 提供的 @SpringBootTest、@MockBean、@SpyBean、@WebMvcTest、@AutoConfigureMockMvc 以及 Junit 提供的 @RunWith 等。下面以一个简单的订单插入的功能示例进行说明。

```
@RunWith(SpringRunner.class)
@SpringBootTest
public class OrderServiceTest {

    @Autowired
    private OrderService orderService;

    @Test
    public void testInsert() {
        Order order = new Order();
        order.setOrderNo("A001");
        order.setUserId(100);

        orderService.insert(order);
    }
}
```

我们先来看 Junit 中的 @RunWith 注解，该注解用于说明此测试类的运行者，比如示例中使用的 SpringRunner。SpringRunner 是由 spring-test 提供的，它实际上继承了 SpringJUnit4ClassRunner 类，并且未重新定义任何方法，我们可以将 SpringRunner 理解为 SpringJUnit4ClassRunner 更简洁的名字。

@SpringBootTest 注解由 Spring Boot 提供，该注解为 SpringApplication 创建上下文并支持 Spring Boot 特性。

该测试项目中引入了 spring-boot-starter-test 依赖，默认情况下此依赖使用的单元测试类库为 JUnit4，此时 @SpringBootTest 注解需要配合 @RunWith(SpringRunner.class) 注解使用，否则注解会被忽略。

查看 @SpringBootTest 注解的源码，会发现其内部枚举类 WebEnvironment 提供了支持的多种单元测试模式。

```
@Target(ElementType.TYPE)
@Retention(RetentionPolicy.RUNTIME)
@Documented
@Inherited
@BootstrapWith(SpringBootTestContextBootstrapper.class)
@ExtendWith(SpringExtension.class)
public @interface SpringBootTest {
    @AliasFor("properties")
    String[] value() default {};
    @AliasFor("value")
    String[] properties() default {};
String[] args() default {};
    Class<?>[] classes() default {};

    WebEnvironment webEnvironment() default WebEnvironment.MOCK;

    enum WebEnvironment {
        MOCK(false),
        RANDOM_PORT(true),
        DEFINED_PORT(true),
        NONE(false);
        ...
    }
}
```

从 @SpringBootTest 的源代码中可以看出，通过 WebEnvironment 枚举类提供了 MOCK、RANDOM_PORT、DEFINED_PORT 和 NONE 这 4 种环境配置。

- Mock：加载 WebApplicationContext 并提供 Mock Servlet 环境，嵌入的 Servlet 容器不会被启动。
- RANDOM_PORT：加载一个 EmbeddedWebApplicationContext 并提供真实的 Servlet 环境。嵌入的 Servlet 容器将被启动，并在一个随机端口上监听。
- DEFINED_PORT：加载一个 EmbeddedWebApplicationContext 并提供真实的 Servlet 环境。嵌入的 Servlet 容器将被启动，并在一个默认的端口上监听（application.properties 配置端口或者默认端口 8080）。
- NONE：使用 SpringApplication 加载一个 ApplicationContext，但是不提供任何 Servlet 环境。示例中默认采用此种方式。

关于其他的注解就不再展开了，在后面章节中会结合具体示例进行说明。

13.3 JUnit5 单元测试示例

在上节中已经提到 JUnit5 与 JUnit4 有所不同，本节还是用同样的示例来看一下 JUnit5

的使用。

```
@SpringBootTest
public class OrderServiceTest {

    @Resource
    private OrderService orderService;

    @Test
    public void testInsert() {
        Order order = new Order();
        order.setOrderNo("A001");
        order.setUserId(100);

        orderService.insert(order);
    }
}
```

通过上面的代码，我们可以看出默认情况下只需要使用 @SpringBootTest 注解即可，而在上节 @SpringBootTest 源代码中已经看到组合了 @ExtendWith(SpringExtension.class) 注解，因此此示例无须注解。

这里需要注意的是 Spring Boot 的版本信息，在 2.1.*x* 之后 @SpringBootTest 注解中才组合了 @ExtendWith(SpringExtension.class) 注解。因此，需要根据具体使用的版本来确定是否需要 @ExtendWith(SpringExtension.class) 注解，否则可能会出现注解无效的情况。

虽然单元测试类的代码与 JUnit4 基本相同，但本质上还是有区别的。比如，在使用 JUnit5 时，默认的 spring-boot-starter-test 依赖类库已经无法满足，需要手动引入 junit-jupiter。

```
<!-- Junit 5 -->
<dependency>
    <groupId>org.junit.jupiter</groupId>
    <artifactId>junit-jupiter</artifactId>
    <version>5.5.2</version>
    <scope>test</scope>
</dependency>
```

同时，如果必要则需要将 junit-vintage-engine 进行排除。

```
<dependency>
    <groupId>org.springframework.boot</groupId>
    <artifactId>spring-boot-starter-test</artifactId>
    <scope>test</scope>
    <exclusions>
        <exclusion>
            <groupId>org.junit.vintage</groupId>
            <artifactId>junit-vintage-engine</artifactId>
        </exclusion>
    </exclusions>
</dependency>
```

上面的测试代码还有一个经常会遇到的问题，就是从 JUnit4 升级到 JUnit5 时，如果你只是把类上的注解换了，会发现通过 @Resource 或 @Autowired 注入的 OrderService 会抛出空指针异常。这是为什么呢?

原因很简单，从 JUnit4 升级到 JUnit5 时，在 testInsert 方法上的 @Test 注解变了。在 JUnit4 中默认使用的 @Test 注解为 org.junit.Test，而在 JUnit5 中需要使用 org.junit.jupiter.api.Test。因此，如果在升级的过程中出现莫名其妙的空指针异常时，需考虑到此处。

总体来说，JUnit5 的最大变化是@ Test 注解改为由几个不同的模块组成，其中包括 3 个不同子项目：JUnit Platform、JUnit Jupiter 和 JUnit Vintage。

同时，JUnit5 也提供了一套自己的注解。

- @BeforeAll 类似于 JUnit 4 的 @BeforeAll，表示使用了该注解的方法应该在当前类中所有使用了 @Test、@RepeatedTest、@ParameterizedTest 或者 @TestFactory 注解的方法之前执行，且必须为 static。
- @BeforeEach 类似于 JUnit 4 的 @Before，表示使用了该注解的方法应该在当前类中所有使用了 @Test、@RepeatedTest、@ParameterizedTest 或者 @TestFactory 注解的方法之前执行。
- @Test 表示该方法是一个测试方法。
- @DisplayName 为测试类或测试方法声明一个自定义的显示名称。
- @AfterEach 类似于 JUnit 4 的 @After，表示使用了该注解的方法应该在当前类中所有使用了 @Test、@RepeatedTest、@ParameterizedTest 或者 @TestFactory 注解的方法之后执行。
- @AfterAll 类似于 JUnit 4 的 @AfterClass，表示使用了该注解的方法应该在当前类中所有使用了 @Test、@RepeatedTest、@ParameterizedTest 或者 @TestFactory 注解的方法之后执行，且必须为 static。
- @Disable 用于禁用一个测试类或测试方法，类似于 JUnit 4 的 @Ignore。
- @ExtendWith 用于注册自定义扩展功能。

关于这些注解的详细使用，我们就不一一举例了。

13.4 Web 应用单元测试

在面向对象的程序设计中，模拟对象（mock object）是以可控的方式模拟真实对象行为的假对象。在编程过程中，通常通过模拟一些输入数据，来验证程序是否达到预期效果。

模拟对象一般应用于真实对象有以下特性的场景：行为不确定、真实环境难搭建、行为难触发、速度很慢、需界面操作、回调机制等。

在上面章节中实现了 Service 层的单元测试示例，而当对 Controller 层进行单元测试时，便需要使用模拟对象，这里采用 spring-test 包中提供的 MockMvc。MockMvc 可以做到不启动项目工程就可以对接口进行测试。

MockMvc 实现了对 HTTP 请求的模拟，能够直接使用网络的形式，转换到 Controller 的调用，这样可以使得测试速度快、不依赖网络环境，同时提供了一套验证的工具，使得请求的验证统一而且方便。

下面以一个具体的示例来对 MockMvc 的使用进行讲解。在使用之前，依旧需要先引入对应的依赖。

```
<dependency>
    <groupId>org.springframework.boot</groupId>
    <artifactId>spring-boot-starter-test</artifactId>
    <scope>test</scope>
</dependency>
```

这里创建一个简单的 TestController，提供一个 hello 方法，返回一个字符串。

```
@RestController
public class TestController {
    @RequestMapping("/mock")
    public String mock(String name) {
        return "Hello " + name + "!";
    }
}
```

下面编写单元测试的类和方法，我们这里都采用基于 JUnit4 和 Spring Boot 2.*x* 版本进行操作。

```
@RunWith(SpringRunner.class)
@SpringBootTest
@AutoConfigureMockMvc
public class TestControllerTest {

    @Autowired
    private MockMvc mockMvc;

    @Test
    public void testMock() throws Exception {
        // mockMvc.perform 执行一个请求
        mockMvc.perform(MockMvcRequestBuilders
            // MockMvcRequestBuilders.get("XXX") 构造一个请求
            .get("/mock")
            // 设置返回值类型为 utf-8，否则默认为 ISO-8859-1
            .accept(MediaType.APPLICATION_JSON_UTF8_VALUE)
            // ResultActions.param 添加请求传值
            .param("name", "MockMvc"))
            // ResultActions.andExpect 添加执行完成后的断言
            .andExpect(MockMvcResultMatchers.status().isOk())
            .andExpect(MockMvcResultMatchers.content().string("Hello MockMvc!"))
            // ResultActions.andDo 添加一个结果处理器，此处打印整个响应结果信息
```

```
                .andDo(MockMvcResultHandlers.print());
        }
    }
```

执行该单元测试打印结果部分内容如下。

```
MockHttpServletRequest:
        HTTP Method = GET
        Request URI = /mock
        Parameters = {name=[MockMvc]}
            Headers = [Accept:"application/json;charset=UTF-8"]
                Body = null
    Session Attrs = {}

Handler:
                Type = com.secbro2.learn.controller.TestController
            Method = public java.lang.String com.secbro2.learn.controller.Test
Controller.mock(java.lang.String)

...

MockHttpServletResponse:
           Status = 200
    Error message = null
          Headers = [Content-Type:"application/json;charset=UTF-8", Content-Length:
"14"]
     Content type = application/json;charset=UTF-8
             Body = Hello MockMvc!
```

在以上单元测试中，@RunWith(SpringRunner.class) 和 @SpringBootTest 的作用我们已经知道，另外的 @AutoConfigureMockMvc 注解提供了自动配置 MockMvc 的功能。因此，只需通过 @Autowired 注入 MockMvc 即可。

MockMvc 对象也可以通过接口 MockMvcBuilder 的实现类来获得。该接口提供一个唯一的 build 方法来构造 MockMvc。主要有两个实现类：StandaloneMockMvcBuilder 和 DefaultMockMvcBuilder，分别对应两种测试方式，即独立安装和集成 Web 环境测试（并不会集成真正的 web 环境，而是通过相应的 Mock API 进行模拟测试，无须启动服务器）。MockMvcBuilders 提供了对应的 standaloneSetup 和 webAppContextSetup 两种创建方法，在使用时直接调用即可。MockMvc 对象的创建默认使用 DefaultMockMvcBuilder，后面章节会详细介绍这一过程。

整个单元测试包含以下步骤：准备测试环境、执行 MockMvc 请求、添加验证断言、添加结果处理器、得到 MvcResult 进行自定义断言 / 进行下一步的异步请求、卸载测试环境。

关于 Web 应用的测试，还有许多其他内容，比如：检测 Web 类型、检测测试配置、排除测试配置以及事务回滚（通过 @Transactional 注解），读者朋友可根据需要自行编写单元测试用例进行尝试。

13.5 MockMvc 的自动配置

上面我们提到 @AutoConfigureMockMvc 提供了自动配置 MockMvc 的功能，实例化 MockMvc 的具体代码在 spring-boot-test-autoconfigure 项目中的 MockMvcAutoConfiguration 自动配置类内。而该自动配置类的生效又涉及了 @AutoConfigureMockMvc 注解。本节我们就大致来了解一下 @AutoConfigureMockMvc 和 MockMvcAutoConfiguration。

13.5.1 AutoConfigureMockMvc 注解

上节的例子中使用 @AutoConfigureMockMvc 注解来引入启动单元测试的自动注入，从而注入 MockMvc 类的 Bean。那么，@AutoConfigureMockMvc 只是注入了 MockMvc 的 Bean 吗？并不是的，我们来看一下 @AutoConfigureMockMvc 的源代码。

```
@Target({ ElementType.TYPE, ElementType.METHOD })
@Retention(RetentionPolicy.RUNTIME)
@Documented
@Inherited
@ImportAutoConfiguration
@PropertyMapping("spring.test.mockmvc")
public @interface AutoConfigureMockMvc {
    // 是否应向 MockMVC 注册来自应用程序上下文的 filter，默认为 true
    boolean addFilters() default true;

    // 每次 MockMVC 调用后应如何打印 MvcResult 信息
    @PropertyMapping(skip = SkipPropertyMapping.ON_DEFAULT_VALUE)
    MockMvcPrint print() default MockMvcPrint.DEFAULT;

    // 如果 MvcResult 仅在测试失败时才打印信息。true，则表示只在失败时打印
    boolean printOnlyOnFailure() default true;

    // 当 HtmlUnit 在类路径上时，是否应该自动配置 WebClient。 默认为 true
    @PropertyMapping("webclient.enabled")
    boolean webClientEnabled() default true;

    // 当 Selenium 位于类路径上时，是否应自动配置 WebDriver。 默认为 true
    @PropertyMapping("webdriver.enabled")
    boolean webDriverEnabled() default true;
}
```

AutoConfigureMockMvc 中定义的属性比较简单，除了 print 属性是用于配置每次 MockMVC 调用后打印 MvcResult 信息之外，其余的配置均为设置特定情况下是否进行相应处理。可结合上述代码中的注释部分了解对应属性的详细功能。同时，在上节的实例中（也是通常情况下）我们并没有进行特殊的配置，都采用该注解中的默认值。

在 AutoConfigureMockMvc 的源码中，我们重点看它组合的 @ImportAutoConfiguration 注解。该注解同样是 Spring Boot 自动配置项目提供的，其功能类似 @EnableAutoConfiguration，但又略有区别。@ImportAutoConfiguration 同样用于导入自动配置类，不仅可以像 @EnableAutoConfiguration 那样排除指定的自动配置类，还可以指定使用哪些自动配置类，这是它们之间的重要区别之一。

另外，@ImportAutoConfiguration 使用的排序规则与 @EnableAutoConfiguration 的相同，通常情况下，建议优先使用 @EnableAutoConfiguration 注解进行自动配置。但在单元测试中，则可考虑优先使用 @ImportAutoConfiguration。下面看一下它的源码及功能，代码如下。

```
@Target(ElementType.TYPE)
@Retention(RetentionPolicy.RUNTIME)
@Documented
@Inherited
@Import(ImportAutoConfigurationImportSelector.class)
public @interface ImportAutoConfiguration {

    // 指定引入的自动配置类
    @AliasFor("classes")
    Class<?>[] value() default {};

    // 指定引入的自动配置类。如果为空，则使用 META-INF/spring.factories 中注册的指定类
    // 其中 spring.factories 中注册的 key 为被该注解的类的全限定名称
    @AliasFor("value")
    Class<?>[] classes() default {};

    // 排除指定自动配置类
    Class<?>[] exclude() default {};
}
```

上述代码中关于 ImportAutoConfiguration 导入的 Selector 与之前讲解 @EnableAutoConfiguration 时的使用流程基本一致，我们不再赘述。

下面来看 ImportAutoConfiguration 中定义的属性。通过 value 属性，提供了指定自动配置类的功能，可以通过细粒度控制，根据需要引入相应功能的自动配置。没有 @EnableAutoConfiguration 一次注入全局生效的特性，但是有了指定的灵活性。

更值得注意的是 classes 属性，它也是用来指定自动配置类的，但它的特殊之处在于，如果未进行指定，则会默认搜索项目 META-INF/spring.factories 文件中注册的类，但是它搜索的注册类在 spring.factories 中的 key 是被 @ImportAutoConfiguration 注解的类的全限定名称。显然，这里的 key 为 org.springframework.boot.test.autoconfigure.web.servlet.AutoConfigureMockMvc。以上功能也就解释了为什么在单元测试中更多的是使用 @ImportAutoConfiguration 注解来进行自动配置了。

在 spring-boot-test-autoconfigure 项目的 spring.factories 文件中的相关配置如下。

```
# AutoConfigureMockMvc auto-configuration imports
org.springframework.boot.test.autoconfigure.web.servlet.AutoConfigureMockMvc=\
```

```
    org.springframework.boot.test.autoconfigure.web.servlet.MockMvcAutoConfiguration,\
    org.springframework.boot.test.autoconfigure.web.servlet.MockMvcWebClientAutoCon-
figuration,\
    org.springframework.boot.test.autoconfigure.web.servlet.MockMvcWebDriverAutoCon-
figuration,\
    org.springframework.boot.autoconfigure.security.servlet.SecurityAutoConfiguration,\
    org.springframework.boot.autoconfigure.security.servlet.UserDetailsServiceAuto-
Configuration,\
    org.springframework.boot.test.autoconfigure.web.servlet.MockMvcSecurity
Configuration
```

也就是说，当使用 @ImportAutoConfiguration 注解，并未指定 classes 属性值时，默认自动配置上述自动配置类。

关于 @ImportAutoConfiguration 我们就讲这么多，读者朋友可以对照 @EnableAuto-Configuration 相关章节中提供的方法，当作练习自行阅读该注解导入的 ImportAutoConfigurationImportSelector。下节我们以配置中的 MockMvcAutoConfiguration 为例，讲解 MockMvc 相关的自动化配置。

13.5.2　MockMvcAutoConfiguration 自动配置

上一节我们知道通过使用 @AutoConfigureMockMvc 注解会导入 MockMvcAutoConfiguration 自动配置类，该类就是专门为 MockMvc 相关功能提供自动配置的。

先看 MockMvcAutoConfiguration 的注解和构造方法部分源代码。

```
@Configuration(proxyBeanMethods = false)
@ConditionalOnWebApplication(type = Type.SERVLET)
@AutoConfigureAfter(WebMvcAutoConfiguration.class)
@EnableConfigurationProperties({ ServerProperties.class, WebMvcProperties.class })
public class MockMvcAutoConfiguration {

    private final WebApplicationContext context;

    private final WebMvcProperties webMvcProperties;

    MockMvcAutoConfiguration(WebApplicationContext context, WebMvcProperties
webMvcProperties) {
        this.context = context;
        this.webMvcProperties = webMvcProperties;
    }
    ...
}
```

注解部分说明，MockMvcAutoConfiguration 需要在 Web 应用程序类型为 Servlet，且在 WebMvcAutoConfiguration 自动配置之后进行自动配置。关于 WebMvcAutoConfiguration 我们在前面章节已经讲到，这里不再赘述。

另外，通过 @EnableConfigurationProperties 导入了 ServerProperties 和 WebMvcProperties

两个配置属性类，并通过构造方法设置为成员变量。

下面挑选 MockMvcAutoConfiguration 中几个比较重要的自动配置 Bean 来进行讲解，首先看 DispatcherServletPath 的注入。

```
@Bean
@ConditionalOnMissingBean
public DispatcherServletPath dispatcherServletPath() {
    return () -> this.webMvcProperties.getServlet().getPath();
}
```

当容器中不存在 DispatcherServletPath 的 Bean 时，会创建一个 DispatcherServletPath 实现类的对象，并注入容器。其中 DispatcherServletPath 是一个接口，用来提供 Dispatcher Servlet 所需路径的详细信息。在上述代码中实现了 DispatcherServletPath 的 getPath 方法，并返回 WebMvcProperties 配置文件默认（“/”）或指定的 Web 访问路径。

MockMvc 主要是通过 MockMvcBuilder 创建的，默认情况下实例化了 DefaultMock-MvcBuilder，相关代码如下。

```
@Bean
@ConditionalOnMissingBean(MockMvcBuilder.class)
public DefaultMockMvcBuilder mockMvcBuilder(List<MockMvcBuilderCustomizer>
customizers) {
        DefaultMockMvcBuilder builder = MockMvcBuilders.webAppContextSetup(this.context);
        builder.addDispatcherServletCustomizer(new MockMvcDispatcherServletCusto-
mizer(this.webMvcProperties));
        for (MockMvcBuilderCustomizer customizer : customizers) {
            customizer.customize(builder);
        }
        return builder;
}
```

当容器中不存在 MockMvcBuilder 的 Bean 时，通过 MockMvcBuilders 的 webAppContextSetup 方法创建 DefaultMockMvcBuilder，然后设置 DispatcherServlet 和 MockMvcBuilder 的定制化配置。其中，关于 DispatcherServlet 的设置就在 MockMvcAutoConfiguration 中定义，其核心代码如下。

```
@Override
public void customize(DispatcherServlet dispatcherServlet) {
dispatcherServlet.setDispatchOptionsRequest(this.webMvcProperties.isDispatch-
OptionsRequest());
        dispatcherServlet.setDispatchTraceRequest(this.webMvcProperties.isDispa-
tchTraceRequest());
        dispatcherServlet
            .setThrowExceptionIfNoHandlerFound(this.webMvcProperties.isThrowExcep-
tionIfNoHandlerFound());
}
```

上述代码就是对配置文件 WebMvcProperties 中 DispatcherServlet 是否分发“HTTP

OPTIONS”请求、是否分发“HTTP TRACE”、是否抛出 NoHandlerFoundException 进行配置。

当获得了 MockMvcBuilder，便可以配置并实例化 MockMvc 了，相关代码如下。

```
@Bean
@ConditionalOnMissingBean
public MockMvc mockMvc(MockMvcBuilder builder) {
    return builder.build();
}
```

至此，MockMvc 已经被实例化并注入容器了。当然，如果容器中不存在 DispatcherServlet 对应的 Bean，也会进行相应的自动配置。

```
@Bean
@ConditionalOnMissingBean
public DispatcherServlet dispatcherServlet(MockMvc mockMvc) {
    return mockMvc.getDispatcherServlet();
}
```

这里是通过 MockMvc 提供的方法来获得 DispatcherServlet 的 Bean，并注册。

正是有了上述自动配置机制，我们在单元测试时直接在单元测试类上使用 @AutoConfigureMockMvc 注解之后，便可以直接通过 @Autowired 对 MockMvc 进行注入并使用了。

13.6 小结

本章简单地介绍了 Spring Boot 中对单元测试的支持，以及常用的注解、单元测试实例。关于单元测试开启及自动注入我们讲解了 @AutoConfigureMockMvc。类似的，Spring Boot 还提供了许多更加有针对性、使用快捷的注解，比如：针对 JSON 的 @JsonTest、针对 MVC 的 @WebMvcTest、针对 WebFlux 的 @WebFluxTest、针对 Data JPA 的 @DataJpaTest、针对 JDBC 的 @JdbcTest、针对 MongoDB 的 @DataMongoTest、针对 redis 的 @DataRedisTest 等。但如果我们阅读上述注解的源码，会发现其处理机制与 @AutoConfigureMockMvc 基本一致，核心部分都使用了本章讲到的 @ImportAutoConfiguration 注解。

本章的重点并不仅仅是要教会大家如何使用单元测试，更重要的是传达一个思想：单元测试是保证代码质量的重要方式，在具体项目中，如果有可能，请尽量编写单元测试代码。

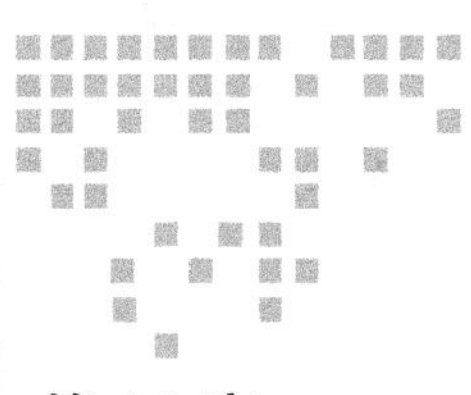

Chapter 14 第14章

Spring Boot 打包部署解析

Spring Boot 项目支持两种常见的打包形式：jar 包和 war 包。默认情况下创建的 Spring Boot 项目是采用 jar 包形式，如果项目需要 war 包，可通过修改配置打成 war 包。本章我们将围绕 jar 包和 war 包的运作原理及相关操作进行讲解。

14.1 Spring Boot 的 jar 包

Spring Boot 的 jar 包项目发布形式简单、快捷且内置 web 容器，因此 Spring Boot 将其作为默认选项。在享受便利的同时，我们也需要多少了解一下 Spring Boot 的 jar 包是如何生成的，以及如何通过 jar 包启动运行。本节从 jar 包的生成、结构、运作原理来分析 Spring Boot 的实现。

14.1.1 jar 包的生成

Spring Boot 的可执行 jar 包又称作“fat jar”，是包含所有三方依赖的 jar。它与传统 jar 包最大的不同是包含了一个 lib 目录和内嵌了 web 容器（以下均以 tomcat 为例）。jar 包通常是由集成在 pom.xml 文件中的 maven 插件来生成的。配置在 pom 文件 build 元素中的 plugins 内。

```
<build>
    <plugins>
        <plugin>
            <groupId>org.springframework.boot</groupId>
            <artifactId>spring-boot-maven-plugin</artifactId>
```

```
        </plugin>
    </plugins>
</build>
```

spring-boot-maven-plugin 项目存在于 spring-boot-tools 目录中。spring-boot-maven-plugin 默认有 5 个 goals：repackage、run、start、stop、build-info。在打包的时候默认使用的是 repackage。

spring-boot-maven-plugin 的 repackage 能够将 mvn package 生成的软件包，再次打包为可执行的软件包，并将 mvn package 生成的软件包重命名为 *.original。

这就为什么当执行 maven clean package 时，spring-boot-maven-plugin 会在 target 目录下生成两个 jar 文件。

```
spring-learn-0.0.1-SNAPSHOT.jar
spring-learn-0.0.1-SNAPSHOT.jar.original
```

其中我们可以将 spring-learn-0.0.1-SNAPSHOT.jar.original 文件的后缀 .original 去掉，生成的新 jar 包便是包含业务代码的包（普通的 jar 包）。另外的 spring-learn-0.0.1-SNAPSHOT.jar 包则是在 Spring Boot 中通过 jar -jar 启动的包，它包含了应用的依赖，以及 spring boot 相关 class。

spring-boot-maven-plugin 的 repackage 在代码层面调用了 RepackageMojo 的 execute 方法。RepackageMojo 类就是提供重新打包现有的 jar 或 war 包文件，使得它们可以使用 java -jar 来进行启动。

RepackageMojo 的 execute 方法如下。

```
@Override
public void execute() throws MojoExecutionException, MojoFailureException {
    if (this.project.getPackaging().equals("pom")) {
        getLog().debug("repackage goal could not be applied to pom project.");
        return;
    }
    if (this.skip) {
        getLog().debug("skipping repackaging as per configuration.");
        return;
    }
    repackage();
}
```

在 execute 方法中判断了是否为 pom 项目和是否跳过，如果是，则打印 debug 日志并返回；否则继续执行 repackage 方法。RepackageMojo 中的 repackage 方法相关源代码及操作解析如下。

```
private void repackage() throws MojoExecutionException {
    // maven 生成的 jar，最终的命名将加上 .original 后缀
    Artifact source = getSourceArtifact();
    // 最终为可执行 jar，即 fat jar
    File target = getTargetFile();
```

```
        // 获取重新打包器，将maven生成的jar重新打包成可执行jar
        Repackager repackager = getRepackager(source.getFile());
        // 查找并过滤项目运行时依赖的jar
        Set<Artifact> artifacts = filterDependencies(this.project.getArtifacts(),
                getFilters(getAdditionalFilters()));
        // 将artifacts转换成libraries
        Libraries libraries = new ArtifactsLibraries(artifacts, this.requiresUnpack,
                getLog());
        try {
            // 获得Spring Boot启动脚本
            LaunchScript launchScript = getLaunchScript();
            // 执行重新打包，生成fat jar
            repackager.repackage(target, libraries, launchScript);
        } catch (IOException ex) {
            throw new MojoExecutionException(ex.getMessage(), ex);
        }
        // 将maven生成的jar更新成.original文件
        updateArtifact(source, target, repackager.getBackupFile());
    }
```

关于整个repackage方法的操作流程在上面代码中已经进行相应注释说明，其基本过程为：获得maven生成的普通jar包、获得目标File对象、获得重新打包器、获得依赖jar包、获得启动脚本，最后通过重新打包器进行重新打包为可通过java -jar执行的jar包。

其中我们重点看获取Repackager的方法getRepackager的源代码。

```
    private Repackager getRepackager(File source) {
        Repackager repackager = new Repackager(source, this.layoutFactory);
        repackager.addMainClassTimeoutWarningListener(
                new LoggingMainClassTimeoutWarningListener());
        // 设置main class的名称，如果不指定，则会查找第一个包含main方法的类
        // repackage最后将会设置org.springframework.boot.loader.JarLauncher
        repackager.setMainClass(this.mainClass);
        if (this.layout != null) {
            getLog().info("Layout: " + this.layout);
            // 比如，layout返回org.springframework.boot.loader.tools.Layouts.Jar
            repackager.setLayout(this.layout.layout());
        }
        return repackager;
    }
```

getRepackager方法主要是根据将要被转换的文件（jar或war）创建了Repackager对象，并设置启动用的MainClass为org.springframework.boot.loader.JarLauncher，该配置对应于jar包中Manifest.MF文件内的MainClass值。

同时，如果layout不为null，通过内部枚举类LayoutType提供的layout方法获取对应的重新打包的实现类，比如针对jar包的org.springframework.boot.loader.tools.Layouts.Jar类。

枚举类LayoutType的定义如下。

```
    public enum LayoutType {
```

```
        JAR(new Jar()),
        WAR(new War()),
        ZIP(new Expanded()),
        DIR(new Expanded()),
        NONE(new None());
        ...
    }
```

从 LayoutType 的定义可以看出，Spring Boot 其实是支持多种类型的 archive（即归档文件）：jar 类型、war 类型、zip 类型、文件目录类型和 NONE。很显然，使用了相同的实现类来处理 ZIP 文件和 DIR 文件。

jar 类型为 Layouts 类的内部类，可以简单看一下 jar 类型的处理类都包含了哪些内容。

```
    public static class Jar implements RepackagingLayout {

        // 获取具体的 Lancher 类全路径
        @Override
        public String getLauncherClassName() {
            return "org.springframework.boot.loader.JarLauncher";
        }

        // 获得具体的依赖 jar 包路径
        @Override
        public String getLibraryDestination(String libraryName, LibraryScope scope) {
            return "BOOT-INF/lib/";
        }

        // 获取重新打包的 class 文件路径
        @Override
        public String getRepackagedClassesLocation() {
            return "BOOT-INF/classes/";
        }
        ...
    }
```

通过源代码可以看出，jar 类型的归档文件（jar 包）中包含了 jar 包启动的 Main-class（JarLauncher）、BOOT-INF/lib/ 目录和 BOOT-INF/classes/ 目录。如果看 Expanded 和 None 类，会发现它们又继承自 jar。

最后，我们简单看一下 RepackageMojo 中的 repackage 调用所获取的 Repackager 的 repackage 方法。Repackager 中 repackage 方法源码如下。

```
    public void repackage(File destination, Libraries libraries, LaunchScript launch
Script) throws IOException {
        // 校验目标文件
        if (destination == null || destination.isDirectory()) {
            throw new IllegalArgumentException("Invalid destination");
        }
```

```
        // 校验依赖库
        if (libraries == null) {
            throw new IllegalArgumentException("Libraries must not be null");
        }
        // 校验是否存在对应的 Layout，如果不存在则创建
        if (this.layout == null) {
            this.layout = getLayoutFactory().getLayout(this.source);
        }
        destination = destination.getAbsoluteFile();
        File workingSource = this.source;
        // 检查是否已经重新打包
        if (alreadyRepackaged() && this.source.equals(destination)) {
            return;
        }

        // 如果目标文件和 source 相同，则删除原有备份文件 (.original 结尾的)，重新备份 source 文件
        if (this.source.equals(destination)) {
            workingSource = getBackupFile();
            workingSource.delete();
            renameFile(this.source, workingSource);
        }
        destination.delete();
        try {
            try (JarFile jarFileSource = new JarFile(workingSource)) {
                // 核心功能就是创建 JarWriter 向文件指定文件中写入内容
                repackage(jarFileSource, destination, libraries, launchScript);
            }
        } finally {
            if (!this.backupSource && !this.source.equals(workingSource)) {
                deleteFile(workingSource);
            }
        }
    }
```

上述代码的核心业务逻辑如下。

- 校验各类参数（文件和路径是否存在）。
- 备份待重新打包的文件以 .original 结尾，如果已经存在备份文件则先执行删除操作。
- 生成目标文件之前，先清除一下目标文件。
- 调用重载的 repackage 方法，进行具体（jar 包）文件的生成和 MANIFEST.MF 的信息写入。
- 最后，判断并执行 workingSource 的清除操作。

用一句话总结上述过程：当符合条件时，对原有 jar 包文件进行备份，并生成新的可以通过 jar -jar 启动的文件。

关于重新打包的 jar 的目录结构及 MANIFEST.MF 文件中的信息，我们将在下一节进行讲解。

14.1.2 jar 包的结构

在上一节中，通过 spring-boot-maven-plugin 生成了可执行的 jar 包，下面分析一下 jar 包 spring-learn-0.0.1-SNAPSHOT.jar 的目录结构。

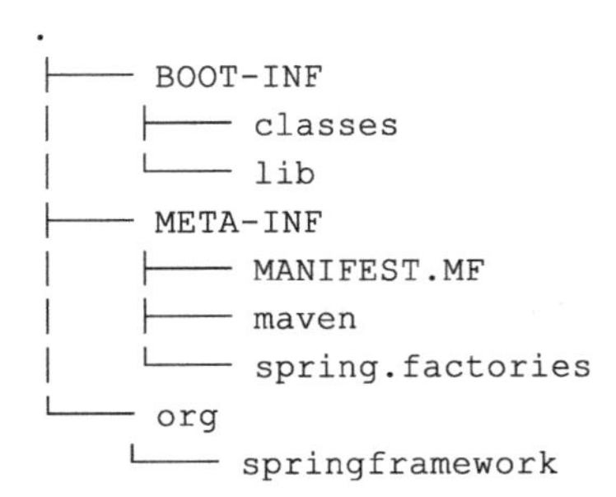
```
.
├── BOOT-INF
│   ├── classes
│   └── lib
├── META-INF
│   ├── MANIFEST.MF
│   ├── maven
│   └── spring.factories
└── org
    └── springframework
```

在上述结构中，BOOT-INF /classes 目录中存放业务代码，BOOT-INF /lib 目录中存放了除 java 虚拟机之外的所有依赖；org 目录中存放了 Spring Boot 用来启动 jar 包的相关 class 文件；META-INF 目录中存放了 MANIFEST.MF、maven 信息和 spring.factories 文件。

其中，Manifest.MF 文件通常被用来定义扩展或档案打包相关数据，它是一个元数据文件，数据格式为名 / 值对。一个可执行的 jar 文件需要通过该文件来指出该程序的主类。

```
Manifest-Version: 1.0
Implementation-Title: spring-learn
Implementation-Version: 0.0.1-SNAPSHOT
Start-Class: com.secbro2.learn.SpringLearnApplication
Spring-Boot-Classes: BOOT-INF/classes/
Spring-Boot-Lib: BOOT-INF/lib/
Build-Jdk-Spec: 1.8
Spring-Boot-Version: 2.2.1.RELEASE
Created-By: Maven Archiver 3.4.0
Main-Class: org.springframework.boot.loader.JarLauncher
```

Manifest.MF 文件中定义 Main-Class 设置为 org.springframework.boot.loader.JarLauncher，也就是说，jar 包程序启动入口为 JarLauncher 类的 main 方法。JarLauncher 类位于 spring-boot-loader 项目中，在 jar 包的 org 目录中便存储着 Launcher 相关类的 class 文件。

项目的引导类定义在 Start-Class 属性中，需要注意的是，Start-Class 属性并非 Java 标准的 Manifest.MF 属性。

14.2 Launcher 实现原理

在上节内容中，我们得知 jar 包 Main-Class 指定入口程序为 Spring Boot 提供的 Launcher（JarLauncher），并不是我们在 Spring Boot 项目中所写的入口类。那么，Launcher 类又是如何实现项目的启动呢？本节带大家了解其相关原理。

Launcher类的具体实现类有3个：JarLauncher、WarLauncher和PropertiesLauncher，我们这里主要讲解JarLauncher和WarLauncher。首先，以JarLauncher为例来解析说明Spring Boot基于Launcher来实现的启动过程。

14.2.1 JarLauncher

在了解JarLauncher的实现原理之前，先来看看JarLauncher的源码。

```
public class JarLauncher extends ExecutableArchiveLauncher {

    static final String BOOT_INF_CLASSES = "BOOT-INF/classes/";
    static final String BOOT_INF_LIB = "BOOT-INF/lib/";
    // 省略构造方法

    @Override
    protected boolean isNestedArchive(Archive.Entry entry) {
        if (entry.isDirectory()) {
            return entry.getName().equals(BOOT_INF_CLASSES);
        }
        return entry.getName().startsWith(BOOT_INF_LIB);
    }

    public static void main(String[] args) throws Exception {
        new JarLauncher().launch(args);
    }
}
```

JarLauncher类结构非常简单，它继承了抽象类ExecutableArchiveLauncher，而抽象类又继承了抽象类Launcher。JarLauncher中定义了两个常量：BOOT_INF_CLASSES和BOOT_INF_LIB，它们分别定义了业务代码存放在jar包中的位置（BOOT-INF/classes/）和依赖jar包所在的位置（BOOT-INF/lib/）。

JarLauncher中提供了一个main方法，即入口程序的功能，在该方法中首先创建了JarLauncher对象，然后调用其launch方法。大家都知道，当创建子类对象时，会先调用父类的构造方法。因此，父类ExecutableArchiveLauncher的构造方法被调用。

```
public abstract class ExecutableArchiveLauncher extends Launcher {
    private final Archive archive;
    public ExecutableArchiveLauncher() {
        try {
            this.archive = createArchive();
        } catch (Exception ex) {
            throw new IllegalStateException(ex);
        }
    }
}
```

在ExecutableArchiveLauncher的构造方法中仅实现了父类Launcher的createArchive方

法的调用和异常的抛出。Launcher 类中 createArchive 方法源代码如下。

```
protected final Archive createArchive() throws Exception {
    // 通过获得当前 Class 类的信息，查找到当前归档文件的路径
    ProtectionDomain protectionDomain = getClass().getProtectionDomain();
    CodeSource codeSource = protectionDomain.getCodeSource();
    URI location = (codeSource != null) ? codeSource.getLocation().toURI() :
null;
    String path = (location != null) ? location.getSchemeSpecificPart() : null;
    if (path == null) {
        throw new IllegalStateException("Unable to determine code source archive");
    }
    // 获得路径之后，创建对应的文件，并检查是否存在
    File root = new File(path);
    if (!root.exists()) {
        throw new IllegalStateException("Unable to determine code source archive from "
+ root);
    }
    // 如果是目录，则创建 ExplodedArchive，否则创建 JarFileArchive
    return (root.isDirectory() ? new ExplodedArchive(root) : new JarFileArchive(root));
}
```

在 createArchive 方法中，根据当前类信息获得当前归档文件的路径（即打包后生成的可执行的 spring-learn-0.0.1-SNAPSHOT.jar），并检查文件路径是否存在。如果存在且是文件夹，则创建 ExplodedArchive 的对象，否则创建 JarFileArchive 的对象。

关于 Archive，它在 Spring Boot 中是一个抽象的概念，Archive 可以是一个 jar（JarFileArchive），也可以是一个文件目录（ExplodedArchive），上面的代码已经进行了很好地证明。你可以理解为它是一个抽象出来的统一访问资源的层。Archive 接口的具体定义如下。

```
public interface Archive extends Iterable<Archive.Entry> {
    // 获取该归档的 url
    URL getUrl() throws MalformedURLException;
    // 获取 jar!/META-INF/MANIFEST.MF 或 [ArchiveDir]/META-INF/MANIFEST.MF
    Manifest getManifest() throws IOException;
    // 获取 jar!/BOOT-INF/lib/*.jar 或 [ArchiveDir]/BOOT-INF/lib/*.jar
    List<Archive> getNestedArchives(EntryFilter filter) throws IOException;
    ...
}
```

通过 Archive 接口中定义的方法可以看出，Archive 不仅提供了获得归档自身 URL 的方法，也提供了获得该归档内部 jar 文件列表的方法，而 jar 内部的 jar 文件依旧会被 Spring Boot 认为是一个 Archive。

通常，jar 里的资源分隔符是 !/，在 JDK 提供的 JarFile URL 只支持一层 "!/"，而 Spring Boot 扩展了该协议，可支持多层 "!/"。因此，在 Spring Boot 中也就可以表示 jar in jar、jar in directory、fat jar 类型的资源了。

我们再回到 JarLauncher 的入口程序，当创建 JarLauncher 对象，获得了当前归档文件

的 Archive，下一步便是调用 launch 方法，该方法由 Launcher 类实现。Launcher 中的这个 launch 方法就是启动应用程序的入口，而该方法的定义是为了让子类的静态 main 方法调用的。

```
protected void launch(String[] args) throws Exception {
    // 注册一个"java.protocol.handler.pkgs"属性，以便定位 URLStreamHandler 来处理 jar URL
    JarFile.registerUrlProtocolHandler();
    // 获取 Archive，并通过 Archive 的 URL 获得 ClassLoader（这里为 LaunchedURLClassLoader）
    ClassLoader classLoader = createClassLoader(getClassPathArchives());
    // 启动应用程序（创建 MainMethodRunner 类并调用其 run 方法）
    launch(args, getMainClass(), classLoader);
}
```

下面看在 launch 方法中都具体做了什么操作，首先调用了 JarFile 的 registerUrlProtocol-Handler 方法。

```
public class JarFile extends java.util.jar.JarFile {
        private static final String PROTOCOL_HANDLER = "java.protocol.handler.pkgs";
        private static final String HANDLERS_PACKAGE = "org.springframework.boot.
loader";
    public static void registerUrlProtocolHandler() {
        String handlers = System.getProperty(PROTOCOL_HANDLER, "");
        System.setProperty(PROTOCOL_HANDLER, ("".equals(handlers) ? HANDLERS_PACKAGE
                : handlers + "|" + HANDLERS_PACKAGE));
        resetCachedUrlHandlers();
    }
    ...
    private static void resetCachedUrlHandlers() {
        try {
            URL.setURLStreamHandlerFactory(null);
        } catch (Error ex) {
            // 忽略异常处理
        }
    }
...
}
```

JarFile 的 registerUrlProtocolHandler 方法利用了 java.net.URLStreamHandler 扩展机制，其实现由 URL#getURLStreamHandler(String) 提供，该方法返回一个 URLStreamHandler 类的实现类。针对不同的协议，通过实现 URLStreamHandler 来进行扩展。JDK 默认支持了文件（file）、HTTP、JAR 等协议。

关于实现 URLStreamHandler 类来扩展协议，JVM 有固定的要求。

第一：子类的类名必须是 Handler，最后一级包名必须是协议的名称。比如，自定义了 Http 的协议实现，则类名必然为 xx.http.Handler，而 JDK 对 http 实现为：sun.net.protocol.http.Handler。

第二：JVM 启动时，通常需要配置 Java 系统属性 java.protocol.handler.pkgs，追加 URLStreamHandler 实现类的 package。如果有多个实现类（package），则用"|"隔开。

JarFile#registerUrlProtocolHandler(String) 方法就是将 org.springframework.boot.loader 追加到 Java 系统属性 java.protocol.handler.pkgs 中。

执行完 JarFile.registerUrlProtocolHandler() 之后，执行 createClassLoader 方法创建 ClassLoader。该方法的参数是通过 ExecutableArchiveLauncher 实现 getClassPathArchives 方法获得的。相关实现源代码如下。

```
public abstract class ExecutableArchiveLauncher extends Launcher {
    private final Archive archive;
    @Override
    protected List<Archive> getClassPathArchives() throws Exception {
        List<Archive> archives = new ArrayList<>(
            this.archive.getNestedArchives(this::isNestedArchive));
        postProcessClassPathArchives(archives);
        return archives;
    }
...
}
```

在 getClassPathArchives 方法中通过调用当前 archive 的 getNestedArchives 方法，找到 /BOOT-INF/lib 下 jar 及 /BOOT-INF/classes 目录所对应的 archive，通过这些 archive 的 URL 生成 LaunchedURLClassLoader。创建 LaunchedURLClassLoader 是由 Launcher 中重载的 createClassLoader 方法实现的，代码如下。

```
public abstract class Launcher {
    protected ClassLoader createClassLoader(List<Archive> archives) throws Exception {
        List<URL> urls = new ArrayList<>(archives.size());
        for (Archive archive : archives) {
            urls.add(archive.getUrl());
        }
        return createClassLoader(urls.toArray(new URL[0]));
    }
    protected ClassLoader createClassLoader(URL[] urls) throws Exception {
        return new LaunchedURLClassLoader(urls, getClass().getClassLoader());
    }
...
}
```

Launcher#launch 方法的最后一步，是将 ClassLoader（LaunchedURLClassLoader）设置为线程上下文类加载器，并创建 MainMethodRunner 对象，调用其 run 方法。

```
public abstract class Launcher {
    protected void launch(String[] args, String mainClass, ClassLoader classLoader)
            throws Exception {
        Thread.currentThread().setContextClassLoader(classLoader);
        createMainMethodRunner(mainClass, args, classLoader).run();
    }
    protected MainMethodRunner createMainMethodRunner(String mainClass, String[] args,
```

```
            ClassLoader classLoader) {
        return new MainMethodRunner(mainClass, args);
    }
...
}
```

当 MainMethodRunner 的 run 方法被调用，便真正开始启动应用程序了。MainMethodRunner 类的源码如下。

```
public class MainMethodRunner {
    private final String mainClassName;
    private final String[] args;

    public MainMethodRunner(String mainClass, String[] args) {
        this.mainClassName = mainClass;
        this.args = (args != null) ? args.clone() : null;
    }

    public void run() throws Exception {
        Class<?> mainClass = Thread.currentThread().getContextClassLoader()
            .loadClass(this.mainClassName);
        Method mainMethod = mainClass.getDeclaredMethod("main", String[].class);
        mainMethod.invoke(null, new Object[] { this.args });
    }
}
```

上述代码中属性 mainClass 参数便是在 Manifest.MF 文件中我们自定义的 Spring Boot 的入口类，即 Start-class 属性值。在 MainMethodRunner 的 run 方法中，通过反射获得入口类的 main 方法并调用。

至此，Spring Boot 入口类的 main 方法正式执行，所有应用程序类文件均可通过 /BOOT-INF/classe 加载，所有依赖的第三方 jar 均可通过 /BOOT-INF/lib 加载。

14.2.2 WarLauncher

WarLauncher 与 JarLauncher 都继承自抽象类 ExecutableArchiveLauncher，它们的实现方式和流程基本相同，差异很小。主要的区别是 war 包中的目录文件和 jar 包路径不同。WarLauncher 部分源代码如下。

```
public class WarLauncher extends ExecutableArchiveLauncher {

    private static final String WEB_INF = "WEB-INF/";
    private static final String WEB_INF_CLASSES = WEB_INF + "classes/";
    private static final String WEB_INF_LIB = WEB_INF + "lib/";
    private static final String WEB_INF_LIB_PROVIDED = WEB_INF + "lib-provided/";
    ...
    @Override
    public boolean isNestedArchive(Archive.Entry entry) {
        if (entry.isDirectory()) {
```

```
            return entry.getName().equals(WEB_INF_CLASSES);
        }else {
            return entry.getName().startsWith(WEB_INF_LIB)
                || entry.getName().startsWith(WEB_INF_LIB_PROVIDED);
        }
    }

    public static void main(String[] args) throws Exception {
        new WarLauncher().launch(args);
    }
}
```

JarLauncher 在构建 LauncherURLClassLoader 时搜索 BOOT-INF/classes 目录及 BOOT-INF/lib 目录下的 jar。而通过上述代码可以看出，WarLauncher 在构建 LauncherURLClass-Loader 时搜索的是 WEB-INFO/classes 目录及 WEB-INFO/lib 和 WEB-INFO/lib-provided 目录下的 jar。

下面，我们通过对 jar 打包形式的 Spring Boot 项目进行修改，变成可打包成 war 的项目。然后，再看一下打包成的 war 的目录结构。

第一步，修改 pom.xml 中的 packaging 为 war。

```
<packaging>war</packaging>
```

第二步，在 spring-boot-starter-web 依赖中排除 tomcat，并新增 servlet-api 依赖，这里采用的是 Servlet 2.5 版本。

```
<dependencies>
    <dependency>
        <groupId>org.springframework.boot</groupId>
        <artifactId>spring-boot-starter-web</artifactId>
        <exclusions>
            <exclusion>
                <groupId>org.springframework.boot</groupId>
                <artifactId>spring-boot-starter-tomcat</artifactId>
            </exclusion>
        </exclusions>
    </dependency>
    <dependency>
        <groupId>javax.servlet</groupId>
        <artifactId>servlet-api</artifactId>
        <version>2.5</version>
    </dependency>
</dependencies>
```

第三步，在 build 配置中将插件替换为 maven-war-plugin。

```
<build>
    <plugins>
        <plugin>
```

```
                <groupId>org.apache.maven.plugins</groupId>
                <artifactId>maven-war-plugin</artifactId>
                <version>2.6</version>
                <configuration>
                    <failOnMissingWebXml>false</failOnMissingWebXml>
                </configuration>
            </plugin>
        </plugins>
    </build>
```

第四步，让 Spring Boot 入口类继承 SpringBootServletInitializer 并实现其方法。

```
@SpringBootApplication
public class SpringBootApp extends SpringBootServletInitializer {

    public static void main(String[] args) {
        SpringApplication.run(SpringBootApp.class, args);
    }

    @Override
    protected SpringApplicationBuilder configure(SpringApplicationBuilder builder) {
        return builder.sources(SpringBootApp.class);
    }
}
```

执行，maven clean package 即可得到对应的 war 包。同样，这里会生成两个 war 包文件：一个后缀为 .war 的可独立部署的文件，一个 war.original 文件，具体命名形式参考 jar 包。

对 war 包解压之后，目录结构如下。

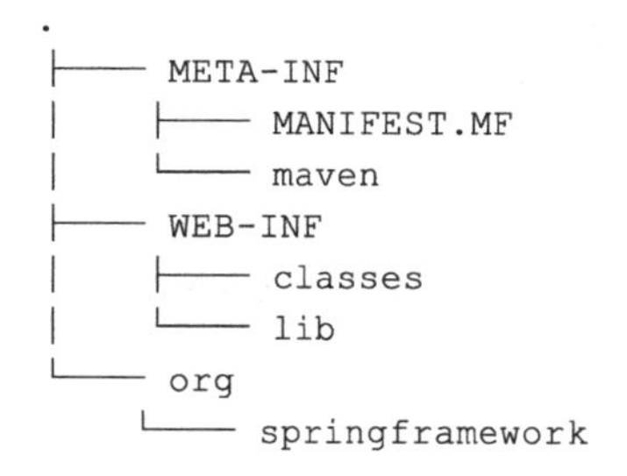

```
.
├── META-INF
│   ├── MANIFEST.MF
│   └── maven
├── WEB-INF
│   ├── classes
│   └── lib
└── org
    └── springframework
```

最后，war 包文件既能被 WarLauncher 启动，又能兼容 Servlet 容器。其实，jar 包和 war 并无本质区别，因此，如果无特殊情况，尽量采用 jar 包的形式来进行打包部署。

14.3 小结

本章主要介绍了 Spring Boot 生成的 jar 包文件结构、生成方式、启动原理等内容，同时也引入了不少新概念，比如 Active、Fat jar 等。由于篇幅所限，关于 Spring Boot 中对实现 Jar in Jar 的 JAR 协议扩展不再展开，感兴趣的读者可查看代码进行学习。

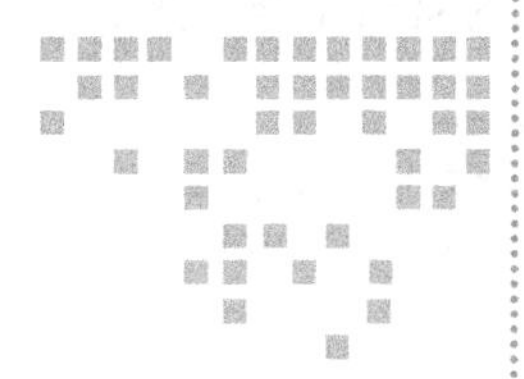

第 15 章 Chapter 15

Spring Boot 应用监控解析

在企业应用中除了要了解 Spring Boot 业务的单元测试、集成测试等功能使用外，在上线之后还需要对线上应用的各项指标（比如，CPU 利用率、内存利用率、数据库连接是否正常、用户请求数据等）进行监控和运维。

在传统项目中，这些监控和运维往往需要借助其他第三方的工具实现，而在 Spring Boot 中提供了 spring-boot-actuator 模块，可以通过 http、jmx、ssh、telnet 等形式来监控和管理生产环境。同时，Spring Boot 还提供了灵活的自定义接口用来扩展监控的功能。

本章不会过多涉及 actuator 基础使用，而是重点介绍 actuator 的自动配置及实现原理。

15.1 Actuator 简介

Spring Boot Actuator 提供了应用的审计（Auditing）、健康（Health）状态信息、数据采集（Metrics gathering）统计等监控运维的功能。同时，还提供了可扩展的端点（Endpoint）功能，方便使用者进行自定义监控指标。默认情况下，这些信息以 JSON 的数据格式呈现，用户也可以使用 Spring Boot Admin 项目进行界面管理。

Spring Boot Actuator 通常使用下面的 starter 引入。

```
<dependency>
    <groupId>org.springframework.boot</groupId>
    <artifactId>spring-boot-starter-actuator</artifactId>
</dependency>
```

通过上面的 starter 会间接引入以下两个依赖。

```
<dependency>
    <groupId>org.springframework.boot</groupId>
    <artifactId>spring-boot-actuator</artifactId>
</dependency>
<dependency>
    <groupId>org.springframework.boot</groupId>
    <artifactId>spring-boot-actuator-autoconfigure</artifactId>
</dependency>
```

在 Spring Boot 项目中，spring-boot-actuator 作为一个独立的项目，提供 Actuator 的核心功能，spring-boot-actuator-autoconfigure 提供了 Actuator 自动配置的功能。

引入 spring-boot-starter-actuator 之后，默认情况下便开启了监控功能，我们可通过 http://localhost:8080/actuator 来查看默认支持的监控信息。

通过浏览器访问上述请求地址，默认返回结果信息如下。

```
{
    "_links": {
        "self": {
            "href": "http://localhost:8080/actuator",
            "templated": false
        },
        "health-path": {
            "href": "http://localhost:8080/actuator/health/{*path}",
            "templated": true
        },
        "health": {
            "href": "http://localhost:8080/actuator/health",
            "templated": false
        },
        "info": {
            "href": "http://localhost:8080/actuator/info",
            "templated": false
        }
    }
}
```

默认情况下，上述返回信息对应的监控处于开启状态，使用者也可以在 application.properties 中进行配置来禁用或开启具体的监控。

```
# 启用 shutdown
management.endpoint.shutdown.enabled=true
# 全部禁用
management.endpoints.enabled-by-default=false
# 启用 info
management.endpoint.info.enabled=true
```

了解了监控的基本集成和配置，下面重点讲解一下 Actuator 的自动配置及原理。

15.2　Actuator 自动配置

关于 Actuator 自动配置，我们以 HealthEndpoint 为例，了解一下在 Spring Boot 中是如何进行自动配置并获取到对应的监控信息的。同时，也简单了解一下，这些自动配置组件获得的信息是如何通过 URL 访问展示出来的。

15.2.1　HealthEndpoint 自动配置

Actuator 的自动配置默认没有在 Spring Boot Autoconfigure 中集成，而是通过独立的 spring-boot-actuator-autoconfigure 项目来实现。在该项目中实现了大量关于不同组件监控的自动配置。

在继续本章学习或将 Spring Boot 版本升级之前，需提醒读者注意对照所使用的 Spring Boot Actuator 的版本，因为从 Spring Boot 2.0.*x* 到 2.2.*x* 版本，关于 Actuator 及其自动配置的实现代码发生了比较大的变动。

本节以监控点（Health）相关的自动配置源码及实现原理为例进行讲解，涉及的自动配置类有 HealthEndpointAutoConfiguration、HealthEndpointConfiguration 等。关于 Health 的相关类均位于 org.springframework.boot.actuate.autoconfigure.health 包下。

Actuator 的自动配置类的注册都是在 spring-boot-actuator-autoconfigure 项目下的 spring.factories 中完成的。HealthEndpointAutoConfiguration 也不例外，源码如下。

```
@Configuration(proxyBeanMethods = false)
@ConditionalOnAvailableEndpoint(endpoint = HealthEndpoint.class)
@EnableConfigurationProperties
@Import({ LegacyHealthEndpointAdaptersConfiguration.class, LegacyHealthEndpoint-
CompatibilityConfiguration.class,
        HealthEndpointConfiguration.class, ReactiveHealthEndpointConfiguration.
class,
        HealthEndpointWebExtensionConfiguration.class, HealthEndpointReactive-
WebExtensionConfiguration.class })
public class HealthEndpointAutoConfiguration {

    @Bean
    @SuppressWarnings("deprecation")
    HealthEndpointProperties healthEndpointProperties(HealthIndicatorProperti-
es healthIndicatorProperties) {
        HealthEndpointProperties healthEndpointProperties = new HealthEndpoint-
Properties();
        healthEndpointProperties.getStatus().getOrder().addAll(healthIndicator-
Properties.getOrder());
        healthEndpointProperties.getStatus().getHttpMapping().putAll(healthIn-
dicatorProperties.getHttpMapping());
        return healthEndpointProperties;
    }
}
```

@Configuration 开启了自动配置。@ConditionalOnAvailableEndpoint 为 Spring Boot 2.2 版本新引入的注解，表示 HealthEndpoint 的 endpoint 仅在可用时才会进行自动化配置。那么什么情况是可用的呢？这里的可用指的是某一个 endpoint 必须满足是可用状态（enabled）和暴露的（exposed）。

@EnableConfigurationProperties 开启了健康检查端点、健康检查指示器的属性配置，@Import 引入了多个自动装载类，下面会具体讲解。

HealthEndpointAutoConfiguration 类本身在 Spring Boot 2.1 版本之前并没有具体的代码实现，当前版本虽然添加了对 HealthEndpointProperties 配置类的实例化操作，但它所依赖的 HealthIndicatorProperties 参数已被标记为过时的，并被 HealthEndpointProperties 所代替，目前不确定后续版本是否会有新的变化。

在 HealthEndpointAutoConfiguration 的 @Import 中，LegacyHealthEndpointAdaptersConfiguration 和 LegacyHealthEndpointCompatibilityConfiguration 都是为了兼容旧版版本而提供的自动配置，ReactiveHealthEndpointConfiguration 和 HealthEndpointReactiveWebExtensionConfiguration 是针对 Reactive 的操作。

这里重点介绍 HealthEndpointConfiguration 和 HealthEndpointWebExtensionConfiguration。前者是 /health 端点的基础配置，后者为针对 web 的扩展配置。我们先看 HealthEndpointConfiguration 的源代码。

```
@Configuration(proxyBeanMethods = false)
class HealthEndpointConfiguration {

    // 实例化 StatusAggregator，health 状态聚合器
    @Bean
    @ConditionalOnMissingBean
    StatusAggregator healthStatusAggregator(HealthEndpointProperties properties) {
        // 默认采用其 SimpleStatusAggregator 实现，如果未指定 status，则默认集合 Status
类中定义的所有状态集合
        return new SimpleStatusAggregator(properties.getStatus().getOrder());
    }

    // 实例化 HttpCodeStatusMapper，用于映射 Health 到 Http 的状态码
    @Bean
    @ConditionalOnMissingBean
     HttpCodeStatusMapper healthHttpCodeStatusMapper(HealthEndpointProperties
properties) {
         // 采用 SimpleHttpCodeStatusMapper 实现，默认映射 Status.DOWN 和 Status.OUT_
OF_SERVICE 到 HTTP 的 503
            return new SimpleHttpCodeStatusMapper(properties.getStatus().
getHttpMapping());
    }

    // 实例化 HealthEndpointGroups，用于 HealthEndpointGroup 的集合操作
    @Bean
```

```
        @ConditionalOnMissingBean
        HealthEndpointGroups healthEndpointGroups(ApplicationContext applicationContext,
                HealthEndpointProperties properties) {
            // 采用 AutoConfiguredHealthEndpointGroups 实现，该类主要设置其属性 primaryGroup
和 groups
            return new AutoConfiguredHealthEndpointGroups(applicationContext,
properties);
        }

        // 实例化 HealthContributorRegistry，用于 HealthContributor 的可变注册
        @Bean
        @ConditionalOnMissingBean
         HealthContributorRegistry healthContributorRegistry(ApplicationContext
applicationContext,
                HealthEndpointGroups groups) {
            Map<String, HealthContributor> healthContributors = new LinkedHashMap<>(
                    applicationContext.getBeansOfType(HealthContributor.class));
    // 如果类路径下存在 reactor.core.publisher.Flux 类，则添加 Reactive 相关的 AdaptedReact-
iveHealthContributors
            if (ClassUtils.isPresent("reactor.core.publisher.Flux", applicationContext.
getClassLoader())) {
                healthContributors.putAll(new AdaptedReactiveHealthContributors(ap-
plicationContext).get());
            }
            // 采用 HealthContributorRegistry 实现类，确保注册的注册器不与 group 的名字冲突
             return new AutoConfiguredHealthContributorRegistry(healthContributors,
groups.getNames());
        }

        // 实例化 HealthEndpoint，用户暴露应用程序的健康信息
        @Bean
        @ConditionalOnMissingBean
        HealthEndpoint healthEndpoint(HealthContributorRegistry registry, HealthEndpoint
Groups groups) {
            return new HealthEndpoint(registry, groups);
        }
    //... 省略内部类 AdaptedReactiveHealthContributors 相关代码，用于
ReactiveHealthContributor
的适配器
    }
```

首先，HealthEndpointConfiguration 的注解中并无其他条件注解，这说明该类并非利用自动配置机制来进行配置，而是一旦引入就会直接被 @Configuration 注解实例化。

其次，该类中内部主要实例化了 StatusAggregator、HttpCodeStatusMapper、HealthEndpoint-Groups、HealthContributorRegistry 和 HealthEndpoint 相关的基础组件。

其中，StatusAggregator 接口提供了根据传入的系统状态集合（Status 集合）获取具体状态的功能，在 Status 中定义了 UNKNOWN、UP、DOWN、OUT_OF_SERVICE 这 4 种状态。

而 HttpCodeStatusMapper 接口提供了根据 Status 获得的 Http 状态码，也就是用于监控状态到 Http 状态码的映射功能。关于其他组件的具体实例化操作及功能简介，可配合代码中的注释进行源代码阅读，这里不再展开。

下面看 HealthEndpointWebExtensionConfiguration，该配置类代码相对简单，源代码如下。

```
@Configuration(proxyBeanMethods = false)
@ConditionalOnWebApplication(type = Type.SERVLET)
@ConditionalOnBean(HealthEndpoint.class)
class HealthEndpointWebExtensionConfiguration {
    @Bean
    @ConditionalOnBean(HealthEndpoint.class)
    @ConditionalOnMissingBean
    HealthEndpointWebExtension healthEndpointWebExtension(HealthContributorReg-
istry healthContributorRegistry,
            HealthEndpointGroups groups) {
        return new HealthEndpointWebExtension(healthContributorRegistry,
groups);
    }
}
```

该自动配置的主要作用是针对 HealthEndpoint 的 web 扩展，注解中 @ConditionalOn-WebApplication 表明只有应用类型为 Servlet 时，该类才会被配置，@ConditionalOnBean 表明当存在 HealthEndpoint 的 Bean 时才会生效。

HealthEndpointWebExtensionConfiguration 内部只初始化了 HealthEndpointWebExtension 对象，创建该 Bean 的条件为：容器中存在 HealthEndpoint 的对象时，且 HealthEndpoint-WebExtension 对象并不存在时。

HealthEndpointWebExtension 继承自 HealthEndpointSupport，主要用来提供 health 端点和 health 端点扩展的基础类。

关于自动配置类，我们就讲这么多，读者可进一步阅读其他相关功能的源代码。下一节我们将了解 HealthIndicator 的实现。

15.2.2 HealthIndicator 实现

上一节我们学习了 Health 相关的自动配置，那么关于 Health 的信息是如何获得的呢？这就涉及 HealthIndicator 接口的功能了。

HealthIndicator 是一个策略模式的接口，继承自接口 HealthContributor。HealthContributor 接口中并没有具体的方法定义，这是 Spring Boot 2.2.0 版本中新增的一个标记接口，作用于 HealthEndpoint 返回的 health 相关信息。相关的参与者必须为 HealthIndicator 或 Com positeHealthContributor。

在 HealthIndicator 接口中定义了一个具有默认实现的 getHealth 方法和抽象的 health 方法，其中 getHealth 方法也是 Spring Boot 2.2.0 版本新增的。HealthIndicator 接口源代码如下。

```
@FunctionalInterface
public interface HealthIndicator extends HealthContributor {

    // 根据 includeDetails，返回 health 指示
    default Health getHealth(boolean includeDetails) {
        Health health = health();
        // 如果 includeDetails 为 true 则直接返回 health，否则返回不携带详情的 health
        return includeDetails ? health : health.withoutDetails();
    }

    // 返回 health 指示
    Health health();
}
```

其中，health 方法返回 Health 对象，存储着应用程序的健康信息。getHealth 方法会根据 includeDetails 参数判断是直接返回 health 方法的结果，还是返回经过处理不携带详情的 Health 对象。

常见的 HealthIndicator 实现，比如 JDBC 数据源（DataSourceHealthIndicator）、磁盘健康指示器（DiskSpaceHealthIndicator）、Redis 健康（RedisHealthIndicator）等。

HealthIndicator 接口的实例是如何创建的呢？我们以 JDBC 数据源的 DataSourceHealth-Indicator 为例。首先 DataSourceHealthIndicator 继承 AbstractHealthIndicator，AbstractHealthIndicator 又实现了 HealthIndicator 接口，也就是说 DataSourceHealthIndicator 是 HealthIndicator 类型。

DataSourceHealthIndicator 的实例化是通过 DataSourceHealthContributorAutoConfiguration 来完成的，相关源代码如下。

```
@Configuration(proxyBeanMethods = false)
@ConditionalOnClass({ JdbcTemplate.class, AbstractRoutingDataSource.class })
@ConditionalOnBean(DataSource.class)
@ConditionalOnEnabledHealthIndicator("db")
@AutoConfigureAfter(DataSourceAutoConfiguration.class)
public class DataSourceHealthContributorAutoConfiguration extends
        CompositeHealthContributorConfiguration<AbstractHealthIndicator, DataSource>
implements InitializingBean {
    ...
    // 实例化 HealthContributor
    @Bean
    @ConditionalOnMissingBean(name = { "dbHealthIndicator", "dbHealthContributor" })
     public HealthContributor dbHealthContributor(Map<String, DataSource>
dataSources) {
        // 主要通过 DataSource 数据源通过反射生成 HealthContributor，
        // 这里通过父类 CompositeHealthContributorConfiguration 的 createContributor
方法进行调用
        // 当前类重写的 createIndicator 方法
        return createContributor(dataSources);
    }

    // 实例化对应的 AbstractHealthIndicator，重写父类 createIndicator 方法
```

```
    @Override
    protected AbstractHealthIndicator createIndicator(DataSource source) {
        if (source instanceof AbstractRoutingDataSource) {
            return new RoutingDataSourceHealthIndicator();
        }
        // 实例化 DataSourceHealthIndicator，参数数据源和查询语句
        return new DataSourceHealthIndicator(source, getValidationQuery(source));
    }

    // 获取检测所需的查询语句
    private String getValidationQuery(DataSource source) {
        // 获取 DataSourcePoolMetadata 对象，并调用其 getValidationQuery 方法
        // getValidationQuery 方法用来获得执行验证数据库链接是否正常的 SQL
        DataSourcePoolMetadata poolMetadata = this.poolMetadataProvider.getDa-
taSourcePoolMetadata(source);
        return (poolMetadata != null) ? poolMetadata.getValidationQuery() : null;
    }
    ...
}
```

关于 DataSourceHealthContributorAutoConfiguration 自动配置生效的条件就不详细解释了，在其内部可以看到，通过 createIndicator 方法实现了 DataSourceHealthIndicator 的实例化操作。该方法并没有直接被调用，而是通过 dbHealthContributor 方法调用父类的方法实现间接调用的。

DataSourceHealthIndicator 的构造方法有两个参数：一个数据源对象，一个 query 语句。在该类中实现数据源健康检查的基本原理就是通过数据源连接数据库并执行相应的查询语句来验证连接是否正常。

其中 query 语句先通过数据源获得 DataSourcePoolMetadata 对象，如果对象不为 null，再通过对象的 getValidationQuery 方法进行获得，而 getValidationQuery 方法的具体实现通常由不同的数据源（DataSource）来提供方法返回。

再看一下 DataSourceHealthIndicator 的核心代码。

```
public class DataSourceHealthIndicator extends AbstractHealthIndicator
        implements InitializingBean {

    private static final String DEFAULT_QUERY = "SELECT 1";
    private DataSource dataSource;
    private String query;
    private JdbcTemplate jdbcTemplate;
    ...
    // 监控检测的入口方法
    @Override
    protected void doHealthCheck(Health.Builder builder) throws Exception {
        if (this.dataSource == null) {
            // 如果数据源不存在，则返回 unknown
            builder.up().withDetail("database", "unknown");
```

```
        } else {
            // 如果数据存在，则进行相应的检测操作
            doDataSourceHealthCheck(builder);
        }
    }

    private void doDataSourceHealthCheck(Health.Builder builder) throws Exception {
        // 获取数据库名称
        String product = getProduct();
        builder.up().withDetail("database", product);
        // 根据数据库名称获取对应的验证语句
        String validationQuery = getValidationQuery(product);
        if (StringUtils.hasText(validationQuery)) {
            // 避免在 Java 7 上破坏 MySQL 的情况下调用 getObject
            // 通过 jdbcTemplate 执行该 SQL 语句
            List<Object> results = this.jdbcTemplate.query(validationQuery,
                    new SingleColumnRowMapper());
            // 对查询结果进行处理
            Object result = DataAccessUtils.requiredSingleResult(results);
            // 结果存入 Health 中
            builder.withDetail("hello", result);
        }
    }
...
    // 根据数据库名称获取对应的验证语句
    protected String getValidationQuery(String product) {
        String query = this.query;
        if (!StringUtils.hasText(query)) {
                // 如果查询语句为指定，则根据数据库名称从枚举类 DatabaseDriver 中获取默认
的 SQL 语句
            DatabaseDriver specific = DatabaseDriver.fromProductName(product);
            query = specific.getValidationQuery();
        }
        if (!StringUtils.hasText(query)) {
        // 如果以上情况都不存在，则采用"SELECT 1"
            query = DEFAULT_QUERY;
        }
        return query;
    }
...
}
```

doHealthCheck 为检测的入口方法，当数据源存在时调用 doDataSourceHealthCheck 方法，doDataSourceHealthCheck 方法中会执行一个查询语句，并将结果存入 Health.Builder 中。关于查询的 SQL 语句，如果通过构造方法传入了非 null 的值，则使用该值；如果没有传入，则默认获取枚举类 DatabaseDriver 中定义的；如果该枚举类中也没有定义，则默认使用 DataSourceHealthIndicator 中定义的常量 DEFAULT_QUERY 的值（SELECT 1）。

最后，我们看一下 DatabaseDriver 中默认定义的常见数据库的名称与对应的驱动类等

信息。

```
public enum DatabaseDriver {

    // Unknown 类型 .
    UNKNOWN(null, null),

    // Apache Derby.
    DERBY("Apache Derby", "org.apache.derby.jdbc.EmbeddedDriver", "org.apache.
derby.jdbc.EmbeddedXADataSource",
        "SELECT 1 FROM SYSIBM.SYSDUMMY1"),

    // H2
    H2("H2", "org.h2.Driver", "org.h2.jdbcx.JdbcDataSource", "SELECT 1"),

    // HyperSQL DataBase.
    HSQLDB("HSQL Database Engine", "org.hsqldb.jdbc.JDBCDriver", "org.hsqldb.
jdbc.pool.JDBCXADataSource",
        "SELECT COUNT(*) FROM INFORMATION_SCHEMA.SYSTEM_USERS"),

    // SQL Lite
    SQLITE("SQLite", "org.sqlite.JDBC"),

    // MySQL
    MYSQL("MySQL", "com.mysql.cj.jdbc.Driver", "com.mysql.cj.jdbc.
MysqlXADataSource", "/* ping */ SELECT 1"),

    // Oracle.
    ORACLE("Oracle", "oracle.jdbc.OracleDriver", "oracle.jdbc.xa.client.
OracleXADataSource",
        "SELECT 'Hello' from DUAL"),
    ...
}
```

上述代码只是列出了部分常见的数据库的默认定义，枚举类 DatabaseDriver 中还定义了其他数据源的默认信息，读者可阅读该类获得相应数据库的默认信息进行进一步学习。

经过上述部署，获得了对应数据库的 SQL 语句，然后通过 jdbcTemplate 执行该 SQL 语句，获得执行结果，再通过 DataAccessUtils 的 requiredSingleResult 方法校验并获取结果中的信息，最后存入 Health 中。

至此，Health 的信息获取便完成了，关于获取其他组件的 Health 信息读者可参照上述解析过程自行学习。

15.3 Actuator 端点展示

在上一节，我们学习了关于健康检查的自动配置和基础信息的初始化操作，那么它又是如何实现通过 url 来进行相关检查结果信息的展示呢？这节我们以 Info 和 Health 的访问实现来学习 Actuator 的实现过程。

在 spring-boot-actuator 中，定义了 @Endpoint 注解。@Endpoint 注解用来声明一个 actuator 端点，被注释的类会被声明为提供应用程序信息的端点，可以通过各种技术（包括 JMX 和 HTTP）来公开端点。

大多数 @Endpoint 类会声明一个或多个 @ReadOperation、@WriteOperation、@Delete Operation 注解的方法，这些方法将自动适应公开技术（JMX、Spring MVC、Spring WebFlux、Jersey 等）。同时还支持自定义的扩展。

以 info 为例，通过 @Endpoint(id="info") 暴露了 /actuator/info 访问接口。访问请求的基本格式如下。

```
http://ip:port/actuator/info
```

InfoEndpoint 的核心代码如下。

```
@Endpoint(id = "info")
public class InfoEndpoint {
    ...
    @ReadOperation
    public Map<String, Object> info() {
        Info.Builder builder = new Info.Builder();
        for (InfoContributor contributor : this.infoContributors) {
            contributor.contribute(builder);
        }
        Info build = builder.build();
        return build.getDetails();
    }
}
```

通过 @Endpoint(id = "info") 注解声明了该类为 info 的端点，并且遍历通过构造方法设置的 infoContributors 值，然后返回对应的结果信息。默认访问 /actuator/info 便可获得信息。

HealthEndpoint 也使用了 @Endpoint 注解，在其内部通过 @ReadOperation 注解映射了两个方法：health 方法和 healthForPath 方法。HealthEndpoint 的源码实现如下。

```
@Endpoint(id = "health")
public class HealthEndpoint extends HealthEndpointSupport<HealthContributor,
HealthComponent> {
    private static final String[] EMPTY_PATH = {};
    ...
    @ReadOperation
    public HealthComponent health() {
        HealthComponent health = health(ApiVersion.V3, EMPTY_PATH);
        return (health != null) ? health : DEFAULT_HEALTH;
```

```
    }

    @ReadOperation
    public HealthComponent healthForPath(@Selector(match = Match.ALL_REMAINING)
String... path) {
        return health(ApiVersion.V3, path);
    }
...
}
```

HealthEndpoint 在 Spring Boot 2.2.0 版本中变化比较大，新增继承了 HealthEndpointSupport 类，并且方法的返回值由原来的 Health 变为 HealthComponent。上面源代码中 ApiVersion.V3 针对的就是 Spring Boot 2.2+ 版本提供的实现方式。

HealthEndpoint 原来直接接收 HealthIndicator 参数的构造方法也被标识为过时的。推荐使用以 HealthContributorRegistry 和 HealthEndpointGroups 为参数的构造方法，同时引入了 group 的操作。

HealthEndpoint 的特殊之处在于：当通过 debug 模式访问 /actuator/health 时，你会发现该请求并未走到 HealthEndpoint 的 health 方法。这是因为基于 Web 的实现放在了 HealthEndpointWebExtension 中。

HealthEndpointWebExtension 同样继承 HealthEndpointSupport 类，并提供了两个对应的 @ReadOperation 注解方法。

```
@EndpointWebExtension(endpoint = HealthEndpoint.class)
public class HealthEndpointWebExtension extends HealthEndpointSupport<Health-
Contributor, HealthComponent> {
    ...
    @ReadOperation
    public WebEndpointResponse<HealthComponent> health(ApiVersion apiVersion,
SecurityContext securityContext) {
        return health(apiVersion, securityContext, false, NO_PATH);
    }

    @ReadOperation
    public WebEndpointResponse<HealthComponent> health(ApiVersion apiVersion,
SecurityContext securityContext,
            @Selector(match = Match.ALL_REMAINING) String... path) {
        return health(apiVersion, securityContext, false, path);
    }
...
}
```

以 health 方法为例，会调用父类的 getHealth 方法，经过一系列父类方法的调用和业务处理，最终会调用父类的 getStatus 方法，此方法返回 HealthComponent 的 status，也就是默认情况下在浏览器访问时看到的 status 为 UP 的默认结果。

同样的，如果需要自定义可访问的 Endpoint，只需要在新建的 Bean 上使用 @Endpoint

注解，该 Bean 中的方法就可以使用 JMX 或者 HTTP 公开，具体内部信息的获取实现可参看 Spring Boot 已实现的代码。除此之外，如果只需公开一种形式的访问，可使用 @JmxEndpoint 或 @WebEndpoint 注解。

至此，关于 Health 信息的 URL 访问呈现过程便完成了。

15.4　小结

本章重点介绍了 Actuator 的自动配置及实现原理。在 Actuator 中还提供了大量其他类型的监控组件（可查看 spring-boot-actuator-autoconfigure 项目下 spring.factories 中的注册），读者可根据本章节的分析思路进行分析。同时，也可尝试根据具体的业务自定义一个检查指示器进行体验。

Chapter 16 第 16 章

Spring Boot Security 支持

在企业应用系统安全方面，比较常用的安全框架有 Spring Security 和 Apache Shiro，相对于 Shiro，Spring Security 功能强大、扩展性强，同时学习难度也稍大一些。Spring Security 是专门针对 Spring 项目的安全框架，关于 Spring Security 的应用，我们可以通过专门的书籍来学习，在本章我们重点放在 Spring Boot 对 Spring Security 的集成以及相关组件的介绍。

在具体项目实践中，认证和权限是必不可少的，特别是 Web 项目注册、登录、访问权限等场景。Spring Security 致力于为 Java 应用提供认证和授权管理，同时，它也是 Spring Boot 官方推荐的权限管理框架。

Spring Security 基于 Spring，是一个能够为企业应用系统提供声明式安全访问控制解决方案的安全框架。Spring Security 充分利用了 Spring IoC（控制反转 Inversion of Control）、DI（依赖注入 Dependency Injection）和 AOP（面向切面编程）等特性来实现相关的功能，并提供了一组可以在 Spring 应用上下文中配置的 Bean。

16.1 Security 自动配置

在 Spring Boot 中，使用 Spring Security 只需简单地引入 spring-boot-starter-security 即可。在 Spring Boot 中对 oauth2、reactive 和 servlet 进行了支持，相关类均位于 spring-boot-autoconfigure 项目下的 org.springframework.boot.autoconfigure.security 包中。

Spring Boot 项目引入 spring-boot-starter-security 之后，再次访问之前的 URL，会发现页面跳转到一个 /login 的登录界面。这便是 Security 在 Spring Boot 中的默认配置生效了。

此时，可以在 application 配置文件中指定以下内容，重启项目输入用户名和密码登录即可正常访问。

```
spring.security.user.name=user
spring.security.user.password=password
spring.security.user.roles=USER
```

下面，我们就逐步分析 Spring Boot 中这一自动配置机制是如何实现的。

同其他自动配置一样，在 spring-boot-autoconfigure 项目的 META-INF/spring.factories 中注册了 Security 相关的自动配置类。

```
# Auto Configure
org.springframework.boot.autoconfigure.EnableAutoConfiguration=\
org.springframework.boot.autoconfigure.security.servlet.SecurityAutoConfiguration,\
org.springframework.boot.autoconfigure.security.servlet.UserDetailsServiceAuto-
Configuration,\
org.springframework.boot.autoconfigure.security.servlet.SecurityFilterAutoConfi-
guration,\
org.springframework.boot.autoconfigure.security.reactive.ReactiveSecurityAuto-
Configuration,\
org.springframework.boot.autoconfigure.security.reactive.ReactiveUserDetails-
ServiceAutoConfiguration,\
org.springframework.boot.autoconfigure.security.oauth2.client.servlet.OAuth2Client-
AutoConfiguration,\
org.springframework.boot.autoconfigure.security.oauth2.client.reactive.ReactiveO-
Auth2ClientAutoConfiguration,\
org.springframework.boot.autoconfigure.security.oauth2.resource.servlet.OAuth2-
ResourceServerAutoConfiguration,\
org.springframework.boot.autoconfigure.security.oauth2.resource.reactive.Reactive-
OAuth2ResourceServerAutoConfiguration,\
```

通过 spring.factories 中的注册可以看出，针对 Security 有大量的自动配置类，涉及 servlet、reactive、oauth2 等自动配置。我们这里重点介绍 SecurityAutoConfiguration 和 SecurityFilterAutoConfiguration。

16.2 SecurityAutoConfiguration 详解

Spring Boot 对 Security 的支持类均位于 org.springframework.boot.autoconfigure.security 包下，主要通过 SecurityAutoConfiguration 自动配置类和 SecurityProperties 属性配置来完成。

下面，我们通过对 SecurityAutoConfiguration 及引入的相关自动配置源码进行解析说明。

```
@Configuration(proxyBeanMethods = false)
@ConditionalOnClass(DefaultAuthenticationEventPublisher.class)
@EnableConfigurationProperties(SecurityProperties.class)
@Import({ SpringBootWebSecurityConfiguration.class, WebSecurityEnablerConfiguration.
```

```
class,
            SecurityDataConfiguration.class })
    public class SecurityAutoConfiguration {

        @Bean
        @ConditionalOnMissingBean(AuthenticationEventPublisher.class)
        public DefaultAuthenticationEventPublisher authenticationEventPublisher(
                ApplicationEventPublisher publisher) {
            return new DefaultAuthenticationEventPublisher(publisher);
        }
    }
```

@ConditionalOnClass 指定 classpath 路径中必须存在 DefaultAuthenticationEventPublisher 类才会进行实例化操作，通过 @EnableConfigurationProperties 指定了配置文件对应的类，通过 @Import 导入了 SpringBootWebSecurityConfiguration、WebSecurityEnablerConfiguration 和 SecurityDataConfiguration 自动配置类。

首先，@EnableConfigurationProperties 指定的 SecurityProperties 类，部分源码如下。

```
    @ConfigurationProperties(prefix = "spring.security")
    public class SecurityProperties {
        ...
        private final Filter filter = new Filter();
        private User user = new User();

        public static class Filter {

            // Security 过滤器链顺序
            private int order = DEFAULT_FILTER_ORDER;

            // Security 过滤器链分发类型
            private Set<DispatcherType> dispatcherTypes = new HashSet<>(
                    Arrays.asList(DispatcherType.ASYNC, DispatcherType.ERROR, Dispa-
tcherType.REQUEST));
            ...
        }

        public static class User {
            // 默认用户名
            private String name = "user";

            // 默认密码
            private String password = UUID.randomUUID().toString();

            // 默认用户角色
            private List<String> roles = new ArrayList<>();
    ...
        }
    }
```

通过 SecurityProperties 中定义的配置项，可以对照最开始在 application.properties 文件

中配置的用户名和密码，如果没有进行用户名和密码的配置，则默认使用 user 作为用户名，并自动生成一个 UUID 字符串作为密码。那么，默认密码在哪里获取呢？通常情况下，系统会在启动时的控制台日志中打印出对应的密码信息，具体日志格式如下。

```
Using generated security password: 67bd059b-d503-4976-95b1-5fa09e6c9588
```

而该日志的输出功能是在 UserDetailsServiceAutoConfiguration 自动配置类中实例化 InMemoryUserDetailsManager 类时执行的，该类是基于内存的用户详情管理，比如提供用户信息的增删改查等操作。关于 UserDetailsServiceAutoConfiguration 自动配置类，最核心的功能就是实例化了该类的对象，我们不再过度展开，只看一下其中判断和打印密码的一个方法。

```
private String getOrDeducePassword(SecurityProperties.User user, PasswordEncoder encoder) {
    String password = user.getPassword();
    if (user.isPasswordGenerated()) {
        logger.info(String.format("%n%nUsing generated security password: %s%n", user.
getPassword()));
    }
    if (encoder != null || PASSWORD_ALGORITHM_PATTERN.matcher(password).matches()) {
        return password;
    }
    return NOOP_PASSWORD_PREFIX + password;
}
```

在获取密码时，通过 SecurityProperties 中的 isPasswordGenerated 方法判断是否是自动生成的密码，如果是，则通过日志打印出对应的密码。

下面继续看 SecurityAutoConfiguration 导入的 SpringBootWebSecurityConfiguration 自动配置类。

```
@Configuration(proxyBeanMethods = false)
@ConditionalOnClass(WebSecurityConfigurerAdapter.class)
@ConditionalOnMissingBean(WebSecurityConfigurerAdapter.class)
@ConditionalOnWebApplication(type = Type.SERVLET)
public class SpringBootWebSecurityConfiguration {
    @Configuration
    @Order(SecurityProperties.BASIC_AUTH_ORDER)
    static class DefaultConfigurerAdapter extends WebSecurityConfigurerAdapter {
    }
}
```

该自动配置类为 Security 的 Web 应用默认配置，当类路径下存在 WebSecurityConfigurerAdapter 类，并且不存在对应的 Bean 对象时，会触发该自动配置类。同时，@ConditionalOnWebApplication 指定应用类型必须为 Servlet 应用。

该自动配置类的核心在于 WebSecurityConfigurerAdapter 适配器的实例化。用一句话来描述 SpringBootWebSecurityConfiguration 的功能就是：针对使用 Security 的 Web 应用，如

果用户没有注入自定义 WebSecurityConfigurerAdapter 的实现类，则 Spring Boot 默认提供一个。

WebSecurityConfigurerAdapter 用于配置 Sping Security Web 安全。默认情况下 Spring Boot 提供的 DefaultConfigurerAdapter 适配器实现为空，用 SecurityProperties 中常量 BASIC_AUTH_ORDER 指定的值（-5）作为注入 Spring IoC 容器的顺序。

在正常使用的过程中，针对 Web 项目我们都是通过继承 WebSecurityConfigurerAdapter，并实现其 configure(HttpSecurity http) 方法来实现定制化设置的。下面看一下该类的该方法的默认实现。

```
@Order(100)
public abstract class WebSecurityConfigurerAdapter implements
        WebSecurityConfigurer<WebSecurity> {
       // @formatter:off
    protected void configure(HttpSecurity http) throws Exception {
        http.authorizeRequests()
                .anyRequest().authenticated()
                .and()
            .formLogin().and()
            .httpBasic();
    }
...
 }
```

从上述默认实现的代码中可以看出，针对请求的拦截使用了 anyRequest 方法，该方法会匹配所有的请求路径。同时，Security 还提供了基于 Ant 风格的路径匹配方法（antMatches）和基于正则表达式的匹配方法（regexMathes）。

另外通过 formLogin 方法，设置了默认登录时的登录请求、用户名、密码等信息，在其调用过程中会创建一个 FormLoginConfigurer 对象，用来设置默认信息。FormLoginConfigurer 构造方法如下。

```
public FormLoginConfigurer() {
    super(new UsernamePasswordAuthenticationFilter(), null);
    usernameParameter("username");
    passwordParameter("password");
}
```

其中 UsernamePasswordAuthenticationFilter 中定义了请求跳转的页面。

```
public UsernamePasswordAuthenticationFilter() {
    super(new AntPathRequestMatcher("/login", "POST"));
}
```

这就是当引入 Security 框架之后，访问页面时会默认跳转到 /login 页面的原因了。

下面继续看 SecurityAutoConfiguration 引入的自动配置类 WebSecurityEnablerConfiguration。在早期版本中，当我们使用 Security 时还需要自己使用 @EnableWebSecurity 注解，

Spring Boot 2.0.0 版本新增的 WebSecurityEnablerConfiguration 帮我们解决了该问题，该类源码如下。

```
@Configuration(proxyBeanMethods = false)
@ConditionalOnBean(WebSecurityConfigurerAdapter.class)
@ConditionalOnMissingBean(name = BeanIds.SPRING_SECURITY_FILTER_CHAIN)
@ConditionalOnWebApplication(type = ConditionalOnWebApplication.Type.SERVLET)
@EnableWebSecurity
public class WebSecurityEnablerConfiguration {
}
```

该类并没有具体的实现，重点在于满足条件时激活 @EnableWebSecurity 注解，即当 WebSecurityConfigurerAdapter 对应的 Bean 存在，name 为 springSecurityFilterChain 的 Bean 不存在，应用类型为 Servlet 时，激活 @EnableWebSecurity 注解。

该自动配置类的主要作用是防止用户漏使用 @EnableWebSecurity 注解，通过该自动配置类确保 @EnableWebSecurity 注解被使用，从而保障 springSecurityFilterChain Bean 的定义。我们看一下 @EnableWebSecurity 的源码。

```
@Retention(value = java.lang.annotation.RetentionPolicy.RUNTIME)
@Target(value = { java.lang.annotation.ElementType.TYPE })
@Documented
@Import({ WebSecurityConfiguration.class,
        SpringWebMvcImportSelector.class,
        OAuth2ImportSelector.class })
@EnableGlobalAuthentication
@Configuration
public @interface EnableWebSecurity {
    boolean debug() default false;
}
```

@EnableWebSecurity 用来控制 Spring Security 是否使用调试模式，并且组合了其他自动配置。导入了 WebSecurityConfiguration，用于配置 Web 安全过滤器 FilterChainProxy。如果是 Servlet 环境，导入 WebMvcSecurityConfiguration；如果是 OAuth2 环境，导入 OAuth2ClientConfiguration。使用注解 @EnableGlobalAuthentication 启用全局认证机制。

最后，我们看一下 SecurityAutoConfiguration 引入的 SecurityDataConfiguration。

```
@Configuration(proxyBeanMethods = false)
@ConditionalOnClass(SecurityEvaluationContextExtension.class)
public class SecurityDataConfiguration {
    @Bean
    @ConditionalOnMissingBean
    public SecurityEvaluationContextExtension securityEvaluationContextExtension() {
        return new SecurityEvaluationContextExtension();
    }
}
```

在该自动配置类中实例化了 SecurityEvaluationContextExtension 类的对象，其主要作用是将 Spring Security 与 Spring Data 进行整合。

回到 SecurityAutoConfiguration 类内部，它实例化了一个 DefaultAuthenticationEventPublisher，将其作为默认的 AuthenticationEventPublisher，并将其注入 Spring 容器。

DefaultAuthenticationEventPublisher 为发布身份验证事件的默认策略类，将众所周知的 AuthenticationException 类型映射到事件中，并通过应用程序上下文进行发布。如果配置为 Bean，它将自动获取 ApplicationEventPublisher。否则，应该使用构造方法将 ApplicationEventPublisher 传入。

DefaultAuthenticationEventPublisher 内部通过 HashMap 维护认证异常处理和对应异常事件处理逻辑的映射关系，发生不同认证异常会采用不同的处理策略。我们看一下该类的部分源码。

```
public class DefaultAuthenticationEventPublisher implements AuthenticationEventPublisher,
        ApplicationEventPublisherAware {

    private ApplicationEventPublisher applicationEventPublisher;
    private final HashMap<String, Constructor<? extends AbstractAuthenticationEvent>>
exceptionMappings = new HashMap<String, Constructor<? extends AbstractAuthentica-
tionEvent>>();

    public DefaultAuthenticationEventPublisher(
            ApplicationEventPublisher applicationEventPublisher) {
        this.applicationEventPublisher = applicationEventPublisher;

        addMapping(BadCredentialsException.class.getName(),
            AuthenticationFailureBadCredentialsEvent.class);
        addMapping(UsernameNotFoundException.class.getName(),
            AuthenticationFailureBadCredentialsEvent.class);
        addMapping(AccountExpiredException.class.getName(),
            AuthenticationFailureExpiredEvent.class);
        addMapping(ProviderNotFoundException.class.getName(),
            AuthenticationFailureProviderNotFoundEvent.class);
        addMapping(DisabledException.class.getName(),
            AuthenticationFailureDisabledEvent.class);
        addMapping(LockedException.class.getName(),
            AuthenticationFailureLockedEvent.class);
        addMapping(AuthenticationServiceException.class.getName(),
            AuthenticationFailureServiceExceptionEvent.class);
        addMapping(CredentialsExpiredException.class.getName(),
            AuthenticationFailureCredentialsExpiredEvent.class);
        addMapping(
            "org.springframework.security.authentication.cas.ProxyUntrustedException",
            AuthenticationFailureProxyUntrustedEvent.class);
    }
...
}
```

在上述代码中提供了未找到用户异常（UsernameNotFoundException）、账户过期异常

（AccountExpiredException）等常见异常的对应事件。同时，该类集成了 Spring 的 Application-EventPublisher，通过 ApplicationEventPublisher 可以将定义在 exceptionMappings 中的异常事件进行发布，相关核心代码如下。

```
public void publishAuthenticationFailure(AuthenticationException exception,
        Authentication authentication) {
// 根据异常名称获得对应事件的构造器
    Constructor<? extends AbstractAuthenticationEvent> constructor =
exceptionMappings
            .get(exception.getClass().getName());
    AbstractAuthenticationEvent event = null;

// 如果构造器不为 null，则实例化对应的对象
    if (constructor != null) {
        try {
            event = constructor.newInstance(authentication, exception);
        } catch (IllegalAccessException | InvocationTargetException | Instantiation
Exception ignored) {
        }
    }

    // 如果对象实例化成功，则调用 ApplicationEventPublisher 的 publishEvent 方法进行发布
if (event != null) {
        if (applicationEventPublisher != null) {
            applicationEventPublisher.publishEvent(event);
        }
    } else {
        if (logger.isDebugEnabled()) {
            logger.debug("No event was found for the exception "
                    + exception.getClass().getName());
        }
    }
}
```

上述代码的操作就是根据异常信息在 exceptionMappings 中获得对应事件的构造方法，然后实例化对象，并调用 ApplicationEventPublisher 的 publishEvent 方法进行发布。

至此，关于 SecurityAutoConfiguration 的自动配置过程已经完成了。

16.3　SecurityFilterAutoConfiguration 详解

SecurityFilterAutoConfiguration 主要用于自动配置 Spring Security 的 Filter，该自动配置类与 SpringBootWebSecurityConfiguration 分开配置，以确保在存在用户提供的 WebSecurity-Configuration 情况下仍可以配置过滤器的顺序。

下面看一下 SecurityFilterAutoConfiguration 类的源代码。

```
@Configuration(proxyBeanMethods = false)
```

```
    @ConditionalOnWebApplication(type = Type.SERVLET)
    @EnableConfigurationProperties(SecurityProperties.class)
    @ConditionalOnClass({ AbstractSecurityWebApplicationInitializer.class,
SessionCreationPolicy.class })
    @AutoConfigureAfter(SecurityAutoConfiguration.class)
    public class SecurityFilterAutoConfiguration {

        private static final String DEFAULT_FILTER_NAME = AbstractSecurityWebApp-
licationInitializer.DEFAULT_FILTER_NAME;

        @Bean
        @ConditionalOnBean(name = DEFAULT_FILTER_NAME)
        public DelegatingFilterProxyRegistrationBean securityFilterChainRegistration(
                SecurityProperties securityProperties) {
            DelegatingFilterProxyRegistrationBean registration = new DelegatingFi-
lterProxyRegistrationBean(
                    DEFAULT_FILTER_NAME);
            registration.setOrder(securityProperties.getFilter().getOrder());
            registration.setDispatcherTypes(getDispatcherTypes(securityProperties));
            return registration;
        }

        private EnumSet<DispatcherType> getDispatcherTypes(SecurityProperties
securityProperties) {
            if (securityProperties.getFilter().getDispatcherTypes() == null) {
                return null;
            }
            return securityProperties.getFilter().getDispatcherTypes().stream()
                    .map((type) -> DispatcherType.valueOf(type.name()))
                    .collect(Collectors.collectingAndThen(Collectors.toSet(), EnumSet::copyOf));
        }
    }
```

通过注解部分可以看出：当项目为 Web 的 Servlet 项目，类路径下存在类 SessionCreation-Policy 和 AbstractSecurityWebApplicationInitializer 时，会在 SecurityAutoConfiguration 配置完成之后进行自动配置，并导入 SecurityProperties 配置类。

在 SecurityFilterAutoConfiguration 的内部实现中，主要向容器中注册了一个名称为 securityFilterChainRegistration 的 Bean，具体实现类是 DelegatingFilterProxyRegistrationBean。

常量 DEFAULT_FILTER_NAME 定义了要注册到 Servlet 容器的 DelegatingFilterProxy-Filter 的目标代理 Filter Bean，名称为 springSecurityFilterChain。

securityFilterChainRegistration 方法用 @ConditionalOnBean 注解判断容器中是否存在名称为 springSecurityFilterChain 的 Bean，如果不存在，则执行该方法内的操作。

在 securityFilterChainRegistration 方法内，首先创建了一个 DelegatingFilterProxyRegist-rationBean 对象，并以 springSecurityFilterChain 参数作为委托的目标类的名称，也就是要在 Spring 应用程序上下文中查找的目标过滤器的 Bean 的名称。

DelegatingFilterProxyRegistrationBean 本质上是一个 ServletContextInitializer，用于在 Servlet 3.0+ 容器中注册 DelegatingFilterProxys。与 ServletContext 提供的注册功能相似，但 DelegatingFilterProxyRegistrationBean 具有 Spring Bean 的友好性设计。通常，应该使用构造方法的 targetBeanName 参数指定实际委托过滤器的 Bean 名称（上述源代码便是如此操作）。与 FilterRegistrationBean 不同，引用的过滤器不会过早的被实例化。实际上，如果将委托过滤器 Bean 标记为 @Lazy，则在调用过滤器之前根本不会实例化它。

在 DelegatingFilterProxyRegistrationBean 内部，实现了通过传入的 targetBeanName 名字，在 WebApplicationContext 查找该 Fillter 的 Bean，并通过 DelegatingFilterProxy 生成基于该 Bean 的代理 Filter 对象。DelegatingFilterProxy 其实是一个代理过滤器，Servlet 容器处理请求时，会将任务委托给指定给的 Filter Bean。在该自动配置类中就是名称为 springSecurityFilterChain 的 Bean，该 Bean 也是 Spring Security Web 提供的用于请求安全处理的 Filter Bean。

实例化 DelegatingFilterProxyRegistrationBean 之后，便对其设置优先级，默认为 SecurityProperties 中定义的 DEFAULT_FILTER_ORDER 的值（-100）。最后，设置其 DispatcherTypes。SecurityFilterAutoConfiguration 中的 getDispatcherTypes 方法便是根据配置获得对应的调度类型的集合。在 Servlet 中，调度类型定义在枚举类 DispatcherType 中，包括：FORWARD、INCLUDE、REQUEST、ASYNC 和 ERROR 这 5 种类型。

至此，关于 SecurityFilterAutoConfiguration 的自动化配置及功能讲解完毕。

16.4 小结

本章重点进行了在 Web Servlet 下 Spring Security 的自动配置源码解析。Spring Boot 支持很多 Spring Security 的自动配置，均位于 org.springframework.boot.autoconfigure.security 包下，限于篇幅无法一一讲解，大家可根据需要自行阅读。而关于 Spring Security 更多功能的具体使用，我们可参考官方文档和相关书籍进行学习实践。

推荐阅读

深入理解
Java
虚拟机
第3版
JVM高级特性与最佳实践
Understanding the JVM
周志明 著

Java
并发编程的艺术
The Art of Java Concurrency Programming
方腾飞 魏鹏 程晓明 著

Java
异步编程实战
Java Asynchronous Programming in Action

Serverless Inside Out
深入浅出Serverless
技术原理与应用实践

OpenShift
开源容器云
OpenShift
构建基于Kubernetes的企业应用云平台

OpenShift在企业中的实践
PaaS DevOps 微服务

OpenShift云原生架构
原理与实践

Service Mesh in Action
Service Mesh实战
基于Linkerd和Kubernetes的微服务实践

Advanced Kubernetes Practices
Kubernetes
进阶实战